Adhäsion

Theoretische und experimentelle Grundlagen

Adhäsion

Theoretische und experimentelle Grundlagen

von

Prof. Dr. sc. nat. Claus Bischof

Teltow-Seehof

und

Diplom-Physiker Wulff Possart

Teltow-Seehof

Mit 53 Abbildungen und 5 Tabellen

AKADEMIE-VERLAG · BERLIN

1983

Die Erarbeitung einzelner Kapitel in dieser Monografie übernahmen:

Prof. Dr. sc. nat. Claus Bischof	Kapitel 2., 3., 4., 11., 11.3., 11.4.
Diplom-Physiker Wulff Posesart	Kapitel 5.2., 6., 7., 8.2., 9., 11.1.
Dr. rer. nat. Gerald Knochnhauer	Kapitel 5.1., 8.1., 11.2.
Dr. sc. nat. Joachim Gähde	Kapitel 10.

Erschienen im Akademie-Verlag, DDR-1086 Berlin, Leipziger Straße 3–4
Lektor: Fritz Schulz

Lizenznummer: 202 · 100/472/82
Umschlaggestaltung: Karl Salzbrunn
Gesamtherstellung: VEB Druckhaus „Maxim Gorki“, 7400 Altenburg
Bestellnummer: 763 056 0 (66676) · LSV 1215
Printed in GDR
DDR 54,– M

Inhalt

1. Einführung

Die Adhäsion ist eine Erscheinung, die den Menschen in vielfältiger Form in der täglichen Praxis entgegentritt. Eine systematische Untersuchung dieses seit langem bekannten Phänomens begann vor ca. 100 Jahren. Die Versuche einer wissenschaftlichen Erfassung und Interpretation der Adhäsionsvorgänge sind bis heute auf einzelne Disziplinen der physikalischen Chemie, der Physik und der Werkstoffwissenschaften verstreut. Wie sehr sich die vorliegenden theoretischen Modelle der Adhäsion auch im Ansatz und im Grad ihrer Entwicklung unterscheiden, sie zielen doch alle auf die Beschreibung des Zustandes der Phasengrenze zweier aneinander haftender Körper. Im Mittelpunkt der vorliegenden Monografie steht der Versuch, die auf dem Wissensgebiet Adhäsion vorliegenden, verallgemeinerten Erkenntnisse zusammenzufassen und zu erörtern. Die Darstellung der experimentellen Methoden soll gleichfalls dem Leser als Orientierung dienen.

Der Umfang, den unsere Kenntnisse bis heute erreicht haben, gestattet noch nicht, diese in Form einer logisch geschlossenen Abhandlung vorzulegen. Diesem Tatbestand entspricht auch das in einigen Abschnitten des Buches zu findende Verfahren, die Ergebnisse der Wissenschaft in ihrer historischen Reihenfolge anzuführen. Teilweise (Kapitel 6 und 11.1.) geht die Darstellung über den Rahmen des in der Adhäsionsliteratur üblichen hinaus. Wenn damit der Leser zusätzliche Informationen gewinnt, so dient das ebenfalls dem Ziel, neben der Erfassung der Resultate die vor der modernen Forschung stehenden Probleme herauszuarbeiten und dem Leser die Grundlage zur Analyse seines speziellen Problems zu geben.

An dieser Stelle soll darauf verwiesen werden, daß manche Begriffe der Adhäsion in der Literatur recht unterschiedlich gebraucht werden. Im vorliegenden Buch ist deshalb der Versuch unternommen worden, ein System von Begriffsdefinitionen zu geben, das die wesentlichen Erkenntnisse berücksichtigt. Dabei mußten die Autoren in einigen Punkten Abweichungen zu verschiedenen Literaturquellen in Kauf nehmen. Diese Tatsache ist gelegentlich für das widerspruchsfreie Verständnis der Aussagen des Buches von Bedeutung.

Die zur Illustration der Theorien und des experimentellen Vorgehens herangezogenen Beispiele stammen aus dem Bereich der Polymere. Die Gründe dafür liegen in der Tatsache, daß der überwiegende Teil der in der Praxis zum Einsatz kommenden Adhäsive auf makromolekularen Grundstoffen beruht, und daß diese Stoffgruppe in das Fachgebiet der Autoren fällt.

Das Anliegen der Monografie ist erfüllt, wenn dem Leser der komplexe Charakter der Adhäsionsphänomene und die komplizierten Anforderungen an Theorie und Experiment deutlich gemacht werden konnten. Wir hoffen, dem Theoretiker und Praktiker einen Überblick über den erreichten Erkenntnisstand und Anregungen zur Bearbeitung der noch zahlreichen offenen Fragen gegeben zu haben.

Für anregende Gespräche und kritische Hinweise bei der Fertigstellung des Buchmanuskriptes möchten wir besonders Herrn *Prof. Dr. Wolfgang Schirmer* danken. Dank gilt auch *Dr. sc. techn. Albrecht Bauer, Dr. sc. nat. Barbara Sandner, Dr. rer. nat. Gerald Knochenhauer* und *Dr. sc. nat. Joachim Gähde* für fördernde Diskussionen und für die Unterstützung bei der Anfertigung des druckreifen Manuskriptes.

Dem Verlag und dem Lektorat Chemie danken wir für die gewissenhafte und zügige Fertigstellung des Buches.

C. Bischof
W. Possart

2. Adhäsion — ein wissenschaftliches Phänomen aus der Praxis

Die Tatsache, daß gleichartige oder verschiedene Stoffe aneinander „haften", oder daß man sie mit Hilfe eines Klebstoffes verbinden kann, ist eine von den Menschen seit langem beobachtete Erscheinung.

Solange sich der Mensch mit seiner Umwelt, das heißt der Natur, auseinandersetzte, um sie für sich in Form von Arbeits- und Gebrauchsgegenständen nutzbar zu machen, was er auch immer erfand und entwickelte, in der Mehrzahl der Fälle mußte er irgend etwas miteinander verbinden. Wie er das machte, welche Wege er dabei beschritt, kennzeichnete seine Findigkeit und seine Fähigkeit, der Natur Geheimnisse abzuringen, das heißt physikalische und chemische Gesetzmäßigkeiten zu entdecken und sie für seine Erfordernisse gezielt anzuwenden. So entstanden die Fügetechniken wie einfaches Ineinanderpassen, Verbinden durch Seile, Verzahnen, Nageln, Nähen und in neuerer Zeit das Nieten und Schweißen. Wohl aber die einfachste Fügetechnik, nämlich das Kleben, erkannte der Mensch schon vor einigen tausend Jahren. Die ältesten Informationen erreichen uns aus der Zeit etwa viertausend vor unserer Zeitrechnung. Damals verband der Mensch seine ihm zur Verfügung stehenden Werkstoffe mit Naturstoffen wie Eiweiß, Blut oder Pflanzenharzen und bediente sich damit unbewußt der Erscheinung des Haftens. Für Bauzwecke verwendeten die Mesopotamier bereits Asphalt zum Verkleben und Abdichten von Fugen zwischen Gesteinsblöcken. Erste Hautleime sind aus der Zeit von etwa dreitausend vor der Zeitrechnung bekannt, die später von den Ägyptern und Griechen gewerbsmäßig hergestellt und angewendet wurden. Aus dieser Zeit stammt bereits der Beruf des „Leimsieders" (Kellopsos) und das Wort „Kolla" (Leim), das zum Teil heute noch gebraucht wird.

Die Beobachtung der Haftung trifft jedoch nicht nur für Stoffsysteme zu, die mit Hilfe eines Klebstoffes verbunden werden.

Typische Beispiele aus dem täglichen Leben sind: das Haften der Kreide an der Wandtafel, das Haften von Schmutzteilchen auf Textilien, das Haften von Eisschichten an Steinen und Mauerwerk im Winter oder das sehr feste Haften von Speiseresten in Küchengefäßen. Die Beispiele können beliebig ergänzt werden.

Die wiederholte Beobachtung dieser Erscheinungen führte folgerichtig zur Suche nach den Ursachen. Wie in den folgenden Kapiteln noch nachgewiesen werden wird, ist die Aufklärung dieser Ursachen bis heute nicht umfassend gelungen (vgl. Kap. 3.).

Man bedient sich der Erscheinung der Haftung zwischen Substanzen in immer umfangreicherem Maße in zahlreichen Bereichen der Technik und des Lebens. Die Ergebnisse stammen aber in der Mehrheit der Fälle aus umfangreichen empirischen Untersuchungen und langjährigen Erfahrungen.

In der Praxis wird die Haftungserscheinung gezielt ausgenutzt bei der Herstellung von Werkstoffkombinationen, z. B. den Verbundwerkstoffen und in der Klebetechnik. Damit gewinnt dieses praktische Phänomen eine große volkswirtschaftliche Bedeutung.

Ein Beispiel: Für die Herstellung eines optimierten Verbundwerkstoffes sind folgende Kriterien entscheidend:

— die Art der zu verbindenden Werkstoffe,
— die zu erzielende Festigkeit,
— die notwendige Lebensdauer der Verbindung unter bestimmten Umwelteinflüssen und
— die anzuwendende Technologie bei der Herstellung des Verbundes.

Für die Beurteilung des Einflusses dieser Kriterien auf die Gebrauchseigenschaften des Verbundes sind Kenntnisse sowohl über die Eigenschaften der beteiligten Stoffe als auch über die physikalischen und chemischen Wechselwirkungen an der Phasengrenze der Verbundpartner erforderlich.

Diese wenigen, allgemeinen Erläuterungen machen bereits deutlich, daß sich hinter der Haftung beziehungsweise dem noch umfassenderen Ausdruck Adhäsion eine Vielzahl von Erscheinungen und Prozessen verbirgt [1—4]. Folgerichtig findet man in der Literatur eine Reihe von Begriffen, die zur näheren Unterscheidung der Beobachtungen verwendet werden. Weil dabei recht unterschiedliche Ausgangspunkte für die Definitionen bestehen, soll an dieser Stelle ein Versuch zur zweckmäßigen Erklärung einiger wichtiger Begriffe unternommen werden. Sehr häufig wird versucht, die hier diskutierten Erscheinungen durch die Festigkeit zu charakterisieren, die sich im Experiment bei mechanischer Beanspruchung des Verbundes ergibt. *Dieser von uns als Verbundfestigkeit σ_V bezeichnete Kennwert ist gleich der äußeren Kraft F_a, die pro Einheit der geometrischen Oberfläche A_g aufgebracht werden muß, um den Verbund an der Phasengrenze zu zerstören:*

$$\sigma_V = \frac{F_a}{A_g} \tag{2.1.}$$

Aus dieser Definition folgt, daß die im Experiment aufgewendete äußere Kraft und die Verbundfestigkeit stets dieselbe Richtung haben. Der ermittelte Kennwert hängt folglich stark von den Prüfbedingungen ab. In Gl. (2.1.) taucht ferner der Begriff der *geometrischen Oberfläche* auf, unter dem die aus den makroskopischen Abmessungen des getrennten Gebietes ermittelte Fläche verstanden werden soll. Die Definition (2.1.) abstrahiert von den Tatsachen, daß erstens die an der Phasengrenze wirkende Kraft im allgemeinen nicht der äußeren Kraft F_a entsprechen muß und zweitens reale Oberflächen ein Profil infolge von Rauhigkeit und mikroskopischen Unebenheiten aufweisen.

Diese Fakten sollen im Begriff *Haftfestigkeit*, $\vec{\sigma}_H$ berücksichtigt werden. Sie ist definiert als *der Quotient aus der in der Grenzflächenschicht zur Überwindung der Haftung erforderlichen inneren Kraft* $\vec{F}_i$ *und der beim Bruch gebildeten wahren Oberfläche* A_w

$$\vec{\sigma}_H = \frac{\vec{F}_i}{A_w} \tag{2.2.}$$

In die *wahre Oberfläche* gehen die erwähnten geometrischen Unregelmäßigkeiten ein. Die Haftfestigkeit entzieht sich der direkten Messung. Sie ist von einer Reihe von Einflußfaktoren abhängig (vgl. Kap. 11.4.).

Als Beispiele für die haftfestigkeitsbestimmenden Parameter eines metallischen Untergrundes seien genannt: die chemische Zusammensetzung, die physikalische Struktur der Oberfläche, Oberflächengeometrie, Porosität, Strukturdefektstellen im Kristallgitter und sorptiv gebundene Verunreinigungen. Im Falle der Beschichtung mit organischen Polymeren wirken unter anderem die Beweglichkeit und die chemische Konstitution des Makromoleküls, die Oberflächenspannung, die Eigenspannungen durch die Bildung des Ordnungszustandes beim Polymerfestkörper. Durch die Umwelt und die Prüfung werden Druck, Temperatur, Strahlung, mediale Einflüsse, mechanische Kräfte und Korrosion wirksam. Die angedeutete Vielfalt führte dazu, daß die Hafterscheinungen vorwiegend empirisch behandelt wurden. Seit einigen Jahren nimmt der Umfang der Arbeiten zu, die die Adhäsion als Problem der Grundlagenforschung aufgreifen (vgl. Kap. 5.—10.).

Für die zur Haftung führenden Vorgänge zwischen flüssigen und festen bzw. zwischen festen Phasen wird der Begriff *Adhäsion* eingeführt. In Anlehnung an die Bezeichnungen bei der Adsorption verstehen wir unter *Adhärens* den in der Regel festen Stoff (Substrat) auf den das *Adhäsiv* (z. B. Beschichtungsmaterial) im allgemeinen in flüssiger Form aufgebracht wird. Häufig ist das Adhäsiv mit einem Klebstoff identisch. Adhäsion an Phasengrenzen ein und desselben Stoffes wird in der Literatur als *Autohäsion* bezeichnet [5].

Für den Begriff der Adhäsion sei folgende Definition gegeben:

„*Adhäsion ist der Zustand einer sich zwischen zwei in Kontakt tretenden kondensierten Phasen ausbildenden Grenzflächenschicht. Der Zustand zeichnet sich wesentlich durch den mechanischen Zusammenhalt der beteiligten Phasen aus, welcher durch molekulare Wechselwirkungen in der Grenzflächenschicht hervorgerufen wird.*"

Dieser Zustand ist u. a. charakterisiert durch die Adhäsionsenergie pro Einheit wirksamer Oberfläche beziehungsweise durch die Arbeit zur reversiblen Überwindung der größten erreichbaren Spannung in der Grenzflächenschicht eines Verbundes, das heißt zu seiner Trennung unter Bildung mindestens zweier neuer Grenzflächen zu einem gasförmigen Medium. Unter *wirksamer Oberfläche* wird dabei derjenige Teil der wahren Oberfläche verstanden, von dem die zur Adhäsion führenden Wechselwirkungen ausgehen.

Literatur

[1] Walter, A. H.: Plaste und Kautschuk **17** (1970), 600
[2] Köhler, R.: Adhäsion **16** (1972), 41
[3] Schlegel, H.: Plaste und Kautschuk **20** (1973), 420
[4] Bauer, A., Bischof, C., Leonhardt, H.-W.: Plaste und Kautschuk **30** (1983), Heft 1
[5] Vojuckij, S. S.: „*Autohesion and Adhesion of High Polymers*", Interscience Publ., New York/London/Sydney, 1963

3. Entwicklung theoretischer Modelle zur Adhäsion – Historischer Überblick und allgemeine Grundlagen

Das Bemühen, die Ursachen der Adhäsionsphänomene mit wissenschaftlichen Methoden theoretisch und experimentell zu erforschen, hat, gemessen am Zeitraum, seitdem der Mensch diese Erscheinung in der Praxis ausnutzt, eine relativ kurze Geschichte.

Vor etwa 200 Jahren unternahm DE LA FOND [1] als erster den Versuch, die Haftung theoretisch zu erklären. Nach seinen Untersuchungen stellte er die Hypothese auf, daß die Adhäsion auf einer „Gravität zwischen den Grundbausteinen" beruhe. Auf der Grundlage seiner Beobachtungen zog er bereits damals den Schluß, daß sich die Adhäsionskraft $F_{\text{adh.}}$ umgekehrt proportional zur dritten Potenz des Abstandes der adhärierenden Körper erhöht und formulierte folgende Relation

$$F_{\text{adh.}} \sim r^{1/3} \qquad (3.1.)$$

Daß diese Hypothese sehr real war, zeigen die bis heute im Verlaufe der Entwicklung gewonnenen Erkenntnisfortschritte auf dem Gebiet der Adhäsionsforschung. Ohne Zweifel ist diese Entwicklung eng gebunden an die Fortschritte der theoretischen und experimentellen Physik, Chemie und der Werkstoffwissenschaften sowie die auf diesen Gebieten entstandenen leistungsfähigen Analyse- und Charakterisierungsmethoden, auf die in den folgenden Kapiteln näher eingegangen wird.

Nach den Beobachtungen von DE LA FOND vergingen einige Jahrzehnte, bis man sich am Beginn des vorigen Jahrhunderts, allerdings auch nur vereinzelt, intensiver der Aufklärung der Ursachen von Haftungserscheinungen widmete. Impulse dazu kamen vor allem aus den Untersuchungen über den energetischen Zustand von Festkörperoberflächen. So beobachtete man, daß von jeder Oberfläche einer kondensierten Phase gewisse Kräfte ausgehen, die fremde Materie an dieser Fläche binden. Diese Erscheinung interpretierte FARADAY [2] mit dem heute als gesichert angesehenen Modell, daß der Zusammenhalt einer kondensierten Phase dadurch bewirkt wird, daß zwischen den Bausteinen (Atomen, Ionen oder Molekülen) anziehende Wechselwirkungskräfte bestehen, die sich gegenseitig absättigen. Das ist aber nur im Innern der kondensierten Phasen möglich. An der Oberfläche, der Phasengrenze sind die Anziehungskräfte zwischen den Atomen bzw. Molekülen nicht in allen Raumrichtungen gleichermaßen „abgesättigt" (vgl. Abb. 3.1.), so daß „Rest"-Kräfte auf Moleküle in der angrenzenden Gas- oder Flüssigphase ausgeübt werden, die zur Bindung dieser Moleküle an der Phasengrenze führen. Diesen Vorgang nennt man Adsorption. Die Art und Wirkung der Kräfte wurde offengelassen.

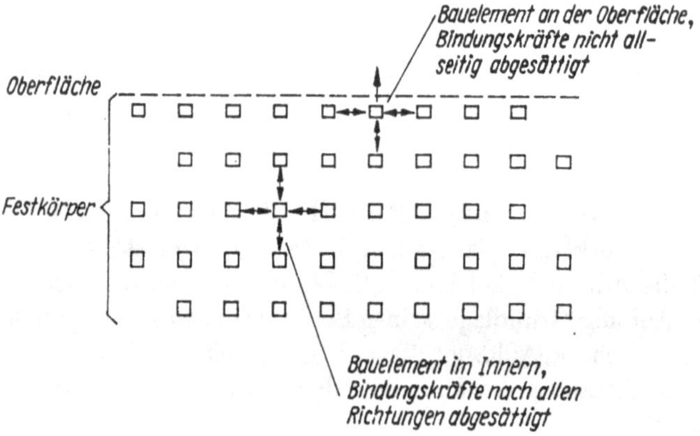

Abb. 3.1.: Schematische Darstellung der Wechselwirkungskräfte im Innern und an der Oberfläche eines Festkörpers.

Aus dieser Betrachtung folgt, daß die Atome bzw. Moleküle an der Phasengrenze in einem energiereicheren Zustand vorliegen als die gleichen im Phaseninneren. Heute weiß man auf Grund von Strukturuntersuchungen der Oberflächen kondensierter Phasen, daß dieser Zustand nicht nur auf die oberste Moleküllage beschränkt ist, sondern sich auf mehrere Atom- bzw. Molekülschichten verteilt. In dieser Monografie wird deshalb anstelle des häufiger gebrauchten Begriffes Oberfläche der Begriff *Oberflächenschicht* verwendet.

Zwischen zwei aneinandergrenzenden kondensierten Phasen bildet sich eine *Grenzflächenschicht* aus. Sie unterscheidet sich hinsichtlich ihrer Struktur und den Eigenschaften von den Volumenphasen, weil sie den Übergang der jeweils betrachteten Zustandsgröße zwischen den beteiligten Phasen vermittelt. Aus diesen Aussagen leitet sich ab, daß die Grenzflächenschicht durch eine zusätzliche Energie, die freie *Grenzflächenenergie*, gekennzeichnet ist, die zu ihrer Bildung aufgewandt werden muß.

Nach den bis hierher gemachten Beobachtungen erschien es plausibel, die spezifischen Grenzflächenkräfte als verantwortlich für die Adhäsion anzusehen, ohne sie genauer zu definieren.

Im Bemühen, tiefere Kenntnisse über die oberflächenenergetischen Zustände von Festkörpern und ihren Einfluß auf die Adhäsion zwischen kondensierten Phasen zu gewinnen, versuchte DUPRÉ [3] Mitte des vorigen Jahrhunderts durch seine Benetzungsuntersuchungen an festen Oberflächen quantifizierbare Zusammenhänge zwischen Oberflächen- bzw. Grenzflächenspannungsmessungen und Änderungen der spezifischen freien Energie des Festkörpers zu finden. Die von ihm aufgestellten Beziehungen (vgl. Kap. 5., Gl. (5.49.) u. a.) wurden nahezu 100 Jahre später von YOUNG [4] weiterentwickelt und gingen als YOUNG-DUPRÉsche Gleichung (vgl. Kap. 5., Gl. (5.47.)) in die Fachliteratur ein.

Auch in den folgenden Jahren befaßten sich die theoretischen und experimentellen Untersuchungen zu Problemen der Adhäsion ausschließlich mit thermodynamischen Methoden durch Benetzungsmessungen und grenzflächenenergetische Betrachtungen, ohne sie als geschlossene Theorie formulieren zu können. Dies gelang erst viele Jahre später durch die Arbeiten von ZISMAN, FOWKES, GOOD, WU, KAMMER u. a. (vgl. Kap. 7.).

In diese Entwicklungsetappe gehören auch die umfangreichen Arbeiten über die Adsorption in den 20er Jahren unseres Jahrhunderts. Als Beispiel seien hier nur die Arbeiten von J. W. MCBAIN u. Mitarb. über Kleberscheinungen genannt [5], die die Adsorption als eine wesentliche Voraussetzung für die Adhäsion erkannten.

Parallel zu den Versuchen einer wissenschaftlichen Interpretation der Adhäsion und ihrer Ursachen entwickelten sich auf Grund der fortschreitenden Bereitstellung von synthetisch hergestellten Klebstoffen und in deren Folge die zunehmende Anwendung der Fügetechnik Kleben einfache Vorstellungen über eine mechanische Verbindung zwischen Adhärens und Adhäsiv. Danach soll das flüssige Adhäsiv (Kleber) in Poren oder Löcher der Festkörperoberfläche eindringen, dort erhärten und ähnlich wie Dübel oder Nägel eine Verbindung der Werkstoffe herbeiführen. So entstand das Modell der mechanischen Adhäsion (vgl. Kap. 4.). Zweifellos hat diese Deutung ihren Ursprung in einer Zeit, als man überwiegend poröse Werkstoffe wie Papier oder Holz verklebte. Eine dauerhafte Verbindung von Werkstoffen mit relativ glatten Oberflächen (z. B. Glas oder spezielle Metalle) konnte damit jedoch nicht erklärt werden. Sicher ist auch heute noch, daß die Rauheit einer Oberfläche einen bestimmten Einfluß auf die Festigkeit eines Werkstoffverbundes hat (vgl. Kap. 11.3.). Aber wie inzwischen bekannt, ist die einfache mechanische Verankerung in der Grenzflächenschicht nicht ausreichend für die Erklärung der Verbundfestigkeit. Es müssen also noch andere Faktoren in der Grenzflächenschicht wirken. Allein die thermodynamischen Betrachtungen, die bis dahin spezifische Adhäsionskräfte postulierten, ohne sie näher zu beschreiben, ergaben auch keine ausreichenden Erklärungen. So blieben bis etwa 1930 die mechanischen Interpretationen der Adhäsion vorherrschend.

Erst mit der *Polarisationstheorie* von N. A. DE BRUYNE [6] begann die Etappe der molekularphysikalischen Betrachtung von Grenzflächenerscheinungen, d. h. der Untersuchung der Art und Wirkung der spezifischen Adhäsionskräfte (vgl. Kap. 6.). Er versuchte in den 30er Jahren erstmals die Adhäsion auf elektrische Wechselwirkungen molekularer Dipole zurückzuführen. Der Grundgedanke seiner Theorie besteht in dem Postulat, daß Adhäsiv und Adhärens von gleichartiger Polarität sein müssen, um Adhäsion zu erzielen. Dabei setzt er voraus, daß die Adhäsion durch zwei miteinander verbundene Erscheinungen zu erklären ist. Einmal ist es notwendig, daß sich die Moleküle des Adhäsivs denjenigen des Adhärens auf einen Abstand von weniger als $5 \cdot 10^{-8}$ cm nähern, und zum anderen, wenn die Moleküle elektrisch polar sind, d. h. Dipole vorliegen, eine Kraftwirkung erfolgt, die zu Adhäsion führt und der dritten Potenz des Abstandes der Moleküle voneinander umgekehrt proportional ist. Die Bedingungen für die Entstehung einer adhäsiven Bindung formuliert der Autor in seiner Adhäsionsregel: Feste Bindungen können weder zwischen polarem Adhärens und unpolarem Adhäsiv noch zwischen unpolarem Adhärens und polarem Adhäsiv entstehen.

DE BRUYNES Theorie erfährt eine wesentliche Begrenzung durch die aus der Praxis bekannte Tatsache, daß auch unpolare Substanzen Adhäsion zeigen. Trotz dieser Einschränkung hat der Grundgedanke der Theorie, daß die Polarität einen wesentlichen Einfluß auf die Adhäsion ausübt, seine Gültigkeit behalten. Sie stützt wesentlich den Einfluß der chemischen Struktur des Adhäsivs (z. B. des Polymers) auf die Festigkeit des Verbundes.

Tatsächlich konnte bewiesen werden, daß gewisse polare Gruppen, wie z. B. Hydroxyl-, Carboxyl-, Amin- und andere Gruppen, im Adhäsiv und in der Oberflächenschicht des Adhärens die Haftfestigkeit in einem Verbund verbessern. Beispielsweise folgt aus den Arbeiten von MCLAREN und HOFRICHTER [7···9], in denen Untersuchungen zur Haftung von Copolymeren aus Vinylchlorid, Vinylacetat und unterschiedlichen Anteilen von Maleinsäure auf Cellulose und anderen Polymeren beschrieben werden, daß die Adhäsion am stärksten ist, wenn die Dipolmomente des Copolymers und des Substrates ungefähr gleich groß sind. Die Haftkraft F soll eine Funktion des Gehaltes polarer Gruppen sein. Sie formulierten folgende Beziehung:

$$F = k \cdot [-\mathrm{COOH}]^n \qquad (3.2.)$$

k und n sind abhängig vom Adhärens und der Säureart.

JENCKEL und HUHN [10] zeigten am System Polystyren-Maleinsäure- oder Polystyren-Acrylsäure-Copolymer als Klebstoff für Aluminium ebenfalls einen Anstieg der Verbundfestigkeit mit zunehmendem Carboxylgruppengehalt. Bei einer Veresterung der COOH-Gruppe war kein Hafteffekt mehr meßbar.

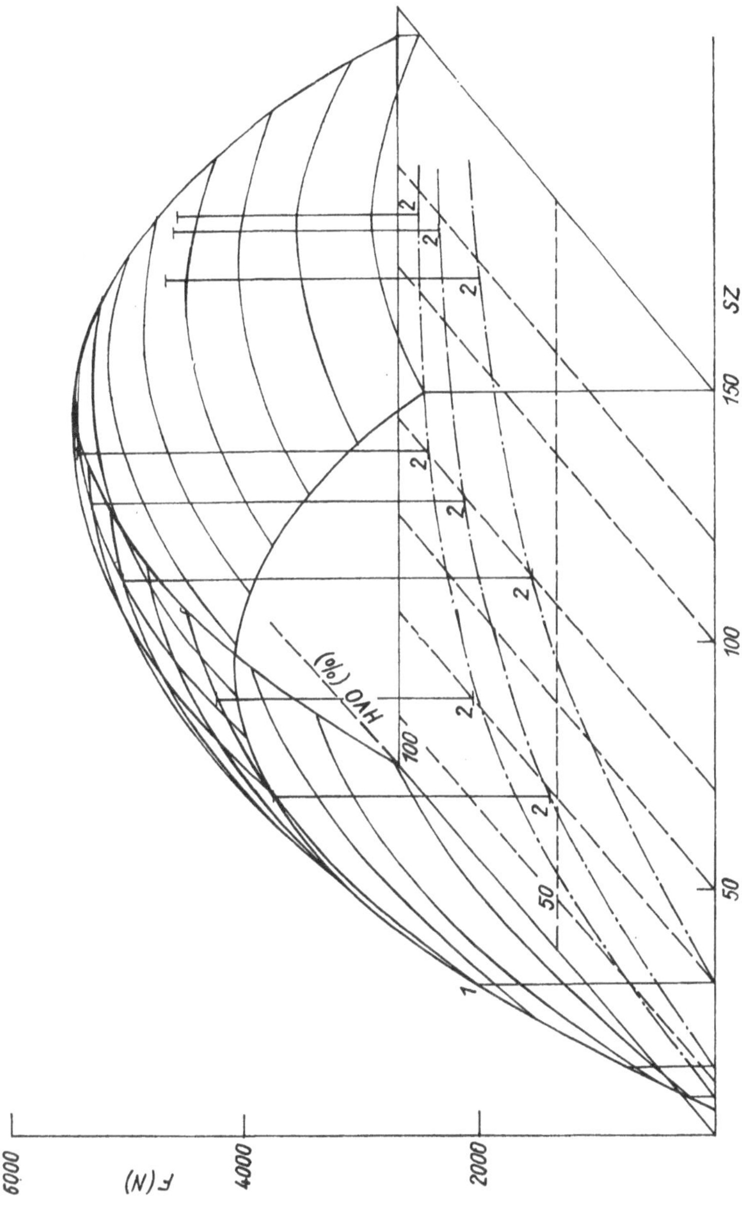

Abb. 3.2.: Einfluß der Säurezahl SZ eines modifizierten PMMA auf die Verbundfestigkeit im System Bandstahl-Haftvermittler-PVC.

Vergleich zwischen modifizierten Produkten mit verschiedenen Ausgangssäurezahlen (Kurve 1) und Mischungen derselben mit carboxylgruppenfreiem PMMA HVO (mit 2 bezeichnete Meßpunkte).

Brockmann [11] bestätigte in einer Vielzahl von Untersuchungen bei der Metallklebung ebenfalls den Einfluß von Hydroxyl- und Carboxylgruppen auf die Verbundfestigkeit.

Bischof u. Mitarb. [12] untersuchten den Einfluß des Carboxylgruppengehaltes eines modifizierten Polymethylmethacrylates als Haftvermittler für die Herstellung eines Stahl-PVC-Verbundes auf die Festigkeit. Kurve 1 der Abb. 3.2. gibt die Abhängigkeit der mit dem Stirnabzugsversuch ermittelten Verbundkraft vom Carboxylgruppengehalt (Säurezahl) des modifizierten Polymers wieder. Durch Zusatz von Ausgangsprodukt der Säurezahl Null zu verschiedenen modifizierten Substanzen wurden weiterhin Haftvermittler mit nominell geringerer Säurezahl gewonnen. Die dazu gehörenden Festigkeiten sind in Abb. 3.2. durch die 2 markiert. Die Strichpunktlinie bezeichnet die zur Mischung gehörende Säurezahl. Mit Hilfe der Regressionsanalyse wurde das Ergebnis zur abgebildeten Fläche vervollständigt.

Aus der räumlichen Darstellung geht hervor, daß unter Berücksichtigung der möglichen Fehlerquellen, die auch durch die Prüfmethode auftreten können, die Verbundfestigkeit in Abhängigkeit von der Säurezahl bei partiell hydrolysierten Polymeren ein Maximum durchläuft. Mischungen aus Produkten hoher Säurezahlen mit carboxylgruppenfreiem Polymethylmethacrylat weisen niedere Festigkeiten auf. Das spricht für eine notwendige Dichte und homogene Verteilung von Carboxylgruppen pro Flächeneinheit, aber auch für eine erforderliche Orientierung der Dipole der Makromoleküle in der Grenzflächenschicht, um Wechselwirkungen zur angrenzenden Phase auszuüben.

Die Anwesenheit funktioneller Gruppen im Makromolekül läßt eine Interpretation der adhäsiven Wechselwirkungen zum Metall in zwei Richtungen zu. Entsprechend der Polarisationstheorie können die Carboxylgruppen folgende Wechselwirkungen auslösen:

— Dipolwechselwirkungen mit den in der Bandstahloberflächenschicht vorhandenen Oxid- bzw. Hydroxidgruppen,
— Ausbildung von Wasserstoffbrückenbindungen mit Oxidhydraten bzw. Hydroxydgruppen an der Bandstahloberflächenschicht,
— Induzieren von Dipolwechselwirkungen mit aktiven Zentren in der Grenzschicht des Metalles.

Schließlich besteht als zweite Möglichkeit die Ausbildung echter chemischer Bindungen.

Diese Elementarvorgänge sind einmal stark vereinfacht in der Abb. 3.3. wiedergegeben und kennzeichnen die Komplexität der adhäsiven Wechselwirkungen bei dem konkreten System.

Die hier genannten Beispiele stellen lediglich Teilerkenntnisse für die Aufklärung der komplexen Adhäsionsvorgänge dar und können auch nur als solche gewertet werden. Die Gesamtzusammenhänge sind viel komplizierter und bedürfen der Berücksichtigung noch einer Vielzahl von anderen Einflußfaktoren (vgl. Kap. 11.4.2.).

Die DE BRUYNEsche Theorie eröffnete in den Folgejahren eine intensivere Erforschung der zwischenmolekularen Kräfte in der Grenzflächenschicht. So entstand in den 50er Jahren die *elektrostatische Adhäsionstheorie.*

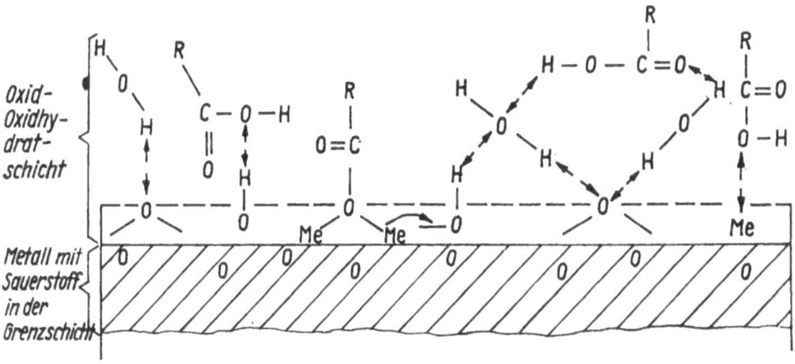

Abb. 3.3.: Schematische Darstellung der Möglichkeiten der Wechselwirkungen zwischen Metalloberflächenschicht und dem carboxylgruppenhaltigen PMMA.

Der Grundgedanke dieser Theorie besteht im Postulat einer elektrischen Doppelschicht in der Grenzflächenschicht. Zu diesem Postulat kamen DERJAGIN u. Mitarb. [13, 14] durch ihre experimentellen Beobachtungen beim Schälen von Verbunden aus Kautschuk und Glas bzw. Metall. Die dabei auftretenden Lumineszenzerscheinungen und Knackgeräusche deuteten sie als elektrische Entladung. Sie stellten qualitative Korrelationen zwischen diesen Erscheinungen, der Schälgeschwindigkeit und den Oberflächenladungen auf dem Adhäsiv und Adhärens fest. Die beiden Teile des Verbundes sind nach dem Trennen entgegengesetzt geladen.

Ausgehend von diesen Beobachtungen formulierten sie ein theoretisches Modell, wonach sich durch das Streben nach einem thermodynamischen Gleichgewicht an der Kontaktstelle zweier Körper durch Ladungsträgerdiffusion eine elektrische Doppelschicht herausbildet.

Die theoretischen Vorstellungen über die Ausbildung der elektrischen Doppelschicht in der Kontaktzone von zwei unterschiedlichen Dielektrika (Polymere) oder von Polymer und Metall verkörpern insbesondere für das letztere System eine wichtige Annahme, die zur Aufklärung der Adhäsion beitragen kann. Da in Kap. 9. ausführlich die theoretischen und experimentellen Grundlagen dieses Adhäsionsmodells behandelt werden, soll hier eine weitere Wertung unterbleiben. Ungeachtet der noch vorhandenen Probleme, insbesondere beim experimentellen Nachweis einer elektrischen Doppelschicht im unzerstörten Verbund können aus der weiteren wissenschaftlichen Bearbeitung dieses Modells, Informationen über den Anteil einer elektrischen Doppelschicht an der Adhäsion in einem Verbundsystem erwartet werden.

Rund ein Jahrzehnt nach dem DERJAGINschen Modell wurde Anfang der 60er Jahre von VOJUCKIJ u. Mitarb. [15] ein weiteres theoretisches Modell für die Adhäsion, die *Diffusionstheorie* vorgestellt. Sie versucht, den Adhäsionseffekt durch BROWNsche Molekularbewegungen zwischen zwei Polymerphasen zu erklären. Der Grundgedanke besteht in einer Diffusion von Kettenmolekülen oder Molekülsegmenten vom Adhäsiv zum Adhärens und umgekehrt. Dieser Vorgang gilt auch für unpolare Substanzen. Sind Substanzen polar, kann außerdem mit polarisierenden Kräften gerechnet werden. Insofern geht diese Theorie über die von DE BRUYNE hinaus. Das Diffundieren von Molekülen bzw. -segmenten durch die Phasengrenze führt letztendlich zu einer stoffschlüssigen Verbindung. Eine schematische Darstellung des Vorganges zeigt Abb. 8.2. im Kap. 8. Die Erarbeitung eines mathematischen Modells für diese Theorie steht noch in den Anfängen.

Von verschiedenen Autoren wird dieser Theorie nur eine begrenzte Anwendung zugeordnet. Auf alle Fälle hat sie sich bei der Interpretation von Klebverbindungen zwischen Polymerwerkstoffen untereinander bewährt. Bei der Anwendung auf solche Systeme wie Metall-Plast oder Glas-Plast sind ihr Grenzen gesetzt. Viele experimentelle Ergebnisse haben, auch im Zusammenhang mit dem mechanischen Adhäsionsmodell, ihre mögliche Anwendung bestätigt. Eine ausführliche Behandlung dieses theoretischen Modells erfolgt in Kap. 8.

Ebenfalls am Beginn der 60er Jahre erlebten die *thermodynamischen Theorien der Adhäsion* auf der Grundlage der am Anfang dieses Kapitels genannten Überlegungen des vorigen Jahrhunderts eine Belebung auf qualitativ höherer Stufe.

Ein Ausgangspunkt für die thermodynamischen Theorien ist die Feststellung, daß für die Herstellung einer adhäsiven Bindung eine *Benetzung* erfolgen muß. Demzufolge konzentrieren sich diese Theorien auf die Betrachtung der Ober- und Grenzflächenschichten im Gleichgewichtszustand. Das Resultat ist eine Reihe experimenteller Methoden, welche die Messung von spezifischer Ober- und Grenzflächenenergie der Phasengrenze fest/flüssig und eine in den entwickeltsten Fällen auch quantitativ recht genaue mikrophysikalische Interpretation für niedermolekulare Systeme gestatten.

Grundlegende Beiträge stammen hierzu beispielsweise von W. A. ZISMAN [16], F. M. FOWKES [17], R. J. GOOD u. Mitarb. [18] sowie von WU [19]. Ferner gehören auch die thermodynamisch-statistischen Betrachtungen in der Grenzflächenschicht zwischen Polymeren von H.-W. KAMMER [20] dazu. ZISMAN kam zu der allgemeinen Feststellung, daß eine Substanz von einer Oberfläche nur dann adsorbiert werden kann, wenn ihre Oberflächenenergie kleiner (höchstens gleich) der kritischen Oberflächenenergie des Feststoffes ist.

Da diese Theorien hinsichtlich ihrer Aussagekraft und Bedeutung ausführlich in Kap. 7. behandelt werden, erübrigt sich an dieser Stelle eine weitere Diskussion. Diese Theorien sind nach dem heutigen Kenntnisstand hinsichtlich ihrer mathematischen Formulierbarkeit im Vergleich zu den anderen Modellen am weitesten fortgeschritten. Trotzdem stellen auch sie nur einen, wenn auch wesentlichen Teil zur Lösung des komplexen Gesamtproblems der Adhäsion dar. Da für die Aufstellung der von den Autoren entwickelten Gleichungen vereinfachende Annahmen und Näherungen nötig sind, in der Regel nicht alle Molekülparameter bekannt sind, das vorausgesetzte thermodynamische Gleichgewicht in der Praxis nicht erreicht wird und die Interpretation der durch die vorhandenen Meßverfahren gewonnenen Ergebnisse teilweise nicht befriedigt, ergibt der Vergleich der Berechnungen mit dem Experiment noch keine generell gute Übereinstimmung.

Abschließend sei noch auf ein letztes Modell der Adhäsionstheorien hingewiesen, die *Theorie* der Ausbildung *chemischer Bindungen bei der Adhäsion*. Es ist umstritten, wann erste Hinweise auf das Auftreten chemischer Bindungen in der Grenzschicht beispielsweise bei Verklebungen gegeben wurden. Von theoretischen Überlegungen ausgehend, sollte es in vereinzelten Fällen in Abhängigkeit von der chemischen Struktur der kontaktierenden Phasen möglich sein. Seit Beginn der 60er Jahre wird diese Möglichkeit von verschiedenen Autoren diskutiert. Dieses Modell stützt sich auf die experimentellen Ergebnisse der Chemisorption, die hauptsächlich auf dem Gebiet der heterogenen Katalyse meist mit niedermolekularen Stoffen erhalten wurden. Dagegen sind derartige Untersuchungen mit und an Polymeren weniger bekannt. Im Kap. 10. werden die Probleme dieses Adhäsionsmodelles diskutiert. Tatsache ist, daß der experimentelle Beweis chemischer Bindungen in der Grenzschicht nur für wenige Ausnahmen vorliegt. Dazu sei bemerkt, daß eine derartige Beweisführung bei den in der Regel aus vielen Komponenten bestehenden Systemen äußerst schwierig ist. Trotzdem sollte der weiteren Aufklärung derartiger Reaktionen in der Grenzschicht in der Zukunft Aufmerksamkeit gewidmet werden. Dazu könnten auch Untersuchungen über tribochemisch initiierte Polymerisationen von Monomeren an einer Metalloberfläche dienen.

An dieser Stelle erscheint es angebracht, auf den Widerspruch zwischen den theoretisch errechenbaren maximalen Adhäsionskräften, die zwischen physikalisch bedingten molekularen Wechselwirkungen und chemischen Bindungen auftreten, und den experimentell gemessenen Verbundfestigkeiten hinzuweisen. In Tab. 1 sind diese Werte in durchschnittlichen Größenordnungen gegenübergestellt. Danach liegen die theoretischen Werte bedeutend höher als die gemessenen. Verschiedene Ansätze für die Interpretation dieses Widerspruches gehen von störenden Einflüssen im Festkörper aus. In Analogie zu den Erscheinungen der Kohäsion — auch hier treten erhebliche Differenzen zwischen berechneten Kohäsionswerten und der experimentell ermittelten Reißfestigkeit eines Festkörpers auf — werden auf der Grundlage der Schwachstellenhypothese von SMEKAL [21] die niedrigen Festigkeitswerte mit geschwächten Bereichen im Volumen der Grenzflächenschicht erklärt. Alle diese Deutungen tragen noch stark qualitativen Charakter. Die Anwendung der Theorien der Bruchmechanik auf einen adhäsiven Verbund kondensierter Phasen, insbesondere auf das Volumen der Grenzflächenschicht, sollte im Rahmen der festkörperphysikalischen und werkstoffwissenschaftlichen Untersuchungen ein lohnenswertes Gebiet darstellen.

Tabelle 1: Vergleich der theoretisch berechneten Adhäsionskräfte und der experimentell gemessenen Verbundfestigkeiten

Bindungsart	N/mm^2
Molekulare Dipolbindung	200
Wasserstoffbrückenbindung	500
Bindung durch chem. Reaktion	5000
Experimentell gemessene Festigkeiten bei Klebeverbindungen	15···25

Wenn man zusammenfassend die Entwicklungsgeschichte der Adhäsionsforschung und der theoretischen Modelle einschätzt, so kann man feststellen, daß für die Beschreibung der Adhäsion zwischen kondensierten Phasen sowohl thermodynamische als auch molekularphysikalische Betrachtungsweisen mit unterschiedlichem Erfolg angewendet wurden.

Gleichzeitig ist erkennbar, daß noch Wissenslücken existieren und einige

Tabelle 2: Vergleich der Energien bei physikalischen Wechselwirkungen und chemischer Bindung

Wechselwirkungstyp	Energie ($kJ\ mol^{-1}$)	Reichweite (10^{-10} m)
Physikalische Kräfte		
Dipol-induzierter Dipol	$\leqq 2$	3···5 (bei Atomen u. kleinen Molekülen)
Dipol-Dipol	$\leqq 20$	
Dispersionskräfte	0,08···40,0	
Wasserstoffbrücken	$\leqq 50$	
Chemische Bindungen		
Ionenbindungen	560···1000	1···2
kovalente Bindungen	60···680	
metallische Bindungen	110···260	

Phänomene nicht interpretierbar sind. Dies wird z. B. beim Vergleich der Bindungsenergien deutlich. Über Reichweite und Energie intermolekularer Kräfte gibt die Zusammenstellung in Tab. 2 Auskunft. Daraus wird deutlich, daß einerseits ein sehr enger Kontakt zwischen den am Verbund beteiligten Grenzschichten erforderlich ist und andererseits das Auftreten chemischer Bindungen eine hohe Adhäsionsfestigkeit zur Folge haben müßte. Im ersten Fall spielt zweifellos die Oberflächengeometrie des Festkörpers eine entscheidende Rolle. Um einen engen Kontakt zu ermöglichen, liegt es nahe, daß der eine Verbundpartner — in der Regel das Adhäsiv — in flüssiger Form oder als Lösung auf den Festkörper aufgebracht und anschließend ohne wesentliche Volumenänderungen verfestigt wird. Damit ist die Möglichkeit eines guten Ausfüllens aller Unebenheiten gegeben. Voraussetzung ist, daß die Oberflächenspannungen beider Partner eine gute Benetzung gestatten.

In allen bisher diskutierten theoretischen Modellen der Adhäsion, außer dem mechanischen Modell, wird von einer idealisierten ebenen Oberfäche des Festkörpers ausgegangen, beziehungsweise der Einfluß der Oberflächengeometrie ignoriert.

Es ist aber eine Tatsache, daß es derartige Oberflächen in der Realität nicht gibt. Auf die verschiedenen Kategorien der Oberfläche wurde schon in Kapitel 2. eingegangen. Für die Interpretation der Wechselwirkungsvorgänge in der Grenzschicht bildet die Kenntnis der vorliegenden Verhältnisse eine wichtige Voraussetzung (vgl. Kap. 11.3.).

Bringt man zwei Festkörper mit ihren Oberflächen in Kontakt, so berühren sich infolge der geometrischen Gestalt der Oberflächen nur ein Teil der Moleküle, nämlich dort, wo die Oberflächenunebenheiten zusammentreffen, (vgl. Abb. 3.4., Beispiel *a*). An diesen Stellen wird die Haftung durch die genannten zwischenmolekularen Kräfte bestimmt. Für die Erzielung einer guten Haftung ist deshalb eine möglichst große Anzahl von Kontaktstellen pro Flächeneinheit erwünscht. Dies kann man durch Druck oder Temperaturerhöhung, aber auch durch den Einsatz von Haftvermittlern (Adhäsiven) erreichen. In letzterem Falle spielen die Benetzung und das Ausfüllen aller Vertiefungen in der Oberfläche eine Rolle. Wie in den Fällen *b*) und *c*) der Abb. 3.4. ersichtlich, kann es dabei zu eingeschlossenen Hohlräumen kommen, die möglicherweise die Verbundfestigkeit negativ beeinflussen. Am Beispiel *c*) soll deutlich gemacht werden, wie über die Volumenphase eines Haftvermittlers (Klebstoff) in einem bestimmten Maße die wirksame Oberfläche vergrößert und damit die Festigkeit im Verbund — im Vergleich zum Beispiel *a*) — erhöht wird. Hierbei spielen die Schichtdicke und die Kohäsionsfestigkeit des Haftvermittlers eine wesentliche Rolle. In den Grenzflächenschichten wirken in Abhängigkeit von der chemischen Struktur der Komponenten anteilig die unterschiedlichen Wechselwirkungskräfte.

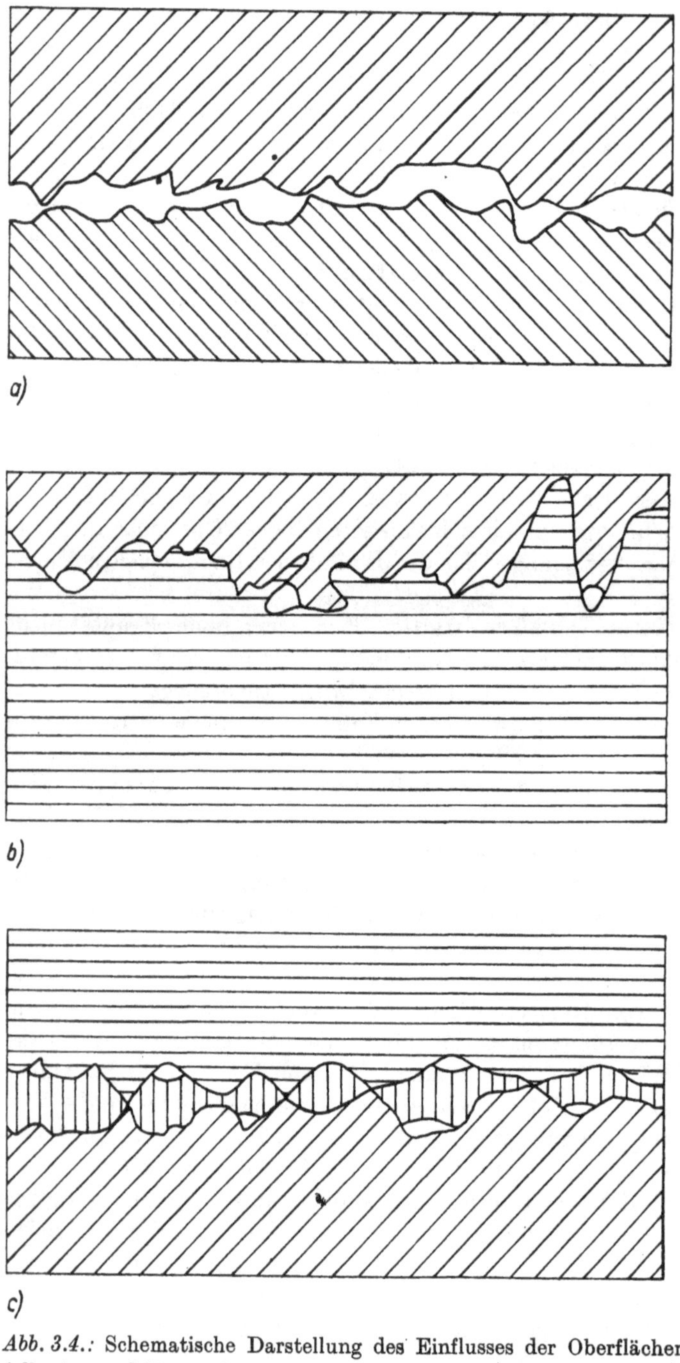

Abb. 3.4.: Schematische Darstellung des Einflusses der Oberflächengeometrie auf die Adhäsion und Verbundfestigkeit.

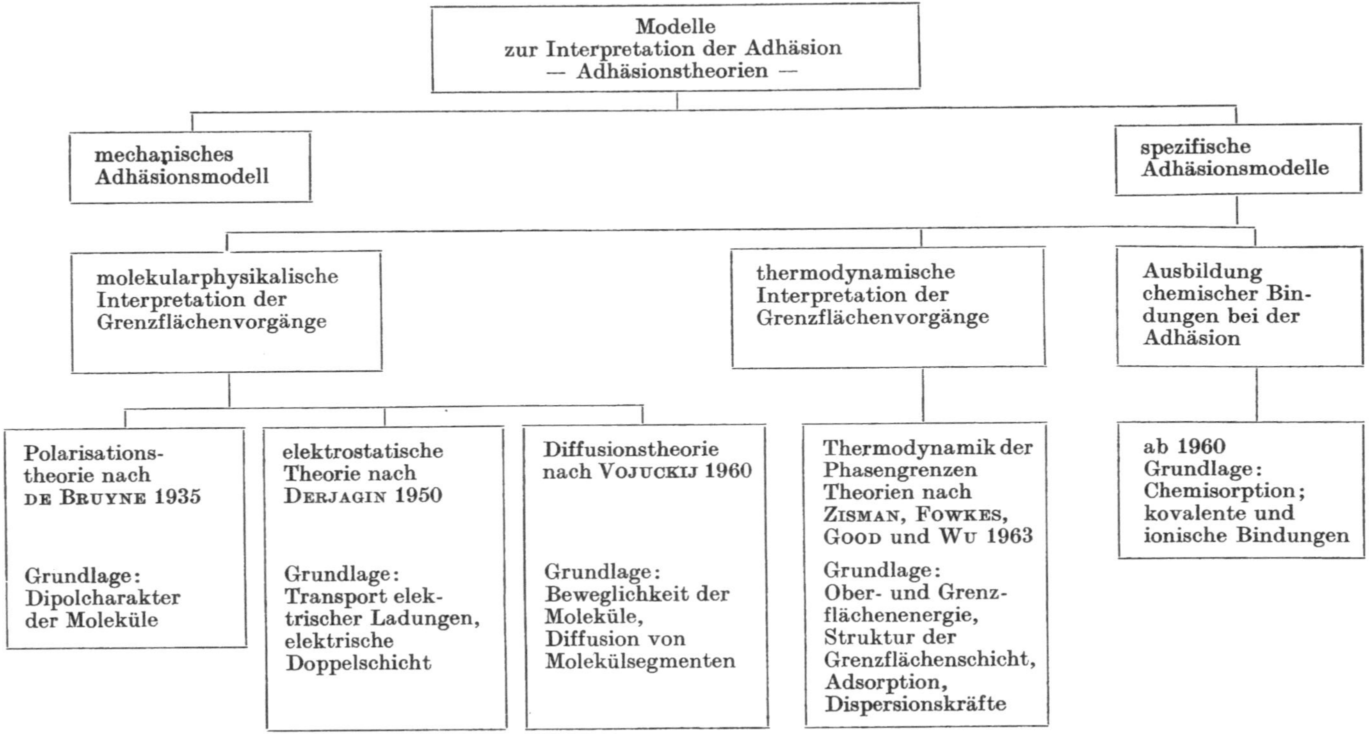

Abb. 3.5.: Übersicht über Modelle zur Interpretation der Adhäsion — Adhäsionstheorien und ihre Grundlagen.

Abschließend sollen die behandelten Modellvorstellungen der Adhäsion und ihre wesentlichen Grundlagen in einer Übersicht zusammengefaßt werden (vgl. Abb. 3.5.). Diese Darstellung kennzeichnet die Vielfalt der Betrachtungsweisen und die Komplexität der Adhäsionserscheinungen. Keines der Modelle ist allein zur vollständigen Erklärung der Adhäsion imstande. Sicher ist, daß jedes der Modelle einen bestimmten Anteil an den komplexen Adhäsionsvorgängen beschreibt. Dieser Anteil ist abhängig vom jeweiligen konkreten Stoffsystem. Eine Verbesserung der Situation ist sicher durch die Weiterentwicklung und experimentelle Untermauerung der verschiedenen Modelle und mit dem Versuch einer Synthese der wesentlichen Theorien zu erwarten, nicht aber durch eine grundsätzliche neue Auffassung.

Literatur

[1] Fond, S. de la: Elem. Physique Jg. 1777

[2] Faraday, M.: Selected Researches on Electricity 1833

[3] Dupré, A.: „*Theorie mecanique de la chaleur*", Paris, 1869, S. 369

[4] Young, Th.: Phil. Trans. Roy Soc. London 1965, S. 1805

[5] McBain, J. W., Hopkins, D. G.: J. Physic. Chem. **29** (1925), 188

[6] De Bruyne, N. A.: Flight **28** (1939)

[7] McLaren, A. D.: J. Polymer Sci. **3** (1948), 652

[8] McLaren, A. D., Seiler, C. J.: J. Polymer Sci. **4** (1949), 63

[9] Hofrichter, C. H., McLaren, A. D.: Ind. Eng. Chem. **40** (1948), 329

[10] Jenckel, E., Huhn, H.: Koll. Zeitschr. **159** (1958), 118

[11] Brockmann, W.: Adhäsion (1969), 335, 448

[12] Bischof, C., Possart, W., Kapelle, R., Sandner, B., Bauer, A.: Plaste und Kautschuk **29** (1982), 144

[13] Derjagin, B. V., Krotova, N. A.: Berichte der Akademie der Wissenschaften der UdSSR **61** (1948), 849 (russ.)

[14] Derjagin, B. V., Krotova, N. A., Smilga, V. R.: „*Adgezija tverdych tel*", Izdatel'stvo Nauka, Moskau, 1973

[15] Vojuckij, S. S.: „*Autohesion and Adhesion of High Polymers*", Intersci. Publ., New York/London/Sydney, 1963

[16] Zisman, W. A. in Weiss, P.: „*Adhesion and Cohesion*", Elsevier Publ. Co., Amsterdam/New York, 1962

[17] Fowkes, F. M. in Patrick, R. L.: „*Treatise on Adhesion and Adhesivs*", Vol. 1, M. Dekker Inc., New York, 1967

[18] Good, R. J., Elbing, J.: Ind. Eng. Chem. **62** (1970), 54

[19] Wu, S.: J. Coll. and Interf. Sci. **31** (1969), 153; J. Phys. Chem. **74** (1970), 632

[20] Kammer, H. W.: Z. phys. Chem. **255** (1974), 607; **258** (1977), 1149

[21] Kammer, H. W., Samek, P., Wietusch, R., Berger, W.: Faserforschung und Textiltechnik **27** (1976), 15

[22] Smekal, A.: „*Die Festigkeitseigenschaften fester Körper*", Springer-Verlag, Berlin, 1936

4. Mechanische Adhäsion

Aus der im vorhergehenden Kapitel kurz skizzierten historischen Entwicklung der Adhäsionsforschung geht hervor, daß die erste und einfachste Interpretation des Haftens aus den Erfahrungen des Verklebens gleicher oder unterschiedlicher Werkstoffe abgeleitet wurde. So entstand das Modell der mechanischen Adhäsion. Der Grundgedanke besteht in der Annahme, daß das flüssige Adhäsiv in den Vertiefungen bzw. Poren der Oberfläche des Adhärens aushärtet und dort wie Dübel oder Druckknöpfe mechanisch verankert ist. Dieses Modell mag für bestimmte Werkstoffe eine gewisse Berechtigung haben, kann aber z. B. das Verkleben von Glas oder polierten Metallen nicht erklären.

Heute hat sich die Ansicht weitgehend durchgesetzt, daß dieser sicherlich stets mehr oder weniger vorhandene Effekt nur eine begrenzte Bedeutung hat. Vielmehr wird die Auffassung vertreten, daß die bei Vergrößerung der „Rauhigkeit" einer Adhärensoberfläche beobachtbare stärkere Haftung auf die Vergrößerung der wirksamen Oberfläche zurückzuführen ist (vgl. Kap. 3.). In neuerer Zeit ist der mechanischen Adhäsion von J. J. Bikermann [1] wieder Bedeutung beigemessen worden, so daß hier doch auf einige Arbeiten und theoretische Vorstellungen eingegangen werden soll.

Im allgemeinen ist das Eindringen des Adhäsivs in die Oberflächenporen, die durch das Aufrauhen geschaffen wurden, abhängig von der Gestalt, d. h. der Tiefe, dem Öffnungswinkel und dem Durchmesser der Vertiefungen und von der Oberflächenspannung sowie dem Fließverhalten des Adhäsivs.

Über den Anteil der durch die Rauhigkeit vergrößerten Oberfläche an der Gesamthaftung gibt es jedoch unterschiedliche Meinungen. Abschätzungen von Matting und Ulmer [2] ergaben, daß die beim Schleifen und Beizen auftretenden Rauhigkeiten die Oberfläche kaum um das Doppelte vergrößern und unter Berücksichtigung submikroskopischer Rauhtiefen, die Vergrößerung bestenfalls das Vierfache beträgt. Kaliske [3] kam zu ähnlichen Ergebnissen. Unter Berücksichtigung der in der Praxis vorkommenden Kapillarabmessungen wurde die maximale Oberflächenvergrößerung zu zwei bestimmt. Oberflächenmessungen an Stahl, Aluminiumlegierungen und Messing ergaben sogar, daß mit den gebräuchlichen mechanischen, chemischen und elektrochemischen Vorbehandlungsverfahren dieser Wert nicht erreicht wird, sondern zwischen 1,2 und 1,6 liegt.

Brockmann [4] kam durch Sorptionsversuche von Palmitinsäure und Phenolharz an technischen Metalloberflächen zu dem Ergebnis, daß bei geschmirgelten Oberflächen von Aluminium die Vergrößerung der wirksamen Oberfläche und eine „mikromechanische Verzahnung" sich besser auf die Schälfestigkeit auswirken als die Oberflächenaktivierung, während Matting und Ulmer [2] der mit der Oberflächenaufrauhung verbundenen physikalisch/chemischen Aktivierung der Metalloberfläche die wichtigere Rolle zusprechen. Brockmann wirft in [5] die Frage auf, ob nicht doch eine mechanische Verankerung der Klebstoffmoleküle in den zumindest auf anodisierten Aluminiumoberflächen ohne Zweifel vorhandenen Mikroporen für die Haftung des Klebstoffes vorhanden ist. Dieser mechanische Verklammerungseffekt wäre auch eine Erklärung dafür, daß sich an anodisierten Aluminiumoberflächen die höchste Beständigkeit der Adhäsion nach Wasserdampflagerung bei 135 °C ergab. Elektronenmikroskopisch ließen sich im Falle des Anodisierens der Aluminiumoberflächen auch knopfartige Strukturen am Klebstoff nachweisen, die ursprünglich die Vertiefungen in der Metalloberfläche ausgefüllt haben müssen. Sie könnten also durchaus als die „Druckknöpfe" im Sinne der Druckknopf-Theorie angesehen werden. Brockmann fordert, diesen Adhäsionsvorgängen in Zukunft weitere intensive Forschungsarbeiten zu widmen, wobei nicht übersehen werden darf, daß dabei erhebliche meßtechnische Schwierigkeiten zu überwinden sind.

Insgesamt läßt sich aus den bisher veröffentlichten Untersuchungsergebnissen ableiten, daß eine aufgerauhte Metalloberfläche in vielen Fällen haftfördernd wirkt, die mechanische Adhäsion aber keineswegs ausreicht, um die zum Teil hohen Haftfestigkeitswerte von Metallklebverbindungen zu erklären. Eine zu große Rauhigkeit kann sogar zum vorzeitigen Bruch führen, da einmal der Klebstoff nur schwer in die zerklüftete Oberfläche eindringen kann und zum anderen die Anzahl der Kontaktstellen zwischen den Metalloberflächen möglicherweise verringert wird (vgl. Abb. 3.4.). Außerdem wirkt die Rauhigkeit fördernd auf die Entstehung von Spannungsspitzen in der Grenzfläche [6, 7], die einen vorzeitigen Bruch provozieren.

Eine besondere Bedeutung erlangte die mechanische Adhäsionstheorie in den vergangenen Jahren bei der Metallisierung von Plasten. In dem Zusammenhang entstand die „Druckknopftheorie". Sie wurde von Riedel [8] nach experimentellen Untersuchungen ausgearbeitet. Er hat die unbefriedigende Deutung der Abschälkräfte von auf ABS-Pfropfpolymerisate galvanisch aufgebrachten Kupferschichten zum Anlaß genommen, den Trennungsmechanismus theoretisch zu untersuchen. In der Oberfläche des zum Galvanisieren vorbereiteten Pfropfpolymers befinden sich je cm^2 der geometrischen Oberfläche eine Vielzahl von offenen Poren. Auf dieser porigen Oberfläche wird elektrolytisch das

Metall abgelagert. Da die Metallschicht bis zu makroskopischen Dimensionen galvanisch verstärkt wird, verankert sich das Metall im Polymer durch eine Vielzahl von „Druckknöpfen". In Abb. 4.1. ist das schematisch dargestellt.

Am Beispiel eines kupferbeschichteten ABS-Polymers versuchte RIEDEL, die Bedeutung der mechanischen Verankerungen für die Abschälkraft abzu-

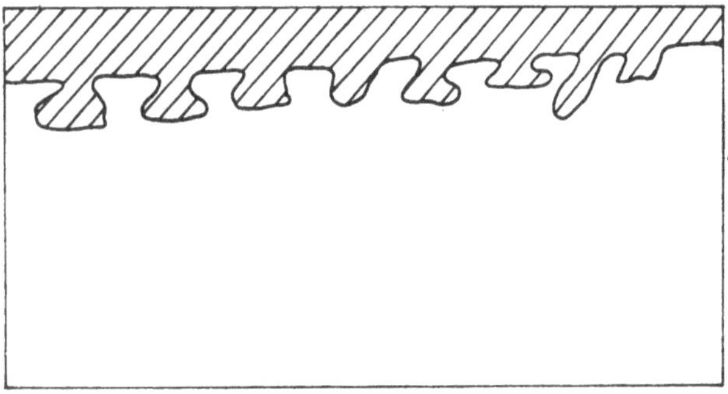

Abb. 4.1.: Schematische Darstellung der Druckknopf-Verankerung von galvanisch aufgetragenem Metall (Kupfer) auf ABS.

schätzen. Die realen Verhältnisse wurden dabei gemäß Abb. 4.2. idealisiert. An die Stelle der ungeheuren Vielfalt geometrischer Formen tritt ein Kugelsegment, das im Mittel die gleiche Wirkung erzielen soll.

Die zum Abschälen der Kupferfolie erforderliche Abschälkraft F_{As} setzt sich aus der Verformungskraft für die Kupferfolie F_V und der Haftüberwindungskraft $F_{Hü}$ nach der Beziehung

$$F_{As} = F_V + F_{Hü} \tag{4.1.}$$

zusammen. Im Rahmen der Näherung mögen die Kräfte auf einer Geraden liegen.

Für die Verformungskraft F_V verwendete RIEDEL die von SZABO [9] angegebene Beziehung aus der Elastizitätstheorie

$$F_V = \frac{E_B \bar{h}_B b_{As,B} d_B{}^3}{4 l^3_{Ko,B}} \tag{4.2.}$$

Von den darin auftretenden Größen sind der Elastizitätsmodul der Metallschicht E_B, die Abschälbreite der Beschichtung $b_{As,B}$ und die Beschichtungsdicke d_B experimentell noch leicht bestimmbar. Die mittlere Eindringtiefe der Beschichtung $\bar{h}_B$ übernahm RIEDEL aus [10] (für Kupfer 0,2 μm). Völlig unbekannt ist die Kontaktlänge der Beschichtung $l_{Ko,B}$, die die Länge des Übergangsbereiches zwischen völligem Haften und völligem Trennen der Beschichtung vom Untergrund darstellt. Für die Haftüberwindungskraft gibt RIEDEL die Beziehung

$$F_{H\ddot{u}} = \frac{F_{Dr} l_{Ko,B} b_{As,B}}{l_{Dr}^2} \tag{4.3.}$$

an. Gemäß Abb. 4.2. stellt l_{Dr} den mittleren Abstand zweier Druckknöpfe dar. F_{Dr} bezeichnet die Kraft zum Lösen eines Druckknopfes.

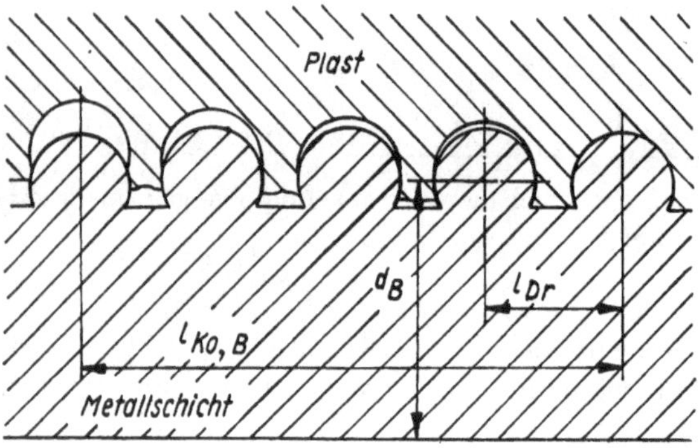

Abb. 4.2.: Darstellung der den Berechnungen von RIEDEL [8] zugrunde liegenden geometrischen Verhältnisse

Für die Abschälkraft F_{As} ergibt sich durch Einsetzen der Beziehungen (4.2.) und (4.3.) in die Beziehung (4.1.)

$$F_{As} = \frac{E_B \bar{h}_B b_{As,B} d_B{}^3}{4 l_{Ko,B}^3} + \frac{F_{Dr} l_{Ko,B} b_{As,B}}{l_{Dr}^2} \tag{4.4}$$

Für sehr kleine Kontaktlängen $l_{Ko,B}$ wird der zweite Term vernachlässigbar, der erste dagegen sehr groß, die Beschichtung reißt. Für große Kontaktlängen $l_{Ko,B}$ in der Größenordnung von $10^3\, l_{Dr}^2$ ist der erste Term sehr klein, und der Abschäl-Versuch geht in einen Abzieh-Versuch senkrecht zur Beschichtungsfläche über, da die Kraft zum Lösen eines Druckknopfes F_{Dr} proportional der Abreißkraft F_{Ar} gesetzt werden kann. Ein Minimum für die Kraft zum Lösen des Kontaktes Metall/Polymer ergibt sich durch Differenzieren der Beziehung (4.4.) nach der Kontaktlänge und Nullsetzen zu

$$\frac{dF_{As}}{dl_{Ko,B}} = \frac{F_{D,}b_{As,B}}{l_{Dr}^2} - \frac{3E_B\bar{h}_Bb_{As,B}d_B{}^3}{4l_{Ko,B}^3} = 0 \tag{4.5.}$$

Daraus folgt für die zugehörige optimale Kontaktlänge

$$l_{Ko,B,\mathrm{opt}} = \sqrt[4]{\frac{3E_B\bar{h}_Bd_B{}^3l_{Dr}^2}{4F_{Dr}}} \tag{4.6.}$$

Durch Einsetzen von Beziehung (4.6.) in Beziehung (4.4.) erhält man schließlich die minimale Abschälkraft

$$F_{As,\mathrm{min}} = 1{,}241\,\frac{E_B{}^{0,25}\bar{h}_B{}^{0,25}d_B{}^{0,75}b_{As,B}F_{Dr}^{0,75}}{l_{Dr}^{1,5}} \tag{4.7.}$$

Aus Gl. (4.7.) läßt sich der Einfluß der einzelnen Parameter auf die Messung ersehen. Außer den vom gewählten Druckknopfmodell abhängigen Größen l_{Dr}, $\bar{h}_B$ und F_{Dr} läßt sich die Wirkung der anderen Größen im Experiment nachprüfen. Riedel selbst tat das für die Schichtdicke d_B und konnte die Richtigkeit des erwarteten Zusammenhanges

$$F_{As,\mathrm{min}} \sim d_B{}^{0,75}$$

qualitativ zeigen.

Vom Standpunkt des Modelles ist die Rolle der Kraft pro Druckknopf F_{Dr} wesentlich, weil in sie die mechanischen Eigenschaften des polymeren Substrates eingehen. Wegen der Proportionalität zwischen der Abreißkraft F_{Ar} des Stirnabzugversuches und der Kraft F_{Dr} weist Gl. (4.7.) weiterhin aus, daß die Ergebnisse von Schälversuch und Stirnabzugexperiment nicht in linearem Zusammenhang stehen sollten.

Die Untersuchung von (4.7.) mit dem Fehlerfortpflanzungsgesetz gibt Aufschluß über das Maß der Beeinflussung des Meßergebnisses F_{As} durch die jeweiligen Parameter. Wegen der multiplikativen Verknüpfung der Größen gilt für den Variationskoeffizienten F_{As} der Abschälkraft [11].

$$V_{F_{As}} = \sqrt{0{,}0625(V_{E_B}^2 + V_{\bar{h}_B}^2) + 0{,}5625(V_{d_B}^2 + V_{F_{Dr}}^2) + V_{b_{As,B}}^2 + 2{,}25V_{l_{Dr}}^2} \tag{4.8.}$$

Aus Gl. (4.8.) geht hervor, daß Dicke und Breite der Metallschicht seitens der meßbaren Größen sowie die Trennkraft pro Druckknopf und der mittlere Abstand zweier Druckknöpfe am genauesten bekannt sein müssen, um den Fehler der Schälkraft in Grenzen zu halten.

Während die Überlegungen von RIEDEL sich auf ein Zweiphasensystem beziehen, entwickelte KAELBLE [12] ähnliche Vorstellungen für den Fall dreier Phasen.

Für die Interpretation der Festigkeitsuntersuchungen realer adhäsiver Systeme besitzt der Gedanke der mechanischen Verankerung von Adhäsiv und Adhärens seine Bedeutung. Die Entwicklung der Modelle zu besserer Handhabbarkeit ist daher von Wichtigkeit.

Literatur

[1] BIKERMANN, J. J.: „*The Science of Adhesive Joints*", 2. Ed. Academic Press, New York, London, 1968, S. 35ff.
[2] MATTING, A., ULMER, K.: Kautschuk, Gummi, Kunststoffe **16** (1963), 213, 280
[3] KALISKE, G.: Plaste und Kautschuk **18** (1971), 446
[4] BROCKMANN, W.: Adhäsion **13** (1969), 448; **14** (1970), 52
[5] BROCKMANN, W.: Adhäsion **22** (1978), 6–14
[6] ZORLL, U.: Adhäsion **18** (1974), 68–73
[7] MENGES, G., STOLL, F.: Farbe und Lack **81** (1975), 204
[8] RIEDEL, W.: Galvanotechnik **57** (1966), 579
[9] SZABO, J.: „*Einführung in die technische Mechanik*", Springer-Verlag, Berlin, 1958
[10] HEYMANN, K., RIEDEL, W., WOLDT, G.: „*Metallische Überzüge auf Kunststoffen*", Carl-Hanser-Verlag, München, 1966
[11] LUDWIG, R.: „*Methoden der Fehler- und Ausgleichsrechnung*", Vieweg & Sohn GmbH, Braunschweig, 1969
[12] KAELBLE, D. H.: Adhesives Age **3** (1960), 37; „*The Theory and Analysis of Peel Adhesion*", in WEISS, P.: „*Adhesion and Cohesion*", Elsevier Publ. Co., Amsterdam/London/New York, 1962

5. Benetzung und Adhäsion

5.1. Thermodynamische Grundlagen der Grenzflächenerscheinungen

Der folgende Abschnitt dient der kurzen Einführung und Klärung der Natur der wesentlichsten Größen und Gedankenansätze der Thermodynamik der Grenzflächenerscheinungen. Eine detaillierte Darstellung der Theorie ist in der Monographie von Rusanow [1] gegeben.

Zur Einführung der Grenzflächenspannung gehen wir von der Betrachtung des einfachsten Modells aus. Eine ebene Grenzflächenschicht mit der gesetzten Dicke τ trenne zwei isotrope und homogene Phasen voneinander. Äußere Kräfte seien abwesend. Die x,y-Ebene des benutzten karthesischen Koordinatensystems liege parallel zur Grenzflächenschicht.

Als Phase soll der Teil eines Systems verstanden werden, dessen Zustand von einer bestimmten funktionellen Abhängigkeit zwischen den Zustandsparametern charakterisiert wird. Die Grenzflächenschicht ist ein heterogenes Gebiet zwischen einander berührenden Phasen in der Größenordnung der für die Phase charakteristischen zwischenmolekularen Abstände. Das mechanische Gleichgewicht wird entsprechend dem Erstarrungsprinzip behandelt. Wenn irgendein mechanisches System im Gleichgewicht ist, so wird das Gleichgewicht nicht gestört, wenn man sich das System oder auch nur einen Teil desselben erstarrt denkt.

Für den Drucktensor gilt im mechanischen Gleichgewicht die Beziehung:

$$\text{Div}\,\vec{\vec{P}}(x, y, z) = 0 \tag{5.1.}$$

Aus der Symmetrie des Drucktensors $\vec{\vec{P}}$ und der Isotropie des Modells folgt, daß alle seine Komponenten außerhalb der Hauptdiagonalen verschwinden. Zwischen den Komponenten der Hauptdiagonalen gilt aus Symmetriegründen für das ganze System die Beziehung

$$P_{xx} = P_{yy} \tag{5.2.}$$

Wir nennen diese Größe P_T, die für die Grenzflächenschicht tangentiale

Komponente. Die z,z-Komponente P_N ist normal zur Grenzflächenschicht. Damit schreibt sich (5.1.) einfacher

$$\begin{aligned} \frac{\partial P_T}{\partial x} &= \frac{\partial P_T}{\partial y} = 0 \\ \frac{\partial P_N}{\partial z} &= 0 \end{aligned} \tag{5.3.}$$

P_T ist also von x,y unabhängig und eine Funktion von z allein

$$P_T = P_T(z)$$

P_N ist unabhängig von z und aus Symmetriegründen auch von x und y. P_N ist eine Konstante. Soweit die Forderung des mechanischen Gleichgewichtes.

Als nächstes soll die Arbeit berechnet werden, die bei einer mechanischen Deformation dieser Grenzflächenschicht geleistet werden muß. Ihr allgemeiner Ausdruck lautet:

$$\delta W = -\iiint_V dV \sum_{ik} P_{ik} \delta e_{ik} \tag{5.4.}$$

Wobei die δe_{ik} die Komponenten des entsprechenden Deformationstensors sind. Spezifiziert auf unseren Fall ergibt das

$$\delta W = -\iiint_V dV [P_T(\delta e_{xx} + \delta e_{yy}) + P_N \delta e_{zz}] \tag{5.5.}$$

Nimmt man an, daß die Größe der Deformation so ist, daß die lineare Theorie nicht verlassen wird, so gilt

$$\delta V = V(\delta e_{xx} + \delta e_{yy} + \delta e_{zz}) \tag{5.6.}$$

und man kann schreiben

$$\delta W = -\iiint_V dV \left[P_N \frac{\delta V}{V} - (P_N - P_T)(\delta e_{xx} - \delta e_{yy})\right] \tag{5.7}$$

Damit ist die Integration des ersten Summanden unter dem Integral ausführbar.

$$\delta W = -P_N \delta V + \iiint_V dV [P_N - P_T] [\delta e_{xx} + \delta e_{yy}] \tag{5.8.}$$

Beachtet man, daß P_N und P_T nur in der Grenzschicht voneinander verschieden sind, und P_T lediglich von z abhängt, kann die Integration in (5.8.) aufgespalten werden.

$$\iiint\limits_V dV(P_N - P_T)(\delta e_{xx} + \delta e_{yy}) = \int\limits_0^\tau dz(P_N - P_T) \iint\limits_A dA(\delta e_{xx} + \delta e_{yy}) \qquad (5.9.)$$

Dabei wird über eine Fläche A parallel zu und in der Grenzflächenschicht integriert. Unter Ausnutzung der Linearität, entsprechend (5.6.),

$$\delta A = A(\delta e_{xx} + \delta e_{yy}) \qquad (5.10.)$$

erhält man für die mechanische Arbeit an unserem Modellsystem den Ausdruck

$$\delta W = -P_N \delta V + \delta A \int\limits_0^\tau dz(P_N - P_T) \qquad (5.11.)$$

In der BAKKER-Gleichung definiert man nun eine Grenzflächenspannung γ

$$\gamma = \int\limits_0^\tau dz(P_N - P_T) \qquad (5.12.)$$

Gl. (5.11.) erhält damit seine endgültige Form

$$\delta W = -P_N \delta V + \gamma \delta A \qquad (5.13.)$$

in der sie in die thermodynamischen Beziehungen eingeht. Die Grenzflächenspannung γ ist also keine lokale Größe und insbesondere verschieden von der Spannung in der Grenzfläche.

Die notwendig vorzugebende Dicke der Grenzflächenschicht kann auf verschiedene Weisen festgelegt werden, aus lokalen Eigenschaften im mittleren Abschnitt der Grenzflächenschicht, z. B. durch die Schnittpunkte der Wendetangente an die Dichte einer Komponente mit den Geraden für die Dichte dieser Komponente in den reinen Phasen, oder aus Eigenschaften im peripheren Abschnitt der Grenzflächenschicht, durch die entsprechende Annäherung an den jeweiligen Volumenwert. Beachtet man, daß die Differenz von P_N und P_T für die reine Volumenphase verschwindet, so darf τ für die Richtigkeit der BAKKER-Gleichung nur eine untere Grenze nicht unterschreiten. Man schreibt deshalb auch oft

$$\gamma = \int\limits_{-\infty}^{+\infty} dz(P_N - P_T) \qquad (5.14.)$$

Gl. (5.13.) gilt streng nur für eine ebene Grenzflächenschicht. Es läßt sich aber eine analoge Beziehung auch für gekrümmte Grenzen herleiten. Die Herleitung entspricht der für den ebenen Fall, es werden lediglich passende krummlinige Koordinaten gewählt. Für den Fall einer Kugeloberfläche erhält man

$$\delta W = -P^\alpha \delta V^\alpha - P^\beta \delta V^\beta + \gamma \delta A + A \left(\frac{\partial \gamma}{\partial R}\right) \delta R \qquad (5.15.)$$

mit

$$\gamma = \frac{1}{R^2}\left[\int_{R_1}^{R} (P^\alpha - P_T)\, r^2\, dr + \int_{R}^{R_2} (P^\beta - P_T)\, r^2\, dr\right] \qquad (5.16.)$$

In den beiden Phasen α und β herrscht jetzt ein jeweils anderer Druck P^α und P^β. R bezeichnet den Radius der Kugel. Die Grenzen der Integration R_1 und R_2 liegen jeweils in den Volumenphasen α bzw. β. Ihre Differenz entspricht der Grenzflächenschichtdicke. γ ist also von der willkürlich festgelegten Grenzfläche mit dem Radius R abhängig. Für ein bestimmtes R wird die Grenzflächenspannung minimal. Dieser Radius legt die sogenannte Spannungsfläche fest. Bezieht man alle Größen auf diese Fläche, erhält man analoge Ausdrücke wie für den ebenen Fall. Insbesondere verschwindet das letzte Glied in (5.15.)

$$\delta W = -P^\alpha \delta V^\alpha - P^\beta \delta V^\beta + \gamma \delta A \qquad (5.17.)$$

Die Gleichung der Spannungsfläche kann aus (5.16.) durch Suchen des Minimums der Funktion $\gamma = \gamma(R)$ gefunden werden. Man erhält die LAPLACE-YOUNGsche Gleichung für den Fall einer Kugeloberfläche.

$$\frac{2\gamma}{R} = P^\alpha - P^\beta \qquad (5.18.)$$

Dazu wird (5.16.) nach R differenziert und die Ableitung $\frac{\partial \gamma}{\partial R}$ Null gesetzt.

Die Anwesenheit von äußeren Feldern, insbesondere der Schwerkraft, ändert die aufgestellten Beziehungen nicht über das von der Thermodynamik der Volumenphasen bekannte Maß hinaus.

Zur Einführung in die GIBBSschen Vorstellungen der Thermodynamik von Grenzflächenerscheinungen wird im folgenden ein System aus zwei Phasen mit ν Komponenten behandelt werden. Die hochgestellten Indizes α und β zeigen den Bezug auf eine der Phasen an, der untere Index i bezeichnet die Komponente i. Der Einfachheit halber sei die Grenzflächenschicht eben. Die Bedingung ist jedoch nicht notwendig.

Zur thermodynamischen Behandlung wird das reale System durch ein Modellsystem ersetzt. Es besteht aus zwei Phasen, deren Volumina V^α und V^β sich zum Systemvolumen V addieren. Das heißt, daß die zwei Phasen nur durch eine Trennfläche voneinander abgegrenzt werden. Alle Größen, die die Grenzflächenschicht beschreiben, werden als Exzeßgrößen dieser Trennfläche zugeschrieben. Sie erhalten den oberen Index s. Ist n_i^α z. B. die Teilchendichte der Komponente i in einem Teil der Volumenphase α, der weit genug von der Grenzflächenschicht entfernt ist, so daß deren Einfluß vernachlässigbar ist, wird die Teilchenzahl N_i^α in der Modellphase α definiert als:

$$N_i^\alpha = n_i^\alpha V^\alpha \tag{5.19.}$$

Ist N_i die Gesamtzahl der Teilchen der Sorte i im System, ergibt sich die Exzeßteilchenzahl für die Trennfläche N_i^s nach folgendem Zusammenhang:

$$N_i^s = N_i - N_i^\alpha - N_i^\beta \tag{5.20.}$$

wobei N_i^β analog zu N_i^α gebildet wird. Entsprechend der Gl. (5.20.) kann N_i^s auch negativ sein. Das tritt ein, wenn die Komponente i in der Grenzflächenschicht verarmt. N_i^s ist also keine echte Teilchenzahl. Das Vorgehen nach Gibbs kann demnach dahingehend beschrieben werden, daß die Volumenphasen das System ausfüllend, die Grenzflächenschicht mit aufnehmen, und der dabei gemachte Fehler mit einer Trennfläche mit geeigneten Eigenschaften kompensiert wird. Die auf diese Weise gebildeten Größen sind natürlich von der Lage der Trennfläche abhängig, so muß diese ständig genau bezeichnet werden. Bei gekrümmten Grenzflächenschichten kann z. B. die Spannungsfläche als Trennfläche gewählt werden. Es bestehen aber auch andere Möglichkeiten, wie sich im folgenden zeigen wird. Analog zur Teilchenzahl werden auch die anderen extensiven Zustandsgrößen für die drei Teile des Systems definiert. Sie tragen denselben Charakter.

$$F = F^\alpha + F^\beta + F^s \tag{5.21.}$$

$$U = U^\alpha + U^\beta + U^s \tag{5.22.}$$

$$S = S^\alpha + S^\beta + S^s \tag{5.23.}$$

Für die die Trennfläche beschreibenden Exzeßgrößen gilt folgender Zusammenhang:

$$F^s = U^s - TS^s \tag{5.24.}$$

Damit wurde vorausgesetzt, daß sich das System nicht nur im mechanischen, sondern auch im thermischen Gleichgewicht befindet. Folgend aus dem ersten und zweiten Hauptsatz und dem Ausdruck (5.13.) für die mechanische Arbeit am System hat die Gibbssche Fundamentalgleichung die Form

$$dF = -p\,dV - S\,dT + \gamma\,dA + \sum_1^\nu \mu_i\,dN_i \tag{5.25.}$$

Aus ihr folgt unmittelbar der Zusammenhang zwischen freier Energie und Grenzflächenspannung.

$$\gamma = \left(\frac{\partial F}{\partial A}\right)_{T,V,\{N_\nu\}} \tag{5.26.}$$

Dabei bezeichnet $\{N_\nu\}$ den Satz aller ν Teilchenzahlen N_1 bis N_ν. Wird das Volumen des Zweiphasensystems unter Beibehaltung des Gleichgewichtes bei konstanter Temperatur, Druck und Zusammensetzung verändert, so ändern sich F, V, N und A in denselben Proportionen. Die freie Energie ist also linear abhängig von diesen Größen. Mit (5.25.) heißt das:

$$F = \sum_1^\nu \mu_i N_i + \gamma A - pV \tag{5.27.}$$

Für die einzelnen Teile des Systems lassen sich analoge Beziehungen aufstellen, insbesondere

$$F^s = \sum_1^\nu \mu_i N_i^s + \gamma A \tag{5.28.}$$

Führt man die spezifische freie Energie $f = F^s/A$ und die Adsorption $\Gamma_i = N_i^s/A$ der Komponente i ein, kann man schreiben

$$f = \gamma + \sum_1^\nu \mu_i \Gamma_i \tag{5.29.}$$

Das heißt, die spezifische freie Energie pro Flächeneinheit und die Oberflächenspannung sind im Falle eines einkomponentigen Systems identisch. Wählt man die Trennfläche so, daß $\sum \mu_i N_i^s$ verschwindet, so gilt die Gleichheit auch für mehrkomponentige Systeme, aber nur für eben diese so genannte äquimolekulare Trennfläche. Für die Trennfläche läßt sich eine analoge Fundamentalgleichung aufstellen.

$$dF^s = -S^s\,dT + \gamma\,dA + \sum_1^\nu \mu_i\,dN_i^s \tag{5.30.}$$

Unter Berücksichtigung dieser Beziehung und der Formel (5.28.) kommt man zur Adsorptionsgleichung von Gibbs.

$$d\gamma + s\,dT + \sum_1^\nu \Gamma_i\,d\mu_i = 0 \tag{5.31.}$$

$s = S^s/A$ ist die spezifische Entropie der Grenzfläche. Beachtet man (5.24.) und (5.29.), ergibt sich

$$\gamma = u - sT - \sum_{1}^{\nu} \Gamma_i \mu_i \tag{5.32.}$$

$u = U^s/A$ ist die spezifische innere Energie der Grenzfläche. Für ein einkomponentiges System ergeben sich daraus die einfachen Beziehungen:

$$s = -\frac{d\gamma}{dT} \tag{5.33.}$$

und

$$u = \gamma - T\frac{d\gamma}{dT} \tag{5.34.}$$

bzw.

$$u = -T^2 \frac{d}{dT}\left(\frac{\gamma}{T}\right) \tag{5.35.}$$

Aus dem Temperaturverhalten der Grenzflächenspannung kann man also Aussagen über die spezifische Entropie bzw. innere Energie pro Flächeneinheit der Trennfläche gewinnen. Es sei noch einmal daran erinnert, daß es sich nicht um die Größen für die Grenzflächenschicht handelt, sondern um Exzeßgrößen, die der Trennfläche zugeschrieben wurden.

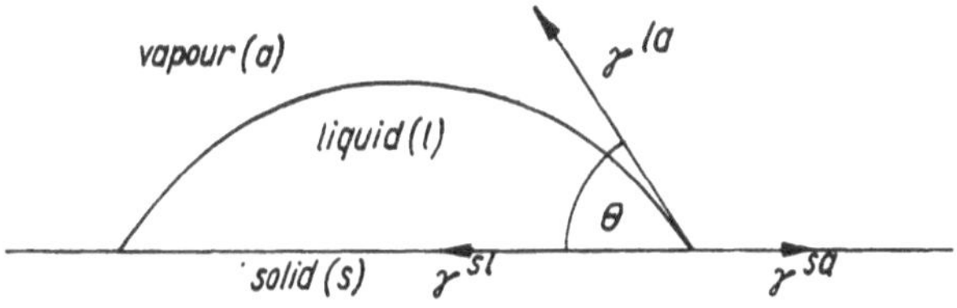

Abb. 5.1.: Liegender Tropfen auf einer Metalloberfläche.

Im folgenden soll als ein Anwendungsbeispiel der thermodynamischen Beziehungen die YOUNGsche Gleichung für einen auf einer Festkörperoberfläche liegenden Flüssigkeitstropfen im Gleichgewicht mit seinem Dampf, JOHNSON [2] folgend, hergeleitet werden. Das System besteht also aus drei Phasen, der festen, der in Form eines Tropfens unter der Wirkung der Schwerkraft auf der festen liegenden flüssigen und der Dampfphase, in dieser Reihenfolge mit s, l und a bezeichnet, s. Abb. 5.1.

Die Gleichgewichtsbedingung lautet

$$(\delta F)_{T,V,\{N_\nu\}} = 0 \tag{5.36.}$$

Die vorgenommene Variation am System soll ein Plattdrücken des Tropfens um das Stückchen δK senkrecht zum Scheitelpunkt sein. Dabei ändert sich der Winkel, den die Festkörperoberfläche mit der Spannungsfläche des Tropfens einschließt. Dieser Winkel ist der Randwinkel θ. Man abstrahiert also von allen möglichen Deformationen des Festkörpers. Das ist für γ kleiner als 10^{-3} Nmm^{-1} und einen Elastizitätsmodul des Festkörpers größer als 10^{0} N/cm^{2} möglich [1]. Die Variation der freien Energie ist in vier Beiträge aufspaltbar:

$\delta \int\limits_V dF^V$	bezeichnet die Beiträge der Volumenphasen,
$\delta \int\limits_A dF^A$	die der Trennflächen und
$\delta \int\limits_V gz\, dm^V + \delta \int\limits_A gz\, dm^A$	den Einfluß der Schwerkraft.

Wegen der Reversibilität der virtuellen Verschiebung sind die Integrationen und die Variation vertauschbar. Desgleichen ist diese Verschiebung mit keiner Temperaturänderung verbunden. Die diesbezüglichen Glieder werden demzufolge unterdrückt. Die Differentiale der freien Energie schreiben sich dann

$$\begin{aligned} dF^V &= -p\, dV + \sum_1^{\nu} \mu_i\, dN_i^V \\ dF^A &= \gamma dA + \sum_1^{\nu} \mu_i dN_i^A \end{aligned} \tag{5.37.}$$

Setzt man (5.37.) in die Integrale der Variation der freien Energie ein und ordnet nach Masse- bzw. Volumen- und Oberflächenvariationen, so erhält man, da diese ja voneinander unabhängig sind, zwei Gleichungen.

$$\sum_1^{\nu} \int\limits_V \mu_i \delta\, dN_i^V + \sum_1^{\nu} \int\limits_A \mu_i \delta\, dN_i^A + \int\limits_V gz\delta\, dm^V + \int\limits_A gz\delta\, dm^A = 0 \tag{5.38.}$$

Diese Gleichung gibt die Bedingung für das chemische Gleichgewicht unseres Systems im Schwerefeld. Die zweite Gleichung

$$\int\limits_V - p\delta\, dV + \int\limits_A \gamma\delta\, dA + \int\limits_V g\delta z\, dm^V + \int\limits_A g\delta z\, dm^A = 0 \tag{5.39.}$$

beschreibt die Geometrie, Druck- und Spannungsverhältnisse des Systems im Gleichgewicht. Die Glieder von Gl. (5.39.) sollen nun weiter spezifiziert werden. Dazu werden die Dichten ϱ und λ eingeführt

$$dm^V = \varrho\, dV \qquad dm^A = \lambda\, dA \tag{5.40., 5.41.}$$

Gleichzeitig werden Umformungen durchgeführt mit dem Ziel, die Variation jeweils nur im Integranden stehen zu haben. Für das Tropfenvolumen kann man schreiben

$$\int_{V^l} P\delta\, dV^l = \delta \int_{V^l} P\, dV^l - \int_{V^l} \delta P\, dV^l \qquad (5.42.)$$

Für die hier vollzogene Verschiebung δK wird aber

$$\delta \int_{V^l} P\, dV^l = \int_{A^{la}} P^l \delta K\, dA^{la} \qquad (5.43.)$$

wobei über die Tropfenoberfläche A^{la} zur Dampfphase hin integriert wird. Analoge Beziehungen lassen sich für die anderen Volumenvariationen aufschreiben. Gleichlaufende Umformungen werden auch am zweiten Integral in (5.39.) vollzogen. Dazu wird mit δL die Verschiebung der Dreiphasengrenzlinie L auf der Festkörperoberfläche infolge der Verschiebung δK eingeführt.

$$\int_{A^{la}} \gamma^{la}\delta\, dA^{la} = \delta \int_{A^{la}} \gamma^{la}\, dA^{la} - \int_{A^{la}} \delta\gamma^{la}\, dA^{la} \qquad (5.44.)$$

Beachtet man die Linienverschiebung und die Form- und Flächenveränderung des Tropfens, gilt

$$\delta \int_{A^{la}} \gamma^{la}\, dA^{la} = \int_L \gamma^{la} \cos\theta\, \delta L\, dL + \int_{A^{la}} \gamma^{la} \left[\frac{1}{R^1} + \frac{1}{R_2}\right] \delta K\, dA^{la} \qquad (5.45.)$$

R_1 und R_2 sind die Hauptkrümmungsradien am Tropfen. Analoge Beziehungen lassen sich für alle anderen Oberflächenbeiträge aufstellen, wobei diese ihre Form beibehalten. Faßt man alle Beiträge zusammen, ergibt sich

$$\begin{aligned} &\int_{A^{la}} \left\{(P^a - P^l)\, \delta K + \left(\frac{1}{R_1} + \frac{1}{R_2}\right) \gamma^{la}\delta K + g\lambda^{la}\delta^2 - \delta\gamma^{la}\right\} dA^{la} \\ &+ \int_{V^l} \{\delta P + g\varrho\, \delta_2\}\, dV^l + \int_L \{\gamma^{sl} + \gamma^{la} \cos\theta - \gamma^{sa}\}\, \delta L\, dL \\ &+ \int_{A^{sl}} \{g\lambda^{sl}\, \delta_2 - \delta\gamma^{sl}\}\, dA^{sl} + \int_{A^{sa}} \{g\lambda^{sa}\, \delta_2 - \delta\gamma^{sa}\}\, dA^{sa} = 0 \end{aligned} \qquad (5.46.)$$

Da die Variationen willkürlich sind, ist es notwendig und hinreichend, daß der Integrand verschwindet. Die letzten beiden Integrale werden Null, wenn die Festkörperoberfläche eben ist. Der Integrand im Integral über das Flüssigkeitsvolumen gibt die Verteilung des Druckes in der Flüssigkeit. Der Integrand im ersten Integral gibt den Effekt der Oberflächenspannung und der Krümmung auf den Druck in der Flüssigkeit an. Unschwer ist die Laplace-Youngsche Gleichung zu erkennen. Der Koeffizient vor dL liefert die gesuchte

YOUNGsche Gleichung

$$\gamma^{la} \cos \theta = \gamma^{sa} - \gamma^{sl} \qquad (5.47.)$$

Damit ist die YOUNGsche Gleichung eine Beziehung, die direkt aus allgemeinen Gleichgewichtsforderungen folgt. Der Randwinkel ist hierbei jedoch einschränkend der Winkel zwischen dem als starr behandelten Festkörper und der Spannungsfläche der Tropfen-Dampfgrenzflächenschicht. Es muß also überprüft werden, ob bei der Messung auch dieser Winkel wirklich erfaßt wird. Weiterhin wird stillschweigend vorausgesetzt, daß in der Zone, in der sich die drei Phasen treffen, nichts passiert, was die Reduzierung auf eine Linie verhindern könnte. Abschließend sei noch erwähnt, daß die Anwesenheit einer in der Flüssigkeit nicht löslichen gasförmigen Komponente in der Dampfphase, Luft z. B., das Ergebnis nicht beeinflußt, diese Komponente also nicht berücksichtigt werden muß.

5.2. Benetzung des Adhärens

ZISMAN u. Mitarb. verbinden in folgender Weise die Benetzung des Adhärens durch das noch flüssige Adhäsiv mit der Adhäsion: Jeder dünne, gut benetzende Flüssigkeitsfilm zwischen zwei Festkörperoberflächen kann als Adhäsiv dienen, wenn er sich verfestigen läßt, ohne dabei seine Benetzungseigenschaften zu verlieren oder innere Spannungen aufzubauen. Davon ausgehend wurden die Benetzungseigenschaften der Adhäsive auf verschiedenen Oberflächen untersucht.

Das Maß der Benetzung einer Oberfläche durch eine einkomponentige, niedermolekulare Flüssigkeit ist der Kontaktwinkel im Gleichgewicht. Die Autoren der Theorie stellen fest, daß die Unterschiede zwischen fortschreitendem und rücklaufendem Kontaktwinkel auf Poren und Spalten im Adhärens oder auf adsorbierte Flüssigkeit auf der Festkörperoberfläche zurückzuführen sind [4, 5]. Nach WENZEL [6] steht das Verhältnis von geometrischer Oberfläche A' und wahrer Oberfläche A des Festkörpers mit dem Quotienten aus gemessenem und wahrem Kontaktwinkel (θ' bzw. θ) in der Beziehung

$$r = \frac{A}{A'} = \frac{\cos \theta'}{\cos \theta} \qquad (5.48.)$$

Demnach zeigen Flüssigkeiten mit $\theta < 90°$ eine scheinbar bessere Benetzung auf rauhen als auf glatten Oberflächen, wogegen sich die Verhältnisse bei $\theta > 90°$ umkehren.

DUPRÉ fand für die (im thermodynamischen Sinne) reversible spezifische Adhäsionsarbeit

$$W_A = \gamma^{s} + \gamma^{la} - \gamma^{sl} \qquad (5.49.)$$

γ^{s} = Oberflächenspannung des festen Körpers im Vakuum

Dagegen gilt für die spezifische Arbeit, die für die Entfernung der Flüssigkeit von der Oberfläche unter Zurücklassung eines im Gleichgewicht befindlichen, adsorbierten Filmes aufgewendet werden muß,

$$W_A^* = \gamma^{sa} + \gamma^{la} - \gamma^{sl} \qquad (5.50.)$$

bzw. mit Gl. (5.47.)

$$W_A^* = \gamma^{la}(1 + \cos\theta) \qquad (5.51.)$$

Als Spezialfall folgt aus Gl. (5.51.) die reversible spezifische Kohäsionsenergie der Flüssigkeit

$$W_c = 2\gamma^{la} \qquad (5.52.)$$

Mit Gl. (5.47.) und (5.49.) erhält man

$$W_A = (\gamma^s - \gamma^{sa}) + \gamma^{la}(1 + \cos\theta) \qquad (5.53.)$$

wobei $\gamma^s - \gamma^{sa} \equiv \pi_s$ die Änderung der spezifischen freien Energie des Festkörpers beim Eintauchen in den gesättigten Flüssigkeitsdampf darstellt und auch als Gleichgewichtsdruck des Filmes bezeichnet wird. Es gilt also mit Gl. (5.51.) und (5.52.) auch

$$\pi_s = W_A - W_A^* \qquad (5.54.)$$

Es wird deutlich, daß bei im übrigen konstanten thermodynamischen Bedingungen ($dT = dV = 0$) W_A und W_A^* als spezifische freie Energieänderungen aufzufassen sind. π_s wird auch als Gleichgewichtsdruck des Adsorbatfilmes bezeichnet. Eine Abschätzung für ideales Gas zeigt, daß $\pi_s > 0$ gilt, was somit stets gilt, da im Falle intermolekularer Wechselwirkungen γ^{sa} nur abnehmen kann. Folglich ist auch stets $W_A > W_A^*$. Schließlich kann man noch den Spreitungskoeffizienten K einführen

$$K = \gamma^s - (\gamma^{la} + \gamma^{sl}) \qquad (5.55.)$$

für den gilt

$$K = W_A - W_c \qquad (5.56.)$$

Falls keine elektrischen Oberflächenladungen vorkommen, sind damit alle grundlegenden thermodynamischen Gleichungen gegeben, von denen Zisman u. Mitarb. bei der Betrachtung von drei Phasen, die zwei Komponenten enthalten, ausgehen.

Um für Fragen der Benetzung die Youngsche Gleichung (5.47.) benutzen zu können, müssen Aussagen über die Grenzflächenspannung γ^s gemacht werden. Sie ist nicht für sich bestimmbar. FOX und ZISMAN [3] setzen an ihre Stelle die kritische Oberflächenspannung der Benetzung von festen Körpern γ_c.

ZISMAN u. Mitarb. stützen ihre Überlegungen auf das experimentelle Ergebnis, daß eine lineare Abhängigkeit zwischen den Oberflächenspannungen γ^{la} einer homologen Reihe von organischen Flüssigkeiten und dem Benetzungswinkel Θ auf einer gegebenen Festkörperoberfläche existiert. Im Zusammenhang mit diesem Experiment ist es zweckmäßig, zwischen energiereichen und energiearmen Festkörperoberflächen zu unterscheiden. Als Kriterium dafür können Gl. (5.54.) und (5.55.) herangezogen werden. Falls $\pi_s \gg 0$, gelten $\gamma^s \gg \gamma^{sa}$ und auch $K \gg 0$. Auf dieser im Vergleich zu den γ^{la} der jeweils eingesetzten homologen Reihe von Flüssigkeiten energiereichen Oberfläche spreiten alle Flüssigkeiten, und der Randwinkel verschwindet. Ist dagegen $\gamma^s \approx \gamma^{sa}$, bildet sich ein von Null verschiedener Randwinkel aus, und die Oberfläche kann als energiearm bezeichnet werden. Da γ^{sa} für die verwendbaren Flüssigkeiten relativ niedrige Werte annimmt, ergibt sich die von ZISMAN vorgenommene Einteilung der Stoffe, wonach Wachse, Polymere und die meisten organischen Verbindungen energiearme Oberflächen besitzen, jedoch Metalle, Metalloxide, Glas und viele anorganische Stoffe energiereich sind [4]. Aus den bisherigen Überlegungen folgt, daß die bekannten Flüssigkeiten (mit Ausnahme flüssiger Metalle) auf jeder Metalloberfläche spreiten müßten. Diesen scheinbaren Widerspruch zur Erfahrung löst die in [8] von HARE und ZISMAN aus dem Experiment gezogene Schlußfolgerung, daß jede Flüssigkeit auf der energiereichen Oberfläche eine dicht gepackte Adsorbatschicht ausbildet, die die Wechselwirkungen der festen Oberfläche abschirmt und im allgemeinen eine andere Oberflächenspannung als die Flüssigkeit besitzt. Im Fall der sogenannten autophoben Flüssigkeiten hat die Adsorbatschicht eine geringere Oberflächenspannung als die Flüssigkeit, und Spreitung tritt nicht auf. Ferner kann der katalytische Einfluß der energiereichen Oberfläche auch zu chemischen Reaktionen führen, die die Adsorbatschicht modifizieren. In jedem Falle soll eine adsorbierte monomolekulare Flüssigkeitsschicht der energiereichen Oberfläche die Benetzungseigenschaften einer energiearmen Oberfläche von gleicher Konstitution verleihen [4]. Damit folgt, daß die Methode der Randwinkelmessung nur zur Charakterisierung von energiearmen Festkörperoberflächen geeignet ist. Hier definieren ZISMAN und Mitarbeiter die kritische Oberflächenspannung der Benetzung γ_c als diejenige Oberflächenspannung der Flüssigkeit γ^{la}, für die $\cos \theta = 1$ gilt. Dieser neue empirische Parameter charakterisiert die spezifische freie Energie der Festkörperoberfläche γ^s [5]. In ihren Experimenten erhalten ZISMAN u. Mitarb. für nur die homologe Reihe der n-Alkane auf Polymeren einen linearen Zusammenhang $\gamma^{la}(\cos \theta)$ und damit ein definiertes γ_c. Bei einer Meßreihe mit beliebigen Flüssigkeiten liegen die Meßpunkte in einem mehr oder weniger schmalen Band [9, 10, 4, 5], das bei Flüssigkeiten mit großer

Oberflächenspannung sogar eine leichte Krümmung aufweist. Die Autoren vermuten die Ursache in Wasserstoffbrückenbindungen, können die Frage aber aufgrund ihres phänomenologischen Herangehens nicht klären. Im Falle der beliebigen Flüssigkeitsreihe definieren sie den Schnittpunkt der unteren Grenze des Bandes mit der Linie $\cos\theta = 1$ als γ_c der festen Oberfläche. Weitere Erkenntnisse, die zur Aufklärung dieser Frage beitragen, werden in Kap. 7. dargestellt.

Wichtige Ergebnisse dieser Arbeiten sind die Bestimmung der kritischen Oberflächenenergie γ_c an Polymeren und ihrer Abhängigkeit von der chemischen Konstitution der Polymeroberfläche (s. z. B. [9, 10, 11, 4]). Danach sinkt γ_c mit dem Grad der Fluorsubstitution, steigt aber mit wachsender Substitution des Wasserstoffs durch Chlor in der Polymerkette. Der Einfluß der Zusammensetzung der Oberfläche, die durch die räumliche Anordnung der Polymerkette von der des Volumens abweichen kann, läßt sich ebenfalls bis zu einem gewissen Grad erfassen. So folgt aus den Untersuchungen SCHONHORNS [12, 13] sowie später KITAZAKIS und HATAS [14] zum Einfluß des angrenzenden Mediums auf die Eigenschaften einer von der Schmelztemperatur abkühlenden Polymeroberfläche, daß sowohl die Orientierung von Kristalliten als auch die stöchiometrische Zusammensetzung der Oberfläche von der im Inneren des Polymers abweichen können. Dabei läßt sich stets feststellen, daß die Werte für γ_c der Polymeroberfläche um so höher liegen, je größer die Oberflächenspannung des angrenzenden Mediums war. Beispielsweise variiert γ_c für Polyethylen zwischen ca. $2{,}3 \cdot 10^{-5}\,\mathrm{N\,mm^{-1}}$ und etwa $4{,}1 \cdot 10^{-5}\,\mathrm{N\,mm^{-1}}$ in Abhängigkeit davon, ob die Schmelze im Kontakt zu Polytetrafluorethylen oder zu Quecksilber erkaltete.

Zur Berechnung der spezifischen Adhäsionsarbeit nach Gl. (5.53.) muß π_s bekannt sein. Diese Größe kann man für energiereiche feste Körper aus Adsorptionsmessungen berechnen. Für energiearme Oberflächen liegen nach [4] jedoch kaum Daten vor. ZISMAN u. Mitarb. folgern aber aus Adsorptionsuntersuchungen, daß alle Flüssigkeiten mit $\gamma^{la} > \gamma_c$ an der energiearmen Oberfläche kaum adsorbieren, daher π_s vernachlässigbar ist und $W_A \approx W_A^*$ gilt. Für die energiereiche Oberfläche ist allerdings wegen der Flüssigkeitsadsorption ebenfalls W_A^* von größerer praktischer Bedeutung.

Das bereits diskutierte experimentelle Ergebnis, nach dem die lineare Abhängigkeit

$$\cos\theta = a - b\gamma^{la} \qquad a, b = \text{const} \tag{5.57.}$$

existiert, läßt sich wegen $\gamma^{la} = \gamma_c$ bei $\theta = 0°$ zu

$$\cos\theta = 1 + b(\gamma_c - \gamma^{la}) \tag{5.58.}$$

umformen und man erhält anstelle von Gl. (5.51.) nun die Funktion

$$W_A{}^* = (2 + b\gamma_c)\,\gamma^{la} - b(\gamma^{la})^2 \tag{5.59.}$$

die eine Parabel bezüglich der Variablen γ^{la} darstellt mit den Koordinaten

$$\gamma^{la}_{\max} = \frac{1}{b} + \frac{\gamma_c}{2} \tag{5.60.}$$

$$W^*_{A\,\max} = \frac{1}{b} + \gamma_c + \frac{b}{4}\,\gamma_c^2 \tag{5.61.}$$

für das Maximum.

Die Parabelgestalt von $W_A{}^*$ wird durch das Experiment für energiearme Oberflächen bestätigt. Da in der Praxis die Rauhigkeit der Oberfläche eine Rolle spielt (s. Gl. (5.48.)), schätzen ZISMAN u. Mitarb. [4] ab, daß der tatsächliche Wert der reversiblen spezifischen Adhäsionsarbeit bei Ausbildung einer Adsorbatschicht zwischen dem Wert aus Gl. (5.59.) und dessen r-fachem liegen sollte. Inwiefern diese spezifische Energie aber Bedeutung für die Festigkeit der adhäsiven Bindung besitzt, läßt sich aufgrund der anfangs formulierten Voraussetzungen zum Verfestigungsprozeß nicht sagen, da diese kaum erfüllt werden können. ZISMAN u. Mitarb. nehmen an, daß bei guter Benetzung der kohäsive Bruch überwiegt [4].

Literatur

[1] RUSANOW, A. I.: „*Phasengleichgewichte und Grenzflächenerscheinungen*“, Akademie-Verlag, Berlin, 1978
[2] JOHNSON, R. E.: J. Phys. Chem. **63** (1959), 1655
[3] FOX, H. W., ZISMAN, W. A.: J. Coll. & Interf. Sci. **7** (1952), 428
[4] ZISMAN, W. A. in WEISS, P.: „*Adhesion and Cohesion*“, Elsevier Publ. Co., Amsterdam/London/New York, 1962
[5] ZISMAN, W. A.: Ind. & Eng. Chem. **55** (1963), 10, 19–38
[6] WENZEL, R. N.: Ind. & Eng. Chem. **18** (1936), 988
[7] GOOD, R. J.: J. Coll. & Interf. Sci. **59** (1977) *3*, 398–419
[8] HARE, E. F., ZISMAN, W. A.: J. Phys. Chem. **59** (1955), 335
[9] BERNETT, M. K., ZISMAN, W. A.: J. Phys. Chem. **65** (1961), 2266–2267
[10] ELLISON, A. H., ZISMAN, W. A.: J. Phys. Chem. **58** (1954), 503–506
[11] SHAFRIN, E. G., ZISMAN, W. A.: J. Phys. Chem. **64** (1960), 519–524
[12] SCHONHORN, H.: J. Polym. Sci. B Polymer L. **5** (1967), 919
[13] SCHONHORN, H.: Macromolecules **1** (1968), 145
[14] KITAZAKI, Y., HATA, T.: J. Adhesion Soc. Jap. **7** (1971), 289

6. Intermolekulare Wechselwirkungen

Die Erwähnung aller Resultate der modernen Forschung auf dem Gebiet intermolekularer Wechselwirkung überstiege bei weitem den Umfang dieses Buches. Jedoch werden insbesondere zur mikroskopischen Interpretation der thermodynamischen Untersuchungen an Phasengrenzen derartige Wirkungen in Betracht gezogen. Besonderes Gewicht liegt dabei häufig auf den sogenannten schwachen oder nebenvalenten Wechselwirkungen, die durch die annähernde Konstanz der Bindungsverhältnisse innerhalb des Moleküls bei Annäherung an einen Partner charakterisiert sind.

Die folgenden, dieser Problematik gewidmeten Abschnitte sollen den Gedankengang der Theorie umreißen und dadurch einen Einblick in den Näherungscharakter der in der Literatur benutzten Formeln gestatten.

Einen Zugang zu den Detailfragen bieten die Bücher über Quantenchemie und Theorie der intermolekularen Wechselwirkung (z. B. [1···3, 13, 33]).

6.1. Wechselwirkung zweier Moleküle

Im einfachsten Falle der intermolekularen Wechselwirkung kann man ein System betrachten, das aus zwei Molekülen A und B besteht, deren Massenmittelpunkte beziehungsweise Ladungsschwerpunkte den Abstand $\vec{R}$ haben. Unser System genügt der SCHRÖDINGER-Gleichung

$$(\hat{H}_A + \hat{H}_B + \hat{V}_{AB})\, \Psi_{AB} = E_{AB} \Psi_{AB} \tag{6.1.}$$

$\hat{H}_A$ und $\hat{H}_B$ sind die HAMILTON-Operatoren der Einzelmoleküle A und B, während $\hat{V}_{AB}$ den Wechselwirkungsoperator im System beider Moleküle symbolisiert, und die elektrostatische Wechselwirkungsenergie gemäß dem COULOMBschen Gesetz zwischen den Elektronen und den Kernen der Moleküle A und B enthält.

Die Wechselwirkungsenergie $U_{AB}(\vec{R})$ zwischen unseren Molekülen findet man mittels der Energieeigenwerte von Gl. (6.1.)

$$U_{AB}(\vec{R}) = E_{AB}(\vec{R}) - E_{AB}(\vec{R} \to \infty) \tag{6.2.}$$

Die Ermittlung der Energieeigenwerte erfordert aber die Lösung eines Vielkörperproblems, die allgemein nur näherungsweise möglich ist.

Solche Näherungen enthalten die quantenchemischen Berechnungsverfahren ebenso wie die für große Abstände R angewandten störungstheoretischen Methoden. Letztere werden etwas weiter ausgeführt, da sie einen Vergleich mit der klassischen Betrachtung der Wechselwirkung zwischen Ladungen erlauben.

6.1.1. Bestimmung der Komponenten der weitreichenden Wechselwirkung zwischen zwei Molekülen mittels der Störungsrechnung

Sind die beiden Moleküle genügend weit voneinander entfernt, so überlappen die Elektronenwolken nicht. Man kann dann die Wechselwirkung zwischen ihnen durch Störungsrechnung ermitteln, indem man näherungsweise davon ausgeht, daß die Wellenfunktionen der isolierten Moleküle benutzt werden dürfen.

6.1.1.1. Störungsrechnung erster Ordnung

Unter Verwendung der Eigenfunktionen der isolierten Moleküle A und B findet man in der Störungsrechnung 1. Ordnung von Gl. (6.1.) für die Wechselwirkungsenergie

$$\begin{aligned} U_{AB} &= \langle A_0 B_0 \,|\hat{V}_{AB}|\, A_0 B_0 \rangle \\ &= \langle \varrho_A(\vec{r}) \,|\hat{V}_{AB}|\, \varrho_B(\vec{r}) \rangle \end{aligned} \qquad (6.3.)$$

wobei $|A_0\rangle$, $|B_0\rangle$ die Eigenfunktionen der isolierten Moleküle im Grundzustand und $\varrho_A(\vec{r})$, $\varrho_B(\vec{r})$ deren Ladungsverteilungen bezeichnen. Man hat also den elektrostatischen Beitrag der Wechselwirkungsenergie zweier polarer Moleküle erhalten.

Das elektrostatische Potential einer Verteilung $\varrho(\vec{r}_i)$ diskreter Ladungen q_i hat am Ort $\vec{R}$ außerhalb der Raumladung den Wert

$$\varphi(\vec{r}_i, \vec{R}) = \frac{1}{4\pi\varepsilon_0} \sum_i \frac{q_i}{|\vec{R} - \vec{r}_i|} \qquad (6.4.)$$

Diese Funktion läßt sich in eine TAYLOR-Reihe am Ort $\vec{r} = 0$ entwickeln, deren erste Glieder die Beiträge der Gesamtladung, des Dipolmomentes, des Quadrupolmomentes usw. zum Potential des Moleküls am Aufpunkt im Abstand $\vec{R}$

erfassen. Die Entwicklung hat einige erwähnenswerte Eigenschaften. Der Betrag des *ersten* nicht verschwindenden Multipolmomentes setzt sich aus den Multipolkomponenten der einzelnen Molekülteile zusammen; er wird nicht von der Wahl des Koordinatensystemes beeinflußt. Dagegen hängen alle höheren elektrischen Momente vom benutzten Koordinatensystem ab, welches insbesondere so gewählt werden kann, daß das auf das erste von Null verschiedene Multipolmoment folgende Glied der Reihe verschwindet [4].

Befindet sich nun am Aufpunkt $\vec{R}$ ein zweites Molekül, welches die Ladungen q_j an den Orten $\vec{r}_j$ enthält, so ergibt sich die potentielle Energie dieses Moleküls im elektrischen Feld des ersten Moleküls für $|\vec{R}| > |\vec{r}_j|$ aus der Beziehung

$$U_{AB}^{(1)} = \sum_j q_j \varphi(|\vec{R} + \vec{r}_j|) \tag{6.5.}$$

die wiederum in eine TAYLOR-Reihe entwickelt wird.

Der erste Term der Reihe, der die Wechselwirkung zwischen den effektiven Ladungen der beiden Moleküle angibt, hat die Form des COULOMBschen Gesetzes

$$U = \frac{q'q}{4\pi\varepsilon_0 R} \tag{6.6.}$$

Die R^{-2} proportionalen Glieder geben die Wechselwirkung zwischen Ladung und Dipolmoment. Die R^{-3} enthaltenden Ausdrücke lassen sich den Wechselwirkungsenergien zwischen Ladung und Quadrupolmoment, aber auch zwischen Dipolmomenten zuordnen. In ähnlicher Weise kann man die weiteren Glieder interpretieren. Die Art des ersten Gliedes hängt im speziellen Fall davon ab, ob die betrachteten Moleküle ionisiert sind bzw. ein Dipol-, Quadrupolmoment etc. haben. Die Struktur der Terme entspricht immer den klassischen Ausdrücken für die genannten Wechselbeziehungen zwischen den elektrischen Momenten.

Die erhaltenen Ergebnisse stellen, wie bereits bemerkt wurde, eine Näherung für große Abstände dar. Ferner kann man praktisch nicht sämtliche Glieder der Reihe auswerten, sondern muß sie abbrechen. Die Bedingungen dafür sind sorgfältig zu prüfen, da hierbei unter Umständen große Fehler für das Ergebnis entstehen. Die Voraussetzung $|\vec{R}| > |\vec{r}|$ kann für $|\vec{R}| \approx 5\,|\vec{r}|$ als erfüllt angesehen werden. Ferner ist zu beachten, daß der bisherigen Rechnung die Annahme der zeitlichen Konstanz der Lage beider Moleküle zueinander zugrunde liegt. Dieses widerspricht aber häufig der Realität, und man muß deshalb auf der Grundlage der TAYLOR-Reihe eine Mittelung über alle Orientierungen der Moleküle zueinander ausführen. Beispielsweise erhält KEESOM [5, 6] für zwei freie Dipole mit den Dipolmomenten $\vec{p}_A$ und $\vec{p}_B$, die nur ihrer Wärmebewegung unterworfen sind, eine mittlere Wechselwirkungsenergie

$$\overline{U} = -\frac{2\vec{p}_A{}^2\vec{p}_B{}^2}{3(4\pi\varepsilon_0)^2\, kTR^6}, \tag{6.7.}$$

die also beträchtlich kleiner ist als die der starren Anordnung der beiden Teilchen.

6.1.1.2. *Störungsrechnung zweiter Ordnung*

In der zweiten Ordnung liefert die Störungsrechnung zu Gl. (6.1.) zunächst den Term

$$U_{AB}^{(21)} = -\sum_{a \neq 0} \frac{\langle A_0B_0\, |\hat{V}_{AB}|\, A_aB_0\rangle \langle A_aB_0\, |\hat{V}_{AB}|\, A_0B_0\rangle}{E_{A_a} - E_{A_0}} \tag{6.8.}$$

wobei die Summation über alle Energiezustände des isolierten Moleküls A geht und die Bedeutung der Symbole derjenigen in den Formeln (6.1.) und (6.3.) entspricht. Gl. (6.8.) stellt den Energiebeitrag der Polarisation des Moleküls A durch das permanente elektrische Feld von Molekül B zur Wechselwirkung dar. Ein analoger Ausdruck läßt sich auch für die Polarisation von B im Feld von A aufschreiben.

Die klassische Formel für die Energie eines Systems mit der Polarisierbarkeit $\vec{\vec{\alpha}}$ im elektrischen Feld $\vec{E}$ lautet

$$U = -\frac{1}{2}\, \vec{E}\vec{\vec{\alpha}}E \tag{6.9.}$$

Führt man davon ausgehend wieder eine Reihenentwicklung aus, so ergibt sich für $U_{AB}^{(21)}$ erneut eine Potenzreihe des Abstandes, die mit R^{-4} beginnt, was der Wechselwirkung einer Gesamtladung des Moleküls B mit dem im Molekül A induzierten Dipolmoment entspricht und mit der klassischen Formel

$$U = -\frac{1}{2}\, \frac{q_B{}^2\alpha_0(A)}{(4\pi\varepsilon_0)^2\, R^4} \tag{6.10.}$$

$\alpha_D(A)$ = dynamische Dipolpolarisierbarkeit des Moleküls A

übereinstimmt. Die höheren Glieder der Reihe lassen sich den Wechselwirkungen zwischen den permanenten elektrischen Momenten von B mit den induzierten Momenten von A zuordnen, wobei die Terme ebenfalls die gleiche Struktur wie die entsprechenden klassischen Gleichungen haben. Beispielsweise ist die Wechselwirkungsenergie zwischen permanentem und induziertem Dipolmoment proportional R^{-6}, was mit dem klassischen Resultat

$$U = -\frac{2\vec{p}_B \vec{\vec{\alpha}}_D(A)\, \vec{p}_B}{(4\pi\varepsilon_0)^2 R^6} \tag{6.11.}$$

übereinstimmt [7, 8]. Gl. (6.11.) enthält die Bedingung, daß die Vektoren des permanenten und des induzierten Dipoles auf der Verbindungslinie $\vec{R}$ liegen. Das wird bei niedrigen Temperaturen erfüllt. Bei genügend hoher thermischer Energie im System tragen alle Orientierungen gemäß der Boltzmann-Statistik zur Wechselwirkung bei, wodurch Gl. (6.11.) übergeht in

$$\overline{U} = -\frac{\vec{p}_B \vec{\vec{\alpha}}_0(A)\, \vec{p}_B}{(4\pi\varepsilon_0)^2 R^6} \tag{6.11a.}$$

Die Induktionswechselwirkungen hängen also nicht explizit von der Temperatur ab. Insbesondere verschwinden sie nicht bei hohen Temperaturen, wie das bei der Wechselwirkungsenergie zweier permanenter Dipole der Fall war, vgl. Gl. (6.7.).

Die Analyse der für $U_{AB}^{(21)}$ erhaltenen Reihe zeigt ferner, daß dem Molekül A nicht nur Dipole, sondern allgemein alle Momente höherer Ordnung induziert werden. Neben den Termen, die von gleichartigen Multipolen herrühren, enthält die Entwicklung auch Mischterme, die den ungeraden Potenzen von R zuzuordnen sind. Maßgebliche Beiträge zur Energie stammen oft aber nur von den durch Gl. (6.9.) und (6.11.) gegebenen Korrelationen. Es sei hier nochmals bemerkt, daß in die Gesamtenergie des Systems in gleicher Weise der Beitrag der Induktion des Moleküls A in dem Molekül B $U_{AB}^{(12)}$ eingeht.

Neben dem Induktionsterm ergibt die zweite Ordnung der Störungsrechnung noch das Glied

$$U_{AB}^{(22)} = -\sum_{a\neq 0} \sum_{b\neq 0} \frac{\langle A_0 B_0 |\hat{V}_{AB}| A_a B_b\rangle \langle A_a B_b |\hat{V}_{AB}| A_0 B_0\rangle}{E_{A_a} - E_{A_0} + E_{B_b} - E_{B_0}} \tag{6.12.}$$

das die sogenannte Dispersionswechselwirkung zwischen den beiden Molekülen beschreibt. Man stellt sich vor, daß alle Teilchen aufgrund der Fluktuationen der Elektronenwolke momentane elektrische Momente (ab Dipolmoment) besitzen. Zwischen den momentanen Momenten der Teilchen entsteht jedoch keine nennenswerte Wechselwirkung, weil die Phasenbeziehung zufällig ist. Sie induzieren aber im Nachbarmolekül Multipolmomente, mit denen es zur Wechselwirkung kommt. Im Gegensatz zur elektrostatischen Wechselwirkung und zur induzierten Polarisation, die an die Existenz permanenter elektrischer Momente geknüpft sind, ist die Dispersionswechselwirkung eine universelle Eigenschaft der Materie.

Die Behandlung der in $\hat{V}_{AB}$ enthaltenen Operatoren auf die oben skizzierte Weise führt für große Abstände zwischen den Teilchen wieder zu einer Potenzreihe, die mit R^{-6} beginnt. Dieses erste Glied ist der Wechselwirkung zwischen zwei induzierten Dipolen zuzuordnen und hat für zwei radialsymmetrische Atome die Form

$$U_{AB} = \frac{C_{AB}}{R^6} = -\frac{3}{2}\,\alpha(A)\,\alpha(B)\,\frac{h\nu_A\nu_B}{\nu_A+\nu_B}\,\frac{1}{R^6} \tag{6.13.}$$

h = PLANCKsches Wirkungsquantum

die von LONDON [2, 9] gefunden wurde. Hierbei bezeichnet ν die Schwingungsfrequenz des isotropen Oszillators, der das Atom beschreibt. Diese Frequenz entspricht der Dispersionsfrequenz des Atoms. Das stellt aber nur einen der zahlreichen näherungsweisen Ausdrücke für den konstanten Faktor in U_{AB} dar. LONDON approximiert die Energiedifferenzen $E_{A_a} - E_{A_0}$ und $E_{B_b} - E_{B_0}$ durch die konstanten Atom-Ionisierungspotentiale I_A, I_B und erhält für C_{AB}

$$C_{AB} = -\frac{3}{2}\,\frac{\alpha(A)\,\alpha(B)}{I_A^{-1}+I_B^{-1}} \tag{6.13a.}$$

SLATER und KIRKWOOD [10] geben für den Vorfaktor von R^{-6} in (6.13.) den Ausdruck

$$C_{AB} = -\frac{3}{2}\,\frac{\alpha(A)\,\alpha(B)}{\left(\frac{\alpha(A)}{N_A}\right)^{1/2}+\left(\frac{\alpha(B)}{N_B}\right)^{1/2}} \tag{6.14.}$$

an, wobei N_A die effektive Zahl der zur Polarisierbarkeit $\alpha(A)$ des Atoms A beitragenden Elektronen ist. Der Wert von N ist nicht ohne zusätzliche Informationen zu ermitteln.

KIRKWOOD und MULLER benutzen in ihrer Näherung die magnetische Suszeptibilität χ der Atome und erhalten

$$C_{AB} = -\frac{6mc^2}{N_0}\,\frac{\alpha(A)\,\alpha(B)}{\frac{\alpha(A)}{\chi_A}+\frac{\alpha(B)}{\chi_B}} \tag{6.15.}$$

m = Masse des Elektrons
c = Lichtgeschwindigkeit
N_0 = AVOGADROsche Zahl.

Der Näherungscharakter von (6.15.) kommt in dem Umstand zum Ausdruck, daß sich die physikalischen Ursachen von magnetischer Suszeptibilität und optischer Dispersion grundsätzlich unterscheiden.

Die Dipol-Dipol-Dispersionsenergie für zwei Moleküle ergibt sich in erster Näherung aus der Summation über die Wechselwirkungen der i Atome des Moleküls A mit den j Atomen des Moleküls B

$$U_{AB} = \sum_{i \in A} \sum_{j \in B} \frac{C_{ij}}{R^6} \tag{6.16.}$$

wobei C_{ij} gemäß (6.13.)—(6.15.) berechnet werden kann. Die höheren Terme der Reihenentwicklung für die Dispersionsenergie werden gewöhnlich nicht betrachtet, da sie sehr schnell mit wachsendem Abstand abklingen. Prinzipiell gelten hier ebenfalls die bereits getroffenen Feststellungen zum Abbruch der Reihe.

Neuere Störungsrechnungen von Pitzer [31] und Donath [32], die, wie auch die Lösung von London [9], bis zur 2. Ordnung gehen, dabei aber die Möglichkeit der Teilnahme mehrerer Elektronen an der Entstehung des momentanen Dipolmomentes berücksichtigen, liefern eine Formel von gleicher Struktur wie Gl. (6.13.). Auch die Konstante steht mit der Ionisationsenergie in Beziehung, sie ist jedoch größer. Die Berechnungen konnten nur für Atome und einfache Moleküle (z. B. H_2, Cl_2) ausgeführt werden. Sie zeigten jedoch, daß die Konstante etwa doppelt so groß wie die Ionisationsenergie war.

6.1.1.3. *Kurzreichweitige Wechselwirkung zweier Moleküle*

Man arbeitet ebenfalls mit der Störungstheorie, muß aber auf die Reihenentwicklung des Operators der Wechselwirkungsenergie verzichten. Bei Verwendung antisymmetrisierter Produktwellenfunktionen für die Ψ_{AB} ergibt sich in der ersten Ordnung zusätzlich zur bereits bekannten Coulombschen Energie die sogenannte Austauschenergie U_{AB}^{ex}, die stets repulsiv ist und für zwei Atome durch den Ausdruck

$$U_{AB}^{\text{ex}} = \frac{k}{R} S_{AB}^2 \tag{6.17.}$$

genähert werden kann. Da das Überlappungsintegral S_{AB} proportional $\exp(-aR)$ ist, folgt

$$U_{AB}^{\text{ex}} = b \exp(-aR) \qquad a, b = \text{const} \tag{6.18.}$$

Für Moleküle wird diese auf Quanteneffekten beruhende Abstoßungsenergie als Summe der Atom-Atom-Wechselwirkungen angesetzt

$$U_{AB}^{\text{ex}} = \sum_{i \in A} \sum_{j \in B} b_{ij} \exp(-a_{ij} R_{ij}) \tag{6.19.}$$

die durch Entwicklung in eine Potenzreihe und Abbruch in

$$U_{AB}^{\mathrm{ex}} = \frac{d_{AB}}{R^n} \quad \begin{array}{l} d_{AB} = \mathrm{const} \\ n = 9 \cdots 16 \end{array} \tag{6.20.}$$

übergeht und offensichtlich nur eine sehr geringe Reichweite besitzt. Alle aufgeführten Konstanten gewinnt man durch Anpassung der Ansätze an die experimentellen Daten.

6.1.1.4. Potentielle Energie der Wechselwirkung zweier Moleküle. Monopolnäherung

Die dritte Ordnung der Störungstheorie liefert keine signifikanten Beiträge zur betrachteten Wechselwirkungsenergie. Die gesamte langreichweitige Wechselwirkung im Zweiteilchensystem ergibt sich praktisch als Summe der einzelnen Beiträge der elektrostatischen Wechselwirkung, der induzierten Polarisation, der Dispersions- und der Austauschwechselwirkung, welche in den bisherigen Abschnitten als Potenzreihen des Abstandes erhalten wurden. Aus Gründen der Handhabbarkeit wird aber diese Summe in der Regel auf die sogenannte Monopolnäherung verkürzt [4]. Die erwähnten Reihen werden dazu für Atome aufgeschrieben und nach dem ersten (nichtverschwindenden) Glied abgebrochen. Es bleibt als Wechselwirkungsenergie der beiden Atome eine dreigliedrige Summe stehen, deren Terme von Gl. (6.6.), (6.7.) o. ä. für die elektrostatische Energie, von Gl. (6.13.) für die Dispersion und Gl. (6.20.) für die Austauschwechselwirkung gebildet werden.

Das Resultat für Moleküle ergibt sich wieder aus der Summation über alle Atom-Atom-Potentiale, so daß in Monopolnäherung gilt

$$U_{AB} = \sum_{i \in A} \sum_{j \in B} \left\{ \frac{q_i q_j}{4\pi\varepsilon_0 R_{ij}} - \frac{C_{ij}}{R_{ij}^6} + \frac{d_{ij}}{R_{ij}^{12}} \right\} \tag{6.21.}$$

Für die Konstante C_{ij} benutzt man (6.14.) oder (6.15.). Die d_{ij} werden nach [4] entweder aus den VAN-DER-WAALS-Radien r_{vdW} der Atome so bestimmt, daß das Minimum des 6—12-Potentials im arithmetischen Mittel der VAN-DER-WAALS-Radien von i und j liegt,

$$d_{ij} = \frac{1}{2} C_{ij} R_{vdWij}^6 \tag{6.22.}$$

oder so angepaßt, daß Sublimationsenergie und Kristallgeometrie der Molekülkristalle richtig berechnet werden. Schließlich ist auch die Bestimmung aus quantenchemischen Ergebnissen möglich. Zu dieser Art des Ansatzes für die Wechselwirkungsenergie gehört auch das bekannte LENNARD-JONES-Potential

$$U_{AB} = \varepsilon_0 \left\{ \left(\frac{R_0}{R} \right)^{12} - \left(\frac{R_0}{R} \right)^{6} \right\} \tag{6.23.}$$

R_0 = Gleichgewichtsabstand der beiden Teilchen
ε_0 = Tiefe der Energiemulde am Ort R_0

das von den anziehenden Kräften nur die Dispersionswechselwirkung berücksichtigt.

Vergleicht man die Struktur der Wechselwirkungskonstanten für die Dispersionsenergie zweier verschiedener Teilchen anhand Gl. (6.13.)—(6.14.), so erkennt man, daß sie die Form eines reziproken Mittels haben:

$$C_{AB} = \frac{\alpha(A)\,\alpha(B)}{\beta(A) + \beta(B)}$$

β = const

Man kann also den Parameter für zwei verschiedene Atome aus den Parametern zweier jeweils gleicher Atome nach der Formel

$$\frac{2\alpha(A)\,\alpha(B)}{C_{AB}} = \frac{\alpha^2(A)}{C_{AA}} + \frac{\alpha^2(B)}{C_{BB}} \tag{6.24.}$$

bzw. in Näherung als geometrisches Mittel

$$C_{AB}^2 \approx C_{AA} C_{BB} \tag{6.25.}$$

konstruieren und ist somit nicht auf die direkte Bestimmung angewiesen.

Schließlich muß noch auf einige Gesichtspunkte hingewiesen werden, die zusätzlich zu dem durch die bisherigen Näherungen entstandenen Fehler Abweichungen verursachen können. Hierzu zählt zunächst die Tatsache, daß wegen der endlichen Ausbreitungsgeschwindigkeit elektromagnetischer Wellen eine Phasenverschiebung zwischen induzierendem und induziertem elektrischen Feld in den beiden Teilchen auftritt, wenn der Abstand zwischen ihnen groß (einige 10 nm) wird. Diese Phasenverschiebung bewirkt eine verringerte Dispersionskraft, für die CASIMIR und POLDER [11] den Ausdruck

$$U_{AB} = -\frac{23\alpha(A)\,\alpha(B)\,hc}{8\pi^2 R^7} \tag{6.26.}$$

c = Lichtgeschwindigkeit

fanden, der sich von Gl. (6.13.) wesentlich durch die R^{-7}-Abhängigkeit unterscheidet. Man spricht hierbei von retardierten Potentialen. Für den Fall, daß sich die Atome A und B in einem Medium mit der Dielektrizitätskonstante ε_r befinden und hier die effektive Polarisierbarkeit α^* haben, hat die Wechselwirkungsenergie für große R nach McLachlan [12] die Form

$$U_{AB} = -\frac{23\alpha^*(A)\,\alpha^*(B)\,hc}{8\pi^2(\varepsilon_0\varepsilon_r)^{3/2}\,R^7} \tag{6.27.}$$

Man kann feststellen, daß die Retardation bei der Wechselwirkung zwischen permanenten bzw. zwischen permanenten und induzierten Multipolmomenten keine Rolle spielt, weil hierbei Bewegungen des Teilchens als ganzes zur Erreichung der maximalen Wechselwirkungsenergie erforderlich sind, die weitaus mehr Zeit benötigen als die Ausbreitung der Kraftfelder.

Ferner sind die bisher diskutierten Potentiale reine Funktionen des Abstandes, d. h. radialsymmetrisch. Dies trifft eigentlich nur auf Edelgasatome zu. Andere Atome, insbesondere aber Moleküle, besitzen weder hinsichtlich ihrer Geometrie noch in bezug auf die physikalischen Parameter (Polarisierbarkeit) Kugelsymmetrie. Daraus resultiert eine Winkelabhängigkeit, die beispielsweise in einfachster Näherung mit dem von Stockmayer aufgestellten Potentialansatz erfaßt werden kann. Wir müssen aber feststellen, daß sich die Lösung dieser Probleme noch im Anfangsstadium befindet.

Zusammenfassend läßt sich sagen, daß die klassischen Gleichungen zur Beschreibung der Formen der elektrischen Wechselwirkungen zwischen Ladungssystemen auch aus der näherungsweisen quantenmechanischen Behandlung folgen und deshalb im atomaren Bereich anwendbar sind. Wie viele Terme in Überlegungen zu einem konkreten Problem Beachtung finden, hängt vom betrachteten System und der gewünschten Genauigkeit ab. In der Literatur beschränkt man sich häufig auf die Dispersionswechselwirkung. Die recht breite Diskussion der in diesem Zusammenhang auftretenden Konstanten C_{ij} deutete schon eine Schwierigkeit an, die darin besteht, daß die benötigten atomaren Parameter häufig aus makroskopischen Messungen abgeleitet werden. Dazu muß ein Modell über die statistischen Eigenschaften des vermessenen Teilchenensembles zugrunde gelegt werden, und man erhält mittlere Werte der gesuchten atomaren Parameter. Diese Mittelwerte haben allgemeinen Charakter, was in der Regel von Vorteil ist. Bei der Anwendung auf Erscheinungen der Phasengrenze aber kann dieser Sachverhalt zusätzliche Fehler hervorbringen, falls ein vom Volumen abweichendes Verhalten existiert.

Die erhobene Forderung nach großen Abständen zwischen den Teilchen ($|\vec{R}| > 5|\vec{r}|$) wird in praktischen Systemen häufig verletzt, wodurch weitere Abweichungen der Berechnung von der Realität entstehen. Aus diesem Grunde müssen im Falle von Chemisorption die unten erwähnten quantenchemischen Methoden angewendet werden, während die bisher abgeleiteten Gleichungen bei physikalischer Adsorption und gleichartigen Problemen hinreichend genau sind. Das erwähnte kurzreichweitige Abstoßungspotential ist im Zusammenhang mit der Adhäsion nur insofern von Bedeutung, als daß es den Gleichgewichtsabstand $|\vec{R}|$ festlegt, der über die Anwendbarkeit der oben abgeleiteten Formeln entscheidet, mit denen dann die Berechnung der anziehenden Wechselwirkung ausgeführt wird.

6.1.2. Wechselwirkung bei geringen Teilchenabständen. Quantenchemische Berechnungsmethoden

Verringern sich die Abstände der Teilchen, so wird schließlich die bisher gültige Voraussetzung $|\vec{R}| > 5|\vec{r}|$ nicht mehr erfüllt, und die oben angedeuteten Rechnungen führen zu immer stärkeren Abweichungen von der Realität. In der Quantenchemie wird unser Zweiteilchensystem in diesem Falle als ein Supermolekül aufgefaßt, woraus folgt, daß bei der Lösung der SCHRÖDINGER-Gleichung (6.1.) für den HAMILTON-Operator keine Unterteilung in die Subsysteme des Supermoleküls vorgenommen wird. Die Zugehörigkeit der einzelnen Elektronen und Atomkerne zu dem einen oder anderen Teilchen ergibt sich lediglich aus den interatomaren Abständen. Die Energieeigenwerte der SCHRÖDINGER-Gleichung enthalten bei dieser Berechnungsmethode die Anteile von inter- und intramolekularer Wechselwirkung, d. h., man findet auch die sich durch die Gegenwart eines zweiten Teilchens im Molekül vollziehenden Veränderungen.

Derartige Berechnungen sind natürlich relativ aufwendig. Sie gestatten ebenfalls prinzipiell nur Näherungslösungen, da es sich um ein Vielkörperproblem handelt. Die Näherung wird in diesen Fällen mit dem erforderlichen Ansatz für die Wellenfunktion Ψ_{AB} des Supermoleküls eingeführt. Diese Wellenfunktion wird stets aus den Wellenfunktionen der Subsysteme konstruiert, wofür es verschiedene Näherungsansätze gibt. Gewöhnlich werden diese Ansätze in der Berechnung nicht im vollen Umfang berücksichtigt, was zu einer weiteren Vereinfachung führt. Die hieraus resultierenden Abweichungen von den wirklichen Energiewerten nennt man basis-extension-Fehler, die eine intermolekulare Anziehung zwischen den Teilchen vortäuschen.

Die Dispersions- und Polarisationswechselwirkungen folgen grundsätzlich nicht aus dem Modell der unabhängigen Teilchen. Für ihre Bestimmung müssen möglichst viele Teilchenkonfigurationen in die Rechnung einbezogen werden [4]. Weitere Schwierigkeiten bringt die Lösung der zahlreichen Integrale mit sich, für die wiederum spezielle Methoden entwickelt wurden.

Man darf feststellen, daß gegenwärtig kein allgemeingültiger Algorithmus zur quantenmechanischen Behandlung des Problems existiert. Die Genauigkeit der Resultate hängt vom Rechenaufwand ab, aber auch in gewissem Umfang von der Intuition des Bearbeiters bei der Formulierung der Ansätze. Prinzipiell erweist es sich als zweckmäßig, verschiedene Eigenschaften des Systems mit verschiedenen Rechnungen zu ermitteln, da ein Lösungsverfahren nicht alle Parameter in gleicher Qualität liefert. Für weitere Informationen zu diesem Gebiet sei u. a. auf [1, 2, 13] verwiesen.

6.1.3. *Kräfte zwischen langkettigen Molekülen*

Bisher wurde das Zweiteilchensystem auf zwei verschiedene Weisen behandelt. Für die weitreichende Wechselwirkung wurde das Teilchen durch eine Menge von Punktladungen beschrieben, die sich um einen Punkt im Raum gruppierte. Betrachtet wurde also die Wechselwirkung zwischen zwei Zentren mit gewissen Eigenschaften. Bei kleiner werdendem Abstand ließ sich diese räumliche Trennung aufgrund der auftretenden Überlappung der Zustandsfunktionen der Moleküle nicht mehr aufrechterhalten. Dieser Umstand zwang zur quantenmechanischen Behandlung des Systems, was umfangreiche Rechenarbeit selbst für einfache Moleküle bedeutet. Für Moleküle mittlerer Größe lassen sich diese Arbeiten kaum noch ausführen. Etwas günstiger wird die Situation wieder bei sehr großen, linearen Molekülen, wie sie für Polymere charakteristisch sind. Man kann sich die gesättigten Polymere als aus mehreren Zentren zusammengesetzt denken und unter Benutzung des Superpositionsprinzips die Betrachtungen über die Wechselwirkung zweier Zentren anwenden, um zur Wechselwirkungsenergie zu gelangen. In Polymeren mit konjugierten Doppelbindungen spielen die Elektronen der π-Bindungen die wesentliche Rolle. Diese Elektronen sind delokalisiert und so gewissermaßen über die gesamte Kette verteilt. Mit den Wellenfunktionen der π-Elektronen lassen sich nun die Wechselwirkungen abschätzen. Es sollen beide Gedanken in Anlehnung an die Zusammenfassung von Margenau und Kestner [2] umrissen werden.

6.1.3.1. *Moleküle mit gesättigten Ketten*

Die Makromolekülkette wird nicht als Gesamtheit behandelt, sondern gedanklich in Atomgruppierungen unterteilt, von denen Dispersionswechselwirkungen ausgehen, deren Energie proportional R^{-6} ist. Die Gesamtenergie für die Wechselwirkung zweier Moleküle erhält man als Summe aller Wechselwirkungsenergien zwischen den Atomgruppierungen, die man Zentren nennt. Salem

[14] stellte den Gang der Überlegungen anschaulich dar für den Fall gestreckter, parallel zueinander liegender Moleküle, wie ihn Abb. 6.1. zeigt. Aus der Abbildung läßt sich leicht ersehen, daß für den Abstand zweier Zentren die Relation

$$R_{nn'} = \sqrt{d^2 + (n - n')^2\,\lambda^2}$$

gilt. Diese ist in Gl. (6.13.) einzusetzen. Die Summation über alle möglichen Wechselwirkungen liefert die Gesamtenergie

$$U_{\text{ges.}} = -C \sum_{i,j=1}^{N} [d^2 + (n - n')^2 \lambda^2]^{-3} \qquad (6.28.)$$

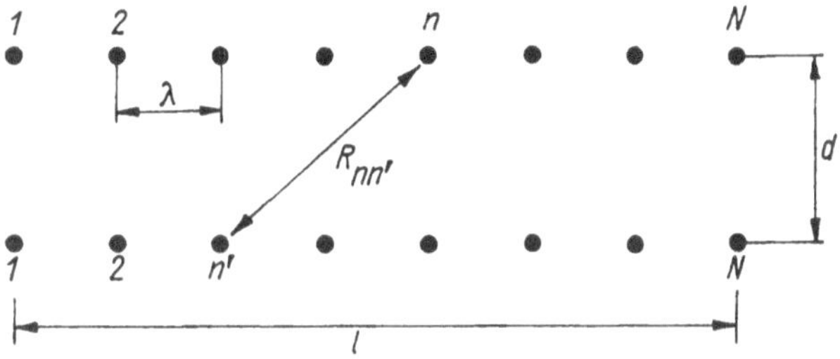

Abb. 6.1.: Parallele gestreckte Makromoleküle mit N Zentren der Wechselwirkung.
Die benötigten geometrischen Größen enthält die Zeichnung.

Nun existieren für jeden Wert $x = n - n'$ gerade $2(N - x)$ Wechselwirkungen gleicher Energie. Eine Ausnahme bilden die $n = n'$, wofür N gleiche Wechselwirkungen vorhanden sind. Unter Berücksichtigung dieser Feststellungen läßt sich die Summe in Gl. (6.28.) umformen zu

$$U_{\text{ges.}} = -C \left[\frac{N}{d^6} + 2 \sum_{x=1}^{N-1} \frac{N - x}{(d^2 + \lambda^2 x^2)^3}\right]$$

Falls $d \gg \lambda$ bleibt und N sehr groß wird, kann man nach Einführung der Variablen $y = \frac{x}{N}$ und der Konstanten $\eta = \frac{l}{d}$ die Summation durch ein Integral approximieren:

$$\begin{aligned} U_{\text{ges.}} &= -\frac{CN}{d^6} - \frac{2C}{\lambda^6 N^4} \int_0^1 \frac{1 - y}{(y^2 + \eta^{-2})^3}\, dy \\ &= -\frac{C\eta}{\lambda d^5} - \frac{C\eta}{4\lambda^2 d^4} \left(3 \cot \eta + \frac{\eta}{1 + \eta^2}\right) \end{aligned} \qquad (6.29.)$$

Da $d \gg \lambda$, können wir den d^{-5} proportionalen Term vernachlässigen. Für $d \to \infty$ und kleine Werte von η geht Gl. (6.29.) über in

$$U_{\text{ges.}} \to -\frac{CN^2}{d^2} \tag{6.30.}$$

Ist dagegen $d \ll 1$ unter Beibehaltung von $d > \lambda$, dann folgt

$$U_{\text{ges.}} \to -\frac{3\pi CN}{8\lambda d^5} \tag{6.31.}$$

Offen blieb bisher, wie man die Zentren zu identifizieren hat und welchen Wert die Konstante C annimmt. Letzteres ist gewöhnlich schwierig, da die Zentren meist nicht durch Molekülteile verkörpert werden, die auch ungebunden vorkommen, so daß die experimentelle Bestimmung von C möglich wäre. Für die Dispersionskräfte sind im betrachteten Molekültyp die polarisierbaren Elektronenpaare der Bindungen relevant, die wegen des kovalenten Charakters der Bindung nicht dem einen oder anderen Atom zugeordnet werden können, sondern sich etwa in der Mitte zwischen den Bindungspartnern aufhalten. Diese Orte entsprechen den gesuchten Zentren, von denen es also so viele Arten wie unterschiedliche Bindungen im Molekül gibt. Gewöhnlich haben wir nur wenige verschiedene Bindungen, die eine gewisse Anordnung zueinander haben und sich periodisch wiederholen. Diese Bindungen lassen sich zu Struktureinheiten zusammenfassen, die nicht mit den Monomereinheiten identisch sein müssen. Sie ermöglichen die Anwendung der Gln. (6.28.—6.31.) bei der Berechnung der Gesamtenergie der Wechselwirkung zwischen den Molekülen, setzen aber die Bestimmung der Dispersionsenergie zwischen den Struktureinheiten voraus. Salem [14] demonstriert das Vorgehen am Beispiel des Polyethylens. In der Rechnung werden die Polarisierbarkeiten der Bindungen verwendet, die aus dem Experiment bekannt sind, und man erhält die für die Struktureinheit anzusetzende Konstante C.

6.1.3.2. *Moleküle mit konjugierten Doppelbindungen*

Die weitreichende Wechselwirkung dieses Molekültyps ist relativ stark, wofür die π-Elektronen verantwortlich gemacht werden müssen. Die π-Elektronen des Moleküls mit konjugierten Doppelbindungen sind stark delokalisiert, d. h., sie besitzen eine hohe Beweglichkeit längs der Kette. Demzufolge können sie im Gegensatz zu den lokalisierten σ-Bindungen kaum Dipolmomente erzeugen, sondern lassen sich eher durch einen Ladungsoszillator von der Dimension der Kettenlänge beschreiben. Natürlich muß hier die Monopolnäherung versagen, weil der Abstand zwischen den Ketten d nicht groß ist gegen die Länge des Moleküls.

Das π-Elektronensystem des Moleküls wird zur Berechnung der Dispersionskräfte durch eine Menge zweckmäßig angeordneter Monopole modelliert, deren Wechselwirkung berechnet wird. Erstmals führte London [15] eine solche Betrachtung aus. Die Festlegung der Monopolanordnung erfolgt auf der Basis einer quantenmechanischen Rechnung, in die die Wellenfunktionen der π-Elektronen eingehen. Die einfachste derartige Funktion geht davon aus, daß das π-Elektron frei beweglich ist in einem eindimensionalen Kasten, der von der Kette gebildet wird. Wir haben dann für Wellenfunktion und Energie des π-Elektronensystems eines Moleküls der Länge l, das N Doppelbindungen enthält,

$$\varphi_n = \left(\frac{2}{l}\right)^{1/2} \sin \frac{n\pi x}{l}$$

$$\varepsilon_n = \frac{n^2h^2}{8ml}$$

$n = 1 \cdots N$ $m =$ Elektronenmasse

Für l wird zweckmäßigerweise $(2N + 1)\,\lambda$ mit λ als Länge der C-C-Bindung angesetzt.

Coulson und Davies [16] benutzten realistischere Wellenfunktionen und erhielten Molekülgebiete mit positiver und negativer Raumladung, die sie durch Monopole approximierten. Zusätzlich berücksichtigten sie die Dipolmomente dieser Molekülgebiete.

Bei Haugh und Hirschfelder [17] finden sich Berechnungen der Wechselwirkungen auf der Grundlage dieses Konzeptes für vier lineare Moleküle von Ethylen bis Hexatrien.

6.2. Wechselwirkungsenergie in Vielteilchensystemen

Die hier diskutierten zwischenmolekularen Wechselwirkungsenergien wurden sämtlich mit Hilfe der Coulomb-Kraft berechnet, die zwei für die Anwendung der Resultate im Zweiteilchensystem auf das Teilchenensemble wichtige Eigenschaften hat.

Die Coulomb-Kraft einer Punktladung ist erstens eine zentralsymmetrische Funktion, und zweitens lassen sich Coulomb-Kräfte durch Superposition zusammenfassen. Aus diesen Eigenschaften folgt das Prinzip der Additivität der

Wechselwirkungsenergien, das die Berechnung der Wechselwirkung eines Vielteilchensystems als Summe der Paarwechselwirkungen ermöglicht

$$U = \sum_{ij} U_{ij} \qquad (6.32.)$$

Auf diese Weise geht man derzeit stets vor bei der Betrachtung von Teilchenensemblen. Wir werden hier verschiedene Arten des Herangehens an die Lösung des Problems auf der Basis dieses Prinzips referieren und in einem abschließenden Abschnitt den Gültigkeitsbereich der Voraussetzung untersuchen. Dabei werden wir sehen, daß das Prinzip der Additivität der Energien der Paarwechselwirkungen keine Allgemeingültigkeit besitzt, sondern häufig den Charakter einer Näherung hat.

6.2.1. Physikalische Adsorption

Die Adsorption von Teilchen an festen Oberflächen muß aus zwei Gründen im Zusammenhang mit der Adhäsion Erwähnung finden. Zum einen werden adhäsive Verbunde häufig auf eine Weise hergestellt, bei der in dem einen oder anderen Verfahrensschritt das gelöste Adhäsiv aus seiner Lösung an der Festkörperoberfläche adsorbieren kann. Zum anderen könnten Überlegungen bezüglich der Interpretation von Adsorptionserscheinungen auch als Konzept für die Erklärung gewisser Aspekte der Adhäsion dienen. Im vorliegenden Abschnitt soll die Adsorption nicht umfassend diskutiert werden. Er beschränkt sich auf Aussagen zur Wechselwirkungsenergie, die auf die theoretische Interpretation der Adsorptionsenergie hinzielen, und betrachtet dabei ausschließlich physikalische Adsorption. Die Zuordnung der Experimente zur physikalischen und chemischen Adsorption geschieht in der Literatur formell nach der Adsorptionsenergie des Systems, wobei Systeme mit Energien von weniger als ca. 20 kJ mol^{-1} zur physikalischen Adsorption gezählt werden. Diese Energiemarke ist relativ willkürlich gesetzt und wird keineswegs einheitlich gebraucht. Sie symbolisiert gewissermaßen die Trennung der Effekte nebenvalenter Wechselwirkungen von denen der chemischen Bindung an Oberflächen; eine Frage, die durch das Experiment gegenwärtig nicht stets sicher beantwortet werden kann. (Zur Übersicht über die Resultate bei der experimentellen Untersuchung der Adsorption wird auf die Monografie von Somorjai und van Hove [18] verwiesen.)

Die Bindungskräfte haben eine zur Substratoberfläche parallele und eine dazu senkrechte Komponente, wovon erstere häufig den Ort der Adsorption und letztere die Bindungsenergie bestimmen [18]. Zur parallelen, aus der Wechselwirkung zwischen adsorbiertem Teilchen und Substrat resultierenden Komponente tritt bei höherer Adsorbatdichte die gleichgerichtete Kraft der Wechselwirkung zwischen den adsorbierten Teilchen. Die gemeinsame Aktion aller Kräfte legt Adsorptionsenergie und Struktur der Adsorbatschicht fest.

Es wird von der Berücksichtigung des Einflusses anderer Adsorbatteilchen auf die betrachtete Bindung des adsorbierten Teilchens an den Festkörper abgesehen und die Adsorptionsenergie gemäß Gl. (6.32.) als Summe der Bindungsenergien aller adsorbierten Teilchen aufgefaßt. Bei der Bestimmung der Energie einer solchen einzelnen Bindung ist zwischen metallischen und dielektrischen Substraten zu unterscheiden. Erstere haben durch die Existenz einer großen Zahl quasifreier Elektronen völlig andere Eigenschaften als isolierte Metallatome, wogegen die Dielektrika in guter Näherung als aus Teilchen bestehend gedacht werden können, deren Zustand bei der Formierung des Kristalls nicht wesentlich verändert wird im Vergleich zum ungebundenen Zustand.

6.2.1.1. *Adsorption eines Atoms auf einem Dielektrikum*

Aufgrund der oben getroffenen Annahmen ergibt sich die Bindungsenergie des Adatoms i als Summe über die Paarwechselwirkungen mit allen Substratteilchen j

$$U_i = \sum_j U_{ij}(R) \tag{6.33.}$$

London und Polanyi bestimmten diese Energie erstmals für den Fall, daß nur Dispersionswechselwirkungen vorliegen [19]. Nimmt man für die Dispersion die aus Gl. (6.12.) folgende Multipolentwicklung an, so läßt sich bei symbolischer Darstellung der höheren Terme anstelle von Gl. (6.33.) schreiben

$$U_i = \sum_j \frac{C_{ij}}{R_{ij}^6} + \sum_j (U_{ij})_{\text{Rest}} \tag{6.34.}$$

Ist das adsorbierte Teilchen weit von der Oberfläche entfernt (verglichen mit der Gitterkonstanten des Substrats), läßt sich diese durch ein Kontinuumsmodell annähern, und die erste Summe der rechten Seite von Gl. (6.34.) geht in ein Integral über, so daß folgt

$$(U_i)_{\text{kon.}} = \frac{\pi \varrho C'_{ij}}{6d^3} + \sum_j (U_{ij})_{\text{Rest}} \tag{6.35.}$$

Hierbei ist d der senkrechte Gleichgewichtsabstand des Adatoms von der Substratoberfläche, die für die Integration als eben und unendlich ausgedehnt vorausgesetzt wurde. ϱ bezeichnet die Teilchendichte im Substrat. Wie aus den

Gln. (6.13.—6.15.) hervorgeht, enthält die Konstante C_{ij} stets die Dipolpolarisierbarkeiten beider Teilchensorten. Nach der Integration ist hier für das Substrat eine Polarisierbarkeit pro Volumeneinheit des Kontinuums anzusetzen, was durch C'_{ij} symbolisiert wurde. Die Summe über die Restterme haben STEELE und KEBBEKUS [20] auf Basis des LENNARD-JONES-Potentials für einfache Gittertypen berechnet.

Es wird nochmals betont, daß der Ersatz der Summe in Gl. (6.34.) durch die Integration eine Näherung darstellt, die nicht stets sinnvoll ist. Ferner müßte die Integration bei anderen Oberflächengeometrien in anderer Weise ausgeführt werden.

Die Adsorptionsenergie ergibt sich im betrachteten Modell einfach als Produkt von Gl. (6.34.) oder (6.35.) mit der Zahl der adsorbierten Teilchen. Bei Beschränkung auf die Dipol-Dipol-Dispersion liefert dieses Verfahren zwei- bis dreimal zu kleine Werte schon für die Adsorption von Gasen [21].

Anstelle der mathematisch leicht handhabbaren Integration werden mitunter andere Näherungen gebraucht, bei denen die diskutierte Summe vereinfacht ausgewertet wird, und daher die Betrachtung des Substrates als Kontinuum entfällt. Häufig werden die Wechselwirkungen mit den Substratteilchen, die nächste Nachbarn des Adatoms sind, aufsummiert, weil hiervon die größten Beiträge zur Bindungsenergie resultieren, und für den Rest des Substrates wird die Integration ausgeführt. Abb. 6.2. veranschaulicht dieses Vorgehen. Aus Gl. (6.33.) folgt nun nach [21]

$$U_i = \sum_j^{N_0} \frac{C_{ij}}{R_{ij}^6} + \frac{2\pi\varrho C'_{ij}}{3R_0^3}\left(1 - \frac{3d}{4R_0}\right) + \sum_j (U_{ij})_{\text{Rest}} \qquad (6.36.)$$

N_0 ist die Anzahl der Substratteilchen, die diskret gezählt werden. Alle übrigen Größen wurden oben definiert oder sind aus Abb. 6.2. ersichtlich.

FOWKES [22—24] entwickelt in Anlehnung an CROWELL [25, 26] eine Variante zur Berechnung der Bindungsenergie eines Atoms an eine feste Oberfläche, die in Hinblick auf FOWKES' Arbeiten zur Adhäsion hier erwähnt werden soll.

Der Festkörper, über dem sich das Adatom i befindet, wird als aus Schichten der Dicke δ bestehend gedacht, die den Abstand d_j voneinander haben. In den Schichten befinden sich die Teilchen, aus denen der Festkörper besteht. Diese Teilchen werden aber nicht als Individuen betrachtet. Vielmehr wird auf diese Schichten die Kontinuumsvorstellung angewendet. Abb. 6.3. illustriert das Modell. Im Ergebnis der Rechnung erhält man mit der Näherung $\delta \to 0$ unter alleiniger Beachtung der Dipol-Dipol-Dispersion für die Bindungsenergie des adsorbierten Teilchens den Ausdruck

$$U_i = \frac{\pi\varrho_j d_j C_{ij}}{2} \sum_{a=0}^{\infty} (d + ad_j)^{-4} \qquad (6.37.)$$

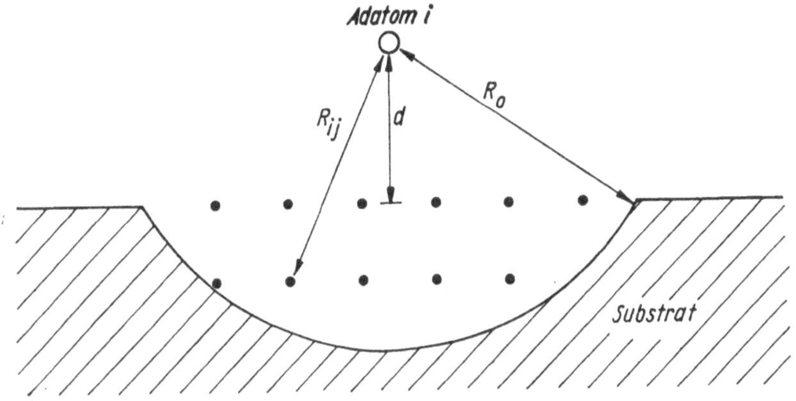

Abb. 6.2.: Näherungsweise Auswertung von Gl. (6.34) durch die Aufteilung des Substrates in ein Gebiet, das diskrete Wechselwirkungspartner enthält, und in ein Kontinuum.

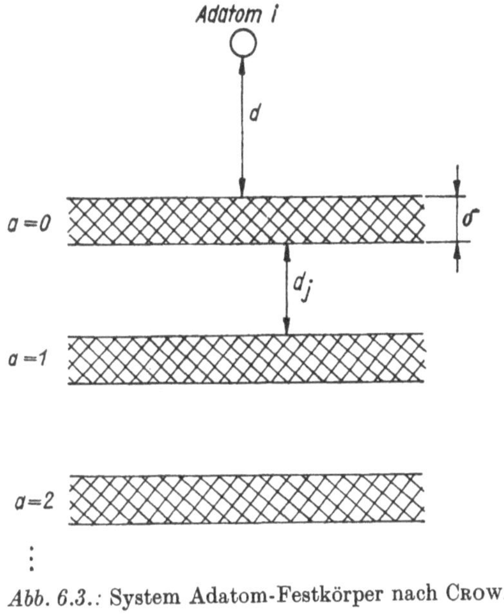

Abb. 6.3.: System Adatom-Festkörper nach CROWELL und FOWKES.
a = Zählindex der Festkörperschichten.

Die Bedeutung der verwendeten Symbole geht aus Abb. 6.3. hervor oder wurde im Zusammenhang mit den vorstehenden Formeln erläutert. Für den speziellen Fall $d = d_j$ geht Gl. (6.37.) über in

$$U_i \approx 1{,}082 \frac{\pi \varrho_j C_{ij}}{2d^3} \tag{6.38.}$$

Die Bindungsenergie hat also etwa den dreifachen Wert des entsprechenden Beitrages im Kontinuumsmodell, vgl. Gl. (6.35.).

Die Schwierigkeit aller Verfahren, die die diskrete Struktur des Festkörpers berücksichtigen, liegt aber offensichtlich eben darin, daß oft ein hoher experimenteller Aufwand getrieben werden muß, um die notwendigen Informationen über diese Struktur zu erhalten. Ferner deuten die oben gegebenen Beschreibungen der Rechenverfahren an, daß zusätzliche Probleme für die „diskreten" Modelle entstehen, wenn die Abmessungen des adsorbierten Teilchens größer als die Struktureinheit des Festkörpers oder als der Bindungsabstand werden.

6.2.1.2. Adsorption eines Teilchens auf einem Metall

Erstmals befaßte sich Lennard-Jones [27] mit dieser Fragestellung, die, wie wir bereits andeuteten, ein anderes Vorgehen erfordert als im Falle des dielektrischen Substrates. Lennard-Jones nahm das Metall als ideal leitend an, woraus folgt, daß das freie Elektronengas im Metall ohne Zeitverzug auf ein äußeres elektrisches Feld reagiert. Daher ist das Konzept der Bildkraft anwendbar. Trägt das adsorbierte Teilchen also beispielsweise eine elektrische Ladung q, so wird es vom Metall angezogen, als ob sich im Metall in der Tiefe d eine Ladung $-q$ befände. Diese sogenannte Bildladung erzeugt die Kraft

$$F = \frac{q^2}{16\pi\varepsilon_0 d^2} \tag{6.39.}$$

wobei d wie bisher den Abstand des adsorbierten Teilchens von der Metalloberfläche bezeichnet, der wieder groß gegen die Abmessungen des Teilchens sein muß. Die potentielle elektrische Energie der Ladung q ergibt sich aus

$$U = -\frac{q^2}{16\pi\varepsilon_0 d} \tag{6.40.}$$

In gleicher Weise erzeugt jedes höhere elektrische Moment des adsorbierten Teilchens im Metall ein Bildmoment. Da der Hauptterm der Dispersionskräfte von fluktuierenden Dipolen herrührt und das Metall als idealer Leiter angesehen wird, erhält LENNARD-JONES für die Energie der Dispersionswechselwirkung zwischen adsorbiertem Atom i und Metall den Ausdruck

$$U_i = -\frac{e^2\overline{r_i^2}}{12d^3} \tag{6.41.}$$

$\overline{r_i^2}$ = mittleres Radiusquadrat des adsorbierten Atoms

Weil die Resonanzfrequenz von Atomen der Oszillationsfrequenz ihrer Elektronenhülle entspricht und im Bereich des Ultravioletten liegt, darf man die Metallelektronen aber nicht als frei beweglich ansehen, sondern muß ihnen Bindungsenergien von 3···25 eV zuordnen [2]. BARDEEN [28] berücksichtigte deshalb den Einfluß der kinetischen Energie der Elektronen im Adatom relativ zu den Metallelektronen und gelangte zu der Formel

$$U_i = -\frac{e^2\overline{r_i^2}}{12d^3}\,\frac{\dfrac{Ce^2}{2r_s}}{\bar{E}_i + \dfrac{Ce^2}{2r_s}} \tag{6.42.}$$

Die numerische Konstante C hat etwa den Wert 2,5. Die charakteristische Länge des Metallvolumens, das ein Elektron enthält, wird durch r_s bezeichnet. $\bar{E}_i$ ist eine charakteristische Energie des Adatoms, die in der Regel nicht gegen Null geht, so daß diese Wechselwirkungsenergie deutlich kleiner ist als die Energie des Bildkraftmodells. Erst für niedrige Oszillationsfrequenzen der Elektronenhülle des Adatoms ($\bar{E}_i \to 0$) oder hohe Elektronendichten im Metall (kleine r_s) entsprechen die Gln. (6.41.) und (6.42.) einander.

MARGENAU und POLLARD [29] führen den bisherigen Gedanken noch weiter, indem sie das Metall für die betrachteten Oszillationsfrequenzen des fluktuierenden Dipols im Adatom als Isolator ansehen. Im Endergebnis erhalten sie den Ausdruck

$$U_i = -\frac{1}{8d^3}\left\{\frac{e^2\hbar}{m}\,\alpha_\omega(\nu_1)\,\frac{f_1}{\nu_1} + \frac{Ce^2}{2r_s}\,\alpha\right\} \tag{6.43.}$$

$\alpha_\omega(\nu_1) = -\dfrac{n_0e^2}{4\pi^2 m\nu_1}$ = Polarisierbarkeit des Metalles pro Volumeneinheit bei der Frequenz ν_1

f_1 = Rückstellkonstante des Adatomoszillators

n_0 = Dichte der freien Elektronen im Metall

m = wahre Elektronenmasse

α = Polarisierbarkeit des Adatoms bei der Frequenz Null.

PROSEN und SACHS [30] bemerken, daß das zur Ableitung von Gl. (6.43.) benutzte Konzept der Polarisierbarkeit ebenfalls den Charakter einer Näherung hat. Sie gehen deshalb direkt von den Zustandsfunktionen des Metalles aus und betrachten sowohl Entartung als auch Nichtentartung des Elektronengases im Metall. Für ein entartetes Elektronengas erhalten sie die Bindungsenergie eines Adatoms

$$U_i = -\frac{e^2\alpha(i)\, k_m}{8\pi^2} \frac{\ln(2k_m d)}{d^2} \tag{6.44.}$$

mit $k_m \approx (3\pi^2 n_0)^{1/3}$ als Wellenzahl des Metallelektrons. Da Gl. (6.44.) nicht die durch das Adatom induzierten Änderungen in der Elektronenverteilung des Metalles berücksichtigt, gilt sie nur für kleine d (im Bereich weniger zehntel Nanometer). Andererseits muß d aber deutlich größer als die Gitterkonstante des Metalles sein. In dieser Formel werden Wechselwirkungen zwischen den Elektronen und Plasmamoden nicht berücksichtigt. Die verwendeten Zustandsfunktionen weisen starke Vereinfachungen auf.

Zusammenfassend kann festgestellt werden, daß alle erwähnten Gleichungen Näherungscharakter haben. Sie enthalten teilweise Parameter, die schwer bestimmbar sind. Die Gitterperiodizität des Metalles wird in keinem Fall in Betracht gezogen. Auch die abstoßenden Wechselwirkungen fehlen. In [2] findet man das Resultat einer numerischen Simulation der Adsorptionsenergien, aus der folgendes hervorgeht. Gl. (6.41.) liefert stets zu große Werte. Das gleiche gilt für Gl. (6.44.), wenn auch in geringerem Maße. Relativ gute Übereinstimmung mit dem Experiment erzielt Gl. (6.43.), während Gl. (6.42.) immer unter dem tatsächlichen Betrag bleibt.

Allen Gleichungen liegt die Voraussetzung großer Abstände des Adatoms von der Oberfläche zugrunde. Für kleine Entfernungen muß man auf quantenmechanische Behandlungen des Problems zurückgreifen, die sich durch recht hohen Aufwand auszeichnen.

6.2.2. *Dispersionswechselwirkung zwischen makroskopischen Körpern*

Zu dieser Frage existieren in der Literatur im wesentlichen zwei Betrachtungsweisen. Traditionell wurde das bereits diskutierte Konzept der Additivität von Paarwechselwirkungen angewendet, wodurch man über Summation beziehungsweise Integration zur gesuchten Wechselwirkungsenergie zwischen den makroskopischen Körpern gelangte. Die ersten Arbeiten dieser Art stammen von de Boer [34] und Hamaker [35]. Andere Autoren betrachteten vom gleichen Standpunkt weitere geometrische Formen für die in Wechselwirkung befindlichen Körper [36···42]. Am Beispiel der Arbeit Hamakers werden das Vorgehen erläutert und einige Resultate der Berechnungen erwähnt.

Das zweite theoretische Konzept zur Ermittlung der Dispersionskraft zwischen zwei makroskopischen Körpern wurde von LIFSCHITZ, DZJALOŠINSKIJ und PITAEVSKIJ entwickelt [43···45]. Ausgehend von der These, daß die Kraftwirkung zwischen zwei makroskopischen Körpern von den Fluktuationen des elektromagnetischen Feldes erzeugt wird, berechnen die Autoren die Wechselwirkungskraft zwischen zwei halbunendlichen Körpern ohne Rückgriff auf atomare Parameter. Die Ausgangspunkte der Theorie werden unten erwähnt und die Resultate referiert. Weitere Einzelheiten sind in der zusammenfassenden Darstellung [46] zu finden.

6.2.2.1. *Methode der Integration*

HAMAKER [35] betrachtet zunächst zwei Körper kugelförmiger Gestalt. Durch Integration von Gl. (6.13.) erhält er unter Berücksichtigung der Form der Körper für die Energie der Dispersionswechselwirkung im Vakuum den Ausdruck

$$U = -\frac{A_{12}}{12}\left\{\frac{y}{x^2+xy+x} + \frac{y}{x^2+xy+x+y} + 2\ln\frac{x^2+xy+x}{x^2+xy+x+y}\right\} \tag{6.45.}$$

mit den Bezeichnungen

$$X = \frac{d}{D_1}; \quad y = \frac{D_2}{D_1} \tag{6.46.}$$

d = geringste Entfernung zwischen den Oberflächen der Kugeln
D_1, D_2 = Durchmesser der Kugeln 1 bzw. 2
A_{12} = $\pi^2 \varrho_1 \varrho_2 C_{12}$

Da Gl. (6.13.) den Ausgangspunkt unserer Formel (6.45.) bildet, gilt diese für nicht zu kleine Abstände d und berücksichtigt nicht die Retardation.

Durch den Grenzübergang $D_2 \to \infty$, d. h. $y \to \infty$, gewinnt HAMAKER die Anziehungsenergie zwischen einer Kugel des Durchmessers D_1 und einem ebenen, halbunendlichen Medium 2.

$$U = -\frac{A_{12}}{12}\left\{\frac{1}{x} + \frac{1}{x+1} + \ln\frac{x}{x+1}\right\} \tag{6.47.}$$

Gl. (6.47.) läßt sich in der Regel auch auf das System Kugel-ebene Platte anwenden, da die Energie schnell mit dem Abstand abklingt. Für dünne ebene Platten der Dicke $z = d_2 - d_1$ muß man exakt schreiben $U = U(x_1) - U(x_2)$, wobei die $U(x)$ nach Gl. (6.47.) berechnet werden und $x_1 = \frac{d_1}{D_1}$, $x_2 = \frac{d_2}{D_1}$ gelten.

Zur Berechnung der Wechselwirkung zwischen zwei halbunendlichen Körpern geht HAMAKER vom ersten Term der rechten Seite von Gl. (6.35.) aus und erhält die Energie pro Flächeneinheit

$$U = -\frac{A_{12}}{12\pi d^2} \tag{6.48.}$$

Die zu den potentiellen Energien der Systeme gehörigen Kräfte gewinnt man durch Differentiation der angegebenen Gleichungen nach dem Abstand d.

HAMAKER untersucht ferner das Verhalten der Wechselwirkungsenergie zweier Körper, die in eine Flüssigkeit eingebettet sind. Als einschränkende Bedingung wird vorausgesetzt, daß die Wechselwirkung zwischen Teilchen und Umgebungsmedium nicht durch die Gegenwart des zweiten festen Körpers beeinflußt wird. Damit sind Fälle ausgeschlossen, in denen es zur Orientierung der Flüssigkeit durch die festen Körper kommt. In den Gln. (6.45.), (6.47.), (6.48.) ist der die Geometrie der Anordnung ausdrückende Faktor für alle Teilchenabstände größer oder gleich Null. Ob zwischen den Körpern Anziehung oder Abstoßung herrscht, hängt also allein davon ab, ob die HAMAKER-Konstante A positive oder negative Werte annimmt. Wie Gl. (6.46.) beweist, existiert im Vakuum nur Anziehung. HAMAKER zeigt, daß sich die Körper auch in einer Flüssigkeit anziehen unter der oben genannten Voraussetzung, falls sie die gleiche stoffliche Zusammensetzung haben. Das gilt unabhängig von der Teilchengeometrie.

Bestehen die in ein Umgebungsmedium getauchten festen Körper aber aus verschiedenen Substanzen, so kann die HAMAKER-Konstante des Systems kleiner als Null werden, also Abstoßung eintreten, wenn die Summe der HAMAKER-Konstanten A_{12} und A_{00} (Index 0 bezeichnet Umgebungsmedium) im Vakuum kleiner ist als die Summe der HAMAKER-Konstanten A_{10} und A_{20} im Medium.

Alle anderen, oben bereits erwähnten Autoren berechnen nach dem beschriebenen Verfahren die Energie der Dispersionswechselwirkung zwischen zwei halbunendlichen Festkörpern [34], zwischen zwei Kreisscheiben [36, 37], zwischen zwei dicken rechteckigen Stäben [38], zwischen zwei Zylindern [39 bis 41] und zwischen dünnen Stäben [42].

Bisher haben wir stets implizit angenommen, daß die betrachteten Körper ihre geometrische Form ungeachtet der vom Abstand abhängigen Wechselwirkungskräfte beibehalten. Insbesondere aber die polymeren Adhäsive besitzen beträchtliche Elastizität, so daß die Annahme des starren Körpers der Korrektur bedarf. Die elastische Deformation der Körper durch die Dispersionskraft findet gegenwärtig auf zwei verschiedene Arten Berücksichtigung, die von TABOR [47] verglichen werden. Erstmals bezogen DERJAGIN et al. [48···50] die elastische Deformation für den Kontakt zwischen einer elastischen Kugel und einem starren, halbunendlichen, ebenen Festkörper in ihre Überlegungen ein. Zur Bestimmung der Deformation der Kugel benutzen die Autoren die HERTZsche Elastizitätstheorie. Die Kraft, die der Trennung des Kontaktes zu Beginn des Trennvorganges entgegengesetzt wird, berechnet sich nach der Formel

$$F_0 = \frac{A_{12}D}{12d_0^2} \tag{6.49.}$$

D = Durchmesser der elastischen Kugel
d_0 = Gleichgewichtsabstand im System ohne äußere Kräfte

was dem Fall der starren Körper für kleine Abstände d_0 entspricht, wie man aus Gl. (6.47.) mittels der Näherung $x \ll 1$ und durch Differentiation nach d ersieht. Jedoch hat die aus den HERTZschen Elastizitätsgleichungen folgende Form der Deformation der Kugelgestalt eine Spannungsverteilung in der Kugel zur Folge, die am Rand der deformierten Zone einen unstetigen Übergang von Abstoßung zu Anziehung aufweist [47].

Diese Schwierigkeit beheben JOHNSON et al. [51], indem sie die Kontaktmechanik anwenden. Hierbei werden alle Wechselwirkungskräfte als im deformierten Kontaktgebiet lokalisiert angesehen. Dann erhält man eine kontinuierliche Spannungsverteilung, die von Abstoßung im Inneren des Kontaktes zu Anziehung in seinem Außenbereich übergeht. Radius der Kontaktzone und maximale Trennkraft F_0 lassen sich berechnen, wobei ersterer fast doppelt so groß wie bei DERJAGIN ist. Für die Kraft gilt

$$F_0 = \frac{A_{12}D}{16d_0^2} \tag{6.50.}$$

Der experimentelle Vergleich der Formeln (6.49) und (6.50.) hat z. Z. kaum Sinn, weil die erforderliche Genauigkeit nicht erreicht wird. TABOR [47] referiert jedoch Experimente, die die Gestalt der Kontaktdeformation prüfen. Die Resultate zeigen, wie auch eine neuere Arbeit von LEE [58], gute Übereinstimmung mit den Vorhersagen der Kontaktmechanik.

Eine weitere, bisher nicht direkt ausgesprochene Voraussetzung der angeführten Überlegungen besteht darin, daß die in Wechselwirkung befindlichen Körper als atomar glatt angesehen werden. Da solche idealen Oberflächen dem Experimentator schwerlich zur Verfügung stehen, gewinnt die Frage nach dem Einfluß der Rauhigkeit großes Interesse hinsichtlich der Deutung der experimentellen Daten und ihres Vergleiches mit der Theorie. Abschätzungen des Effektes der Rauhigkeit findet man beispielsweise bei TABOR et al. [47, 52, 53] und bei VAN BREE et al. [54].

Letztere Autoren erhalten für die Dispersionskraft in Gegenwart von Unebenheiten F_c, bezogen auf die Kraft bei glatten Oberflächen F_0, im System starre Kugel — starre ebene Platte ohne Beachtung der Retardation den Ausdruck

$$\frac{F_c(d_0)}{F_0(d_0)} = \frac{3}{d_0^2} (\bar{\eta}_1^2 + \bar{\eta}_2^2) \tag{6.51.}$$

Die Größen $\bar{\eta}^2$ geben die mittlere quadratische Abweichung der realen von der ideal glatten Oberfläche an. Auf dem gleichen Weg findet man für zwei starre ebene Platten

$$\frac{F_c(d_0)}{F_0(d_0)} = \frac{6}{d_0^2} (\bar{\eta}_1^2 + \bar{\eta}_2^2) \tag{6.52.}$$

Tabor et al. berücksichtigen die elastische Deformation der glatten Kugel über einer starren, rauhen Platte bei der Anwendung der Kontaktmechanik. Sie erhalten einen sogenannten Adhäsionsparameter

$$\Theta = E_1 \bar{\eta}_2^{3/2} R_2^{1/2} \frac{24\pi d_0^2}{A_{12} R_2} \tag{6.53.}$$

der Aufschluß über die Wirkung der Materialparameter und der Rauhigkeit auf die Haftung gibt. In Gl. (6.53.) bezeichnen E_1 den Elastizitätsmodul der Kugel, $\bar{\eta}_2$ die mittlere Höhe und R_2 den mittleren Krümmungsradius der Spitzen der Unebenheiten auf der Platte. Der erste Faktor der Gleichung läßt sich als Maß für die Kraft interpretieren, die der elastische Körper dem Eindringen einer harten Unebenheit der mittleren Höhe $\bar{\eta}_2$ mit dem Krümmungsradius R_2 entgegensetzt. Der zweite Faktor entspricht etwa der Haftkraft infolge der van der Waals-Kräfte zwischen der kugelförmigen Unebenheit und dem elastischen Körper, wie der Vergleich mit Formel (6.50.) zeigt. Die zur Prüfung der Aussagekraft des Parameters Θ angestellten Experimente beweisen die Eignung des Konzeptes. Offensichtlich ist die gemessene Haftung zwischen den makroskopischen Körpern um so kleiner, je größer Θ wird. Die Messungen ergaben, daß für $\Theta \approx 10$ die Haftkraft nahezu verschwindet. Aus (6.53.) läßt sich folgern, daß schon geringe Rauhtiefen die Haftung stark herabsetzen; ein Effekt, der durch hohe Elastizitätsmoduln noch verstärkt wird. Folglich genügen bei harten Festkörpern mit Elastizitätsmoduln in der Größenordnung von 10^{11} Nm^{-2} bereits Rauhigkeiten im molekularen Bereich zur starken Reduktion der Haftung, falls die Festkörper nicht duktiles Verhalten zeigen.

6.2.2.2. Theorie der van der Waals-Kräfte von Lifschitz u. Mitarb.

Infolge der thermischen Fluktuationen, die jedem materiellen Körper eigen sind, existieren im Inneren des Körpers ebenfalls Fluktuationen des elektromagnetischen Feldes, welche aufgrund der Natur dieses Feldes auch außerhalb der Grenzen des Körpers in gewissem Umfang vorhanden sein werden. Nähern sich nun zwei feste Körper einander, so ist jeder von ihnen den elektromagnetischen Fluktuationen des anderen ausgesetzt. Die Folge ist eine Kraftwirkung, die als Dispersionskraft oder, im Zusammenhang mit makroskopischen Teilchen, als VAN DER WAALS-Kraft identifiziert werden muß.

Bei der Betrachtung der thermodynamischen Größen des Systems kommen durch diese Kraft zusätzliche Energiebeiträge zur Geltung, die sich durch ihren nichtadditiven Charakter auszeichnen, in dessen Folge sie sich auch von den wesentlich größeren additiven Anteilen unterscheiden lassen, welche von den Teilchen selbst in das System eingebracht werden.

Erstmals entwickelte LIFSCHITZ [43] die Theorie der Dispersionswechselwirkung zweier makroskopischer Körper im Vakuum auf der Basis des skizzierten Gedankens. Da in diesem Zusammenhang die MAXWELLschen Gleichungen des elektromagnetischen Feldes gelöst werden, findet die Retardation automatisch Berücksichtigung. Gemeinsam mit DZJALOŠINSKIJ und PITAEVSKIJ gelang später [45] durch die Anwendung der Methoden der Quantenfeldtheorie eine Verallgemeinerung der Theorie für den Fall eines flüssigen Umgebungsmediums.

Von den elektromagnetischen Fluktuationen finden diejenigen spektralen Komponenten Beachtung, deren Wellenlänge groß im Vergleich zu den atomaren Dimensionen ist. Fluktuationen mit Wellenlängen von der Größenordnung der Inhomogenitäten des Systems (z. B. der Abstand zwischen den beiden festen Körpern) fallen besonders ins Gewicht.

Eigenschaften der Fluktuationen des elektromagnetischen Feldes werden vollständig durch die komplexe dielektrische Permeabilität der Körper ausgedrückt. Dieser Parameter ist der einzige, den die Theorie zur Charakterisierung der beteiligten Substanzen benötigt.

Die erhaltenen Resultate sind prinzipiell anwendbar auf alle Arten von Körpern, deren Abmessungen ebenso wie ihre Entfernung voneinander groß sind gegen die interatomaren Abstände.

Es besteht hier nicht die Möglichkeit, die gesamte Theorie zu entwickeln. Ihr Ergebnis soll für den Fall der Wechselwirkung zweier isotroper, paralleler, halbunendlicher Körper in einer isotropen Flüssigkeit angegeben und einige Grenzfälle sollen erwähnt werden, die in [46] diskutiert sind. Für die Wechselwirkungskraft pro Flächeneinheit als Funktion des Abstandes l der Körper 1 und 2 in der Flüssigkeit 3 gilt

$$F(l) = \frac{kT}{\pi c^3} \sum_{n=0}^{\infty}{}' \varepsilon_3 \zeta_n{}^3 \int_1^\infty p^2 \left\{ \left[\frac{(s_1 + p)(s_2 + p)}{(s_1 - p)(s_2 - p)} \exp\left(\frac{2p\zeta_n}{c} \sqrt{\varepsilon_3} l \right) - 1 \right]^{-1} \right.$$

$$\left. + \left[\frac{\left(s_1 + \frac{\varepsilon_1}{\varepsilon_3} p\right)\left(s_2 + \frac{\varepsilon_2}{\varepsilon_3} p\right)}{\left(s_1 - \frac{\varepsilon_1}{\varepsilon_3} p\right)\left(s_2 - \frac{\varepsilon_2}{\varepsilon_3} p\right)} \exp\left(\frac{2p\zeta_n}{c} \sqrt{\varepsilon_3} l \right) - 1 \right]^{-1} \right\} dp \qquad (6.54.)$$

k = Boltzmann-Konstante
T = absolute Temperatur
c = Lichtgeschwindigkeit
ε = komplexe dielektrische Permeabilität der durch Index gekennzeichneten Substanzen; es gilt $\varepsilon = \varepsilon(i\zeta_n)$
ζ_n = Frequenzen der Fluktuationen = $\frac{2\pi n k T}{\hbar}$
$\hbar$ = Plancksches Wirkungsquantum, bezogen auf 2π
$s_1 = \left(\frac{\varepsilon_1}{\varepsilon_3} - 1 + p^2\right)^{1/2}$
$s_2 = \left(\frac{\varepsilon_2}{\varepsilon_3} - 1 + p^2\right)^{1/2}$
p = Integrationsvariable

Die Summation läuft über alle Fluktuationsfrequenzen, wobei der Strich am Summenzeichen daran erinnert, daß der Term $n = 0$ mit 0,5 gewichtet eingeht. Positive Werte der Kraft entsprechen Anziehung, negative Werte bedeuten Abstoßung zwischen den Körpern.

Zusätzlich zu den bisherigen Bemerkungen erfordert die Gültigkeit von (6.54.), daß sich die Flüssigkeit 3 im thermodynamischen Gleichgewicht befindet. Da der Einfluß der Fluktuationen auf die Dichte der Flüssigkeit 3 gering ist, wird sie als konstant angenommen. Folglich bleibt auch der Druck im Medium 3 ortsunabhängig.

Wie man ohne weiteres einsieht, bereitet die Handhabung des allgemeinen Ausdruckes (6.54.) für die Wechselwirkungskraft einige Schwierigkeiten. Daher wollen wir einige spezielle Fälle zitieren, in denen Gl. (6.54.) soweit vereinfacht werden kann, daß die qualitativen Abhängigkeiten von den einzelnen Parametern hervortreten bzw. sogar die Berechnung der Kraft denkbar ist. Zuvor aber sei erwähnt, daß man zeigen kann, daß sich zwei identische Körper immer anziehen. Die Kraft bleibt auch anziehend für Körper verschiedener Zusammensetzung im Vakuum. In Gegenwart eines dritten Mediums stoßen sie sich ab, falls die Differenzen $\varepsilon_1 - \varepsilon_3$ und $\varepsilon_2 - \varepsilon_3$ verschiedene Vorzeichen ergeben für die bei den jeweiligen Abständen l wesentlichen Teile der Funktionen $\varepsilon(i\zeta)$. Diese Feststellungen befinden sich in Übereinstimmung mit denen von HAMAKER [35]. Sie besitzen jedoch größere Allgemeinheit, weil sie nicht auf der Voraussetzung der Addivität von Paarwechselwirkungen beruhen.

Nun zu den speziellen Kombinationen von festen Körpern: Sie werden auf die Angabe der Formeln für die Kraft sowie einige Kommentare eingeschränkt. Bezüglich der Ableitungen wird auf die Originalarbeiten verwiesen.

Falls die beiden festen Körper Metalle sind, läßt sich der Grenzübergang $\lim_{\zeta \to 0} \varepsilon(i\zeta) = \infty$ vollziehen. Man erhält für große Abstände l

$$F = \frac{\pi^2}{240} \frac{\hbar c}{\sqrt{\varepsilon_{30}}} \frac{1}{l^4} \tag{6.55.}$$

Die Kraft pro Flächeneinheit hängt also nicht von der Natur der Metalle ab, was die Folge des Grenzüberganges ist und ideale Leitfähigkeit impliziert. Die Größe ε_{30} bezeichnet die statische Dielektrizitätskonstante des Mediums 3. Für $\varepsilon_{30} = 1$ entspricht die Formel (6.55.) dem Resultat von CASIMIR und POLDER [11], die den Einfluß der Retardation untersuchten. Der Abstand l gilt als groß, wenn er die zu ζ_0 gehörende Wellenlänge λ_0 wesentlich übertrifft.

Sind die beiden Körper identisch ($\varepsilon_{10} = \varepsilon_{20}$), so gilt unter der Voraussetzung großer Abstände l

$$F = \frac{\pi^2}{240} \frac{\hbar c}{\sqrt{\varepsilon_{30}}} \left(\frac{\varepsilon_{10} - \varepsilon_{30}}{\varepsilon_{10} + \varepsilon_{30}}\right)^2 \frac{1}{l^4}\, \varphi_{dd}\left(\frac{\varepsilon_{10}}{\varepsilon_{30}}\right) \tag{6.56.}$$

Für die Funktion $\varphi_{dd}(x)$ kann man im Gebiet $x \to \infty$ schreiben

$$\varphi_{dd}(x) \cong 1 - \frac{1.11}{\sqrt{x}} \ln \frac{x}{7.6}$$

während bei $x \to 1$ der Grenzwert 0,35 existiert.

Die Wechselwirkungskraft pro Flächeneinheit zwischen Metall und Dielektrikum folgt bei großen l aus

$$F = \frac{\pi^2 \hbar c}{240 \sqrt{\varepsilon_{30}}\, l^4} \frac{\varepsilon_{10} - \varepsilon_{30}}{\varepsilon_{10} + \varepsilon_{30}}\, \varphi_{dm}\left(\frac{\varepsilon_{10}}{\varepsilon_{30}}\right) \tag{6.57.}$$

Die Funktion $\varphi_{dm}(x)$ ist ähnlich wie φ_{dd} monoton wachsend und strebt für $x \to \infty$ ebenfalls dem Grenzwert 1 zu. Die grafische Darstellung der Funktionen findet sich z. B. in [46]. Im Fall kleiner Abstände zwischen den Körpern liefert die Theorie den Näherungsausdruck

$$F = \frac{\hbar \bar{\omega}}{8\pi^2 l^3} \tag{6.58.}$$

Die Größe $\overline{\omega}$ ist eine gewisse charakteristische Frequenz der Absorptionsspektren der drei Substanzen des Systems.

Bei der Sichtung der Literatur entstand der Eindruck, daß die LIFSCHITZ-Theorie der VAN DER WAALS-Wechselwirkung recht selten Anwendung findet. Die Ursache mag in der relativ komplizierten Struktur der Formeln liegen, die einen beträchtlichen Aufwand bei der Bestimmung der Kräfte erfordern. Jedenfalls muß nochmals darauf verwiesen werden, daß sich vor der Anwendung der beschriebenen Theorie das Studium der Originalarbeiten empfiehlt, da die obigen Ausführungen skizzenhaft bleiben mußten.

6.2.3. *Allgemeine Bemerkungen zur Wirkung zusätzlicher Teilchen. Nichtadditivität der Paarwechselwirkungen zwischen Atomen*

Verschiedentlich deutete sich in den bisherigen Ausführungen bereits an, daß das in Gl. (6.32.) formulierte Prinzip der Additivität von Paarwechselwirkungen zwischen Atomen Näherungscharakter trägt, was sich mit Ausnahme der LIFSCHITZ-Theorie auf alle im Abschn. 6.2. angeführten Formeln auswirkt.

In gedrängter Form wird nun angedeutet, wie sich die Nichtadditivität zeigt und welche Rolle sie nach der derzeitigen Kenntnis spielt.

Wie zu Beginn des Abschn. 6.2. ausgeführt wurde, beruht das Prinzip der Additivität auf der Zentralsymmetrie und der Superponierbarkeit der COULOMB-Kraft einer Punktladung. Für Systeme von Punktladungen, wie sie bereits Moleküle darstellen, gehen diese Eigenschaften sofort verloren, wenn die Ladungsmengen nicht im Raum fixiert sind. Das gleiche Verhalten läßt sich für Dipole beobachten.

In der quantenmechanischen Betrachtung geht die Additivität auf ähnliche Art verloren. Jedes neu in das System eingebrachte Teilchen beeinflußt die bereits vorhandenen auf vielfältige Weise. Im Zusammenhang mit der Multipolentwicklung zeigen sich diese Effekte in der dritten Ordnung der Störungsrechnung, die erstmals von AXILROD und TELLER [56] für ein aus drei Teilchen bestehendes System bei Beschränkung auf den Dipol-Dipol-Term ausgeführt wurde. Der Abstand der drei Atome A, B, C sei so groß, daß sich die Elektronenhüllen nicht überlappen. Behandelt man ferner die Atome als isotrope Oszillatoren, so folgt für die nichtadditive Komponente der Wechselwirkungsenergie

$$U_{ABC} = \frac{3}{2} h \frac{(\nu_A + \nu_B + \nu_C)\, \nu_A \nu_B \nu_C}{(\nu_A + \nu_B)\,(\nu_A + \nu_C)\,(\nu_B + \nu_C)} \alpha(A)\alpha(B)\alpha(C) \frac{3 \cos \vartheta_A \cos \vartheta_B \cos \vartheta_C}{R^2_{AB} R^2_{AC} R^2_{BC}} \tag{6.59.}$$

ν = Oszillatorfrequenz

α = Polarisierbarkeit des Atoms

ϑ = Winkel zwischen den Verbindungslinien zu den anderen beiden Atomen

In Volumenphasen geringer Dichte ist der Beitrag der Dreikörperkräfte zur Wechselwirkungsenergie gewöhnlich nicht sehr groß. Für Zustände höherer Dichte ändert sich das Bild; hier können die Vielkörperwechselwirkungen eine strukturbestimmende Rolle spielen. In gleicher Weise beeinflussen sie stark die Verhältnisse bei der Adsorption, worauf auch die Experimente schließen lassen. Sinanoglu und Pitzer berechneten die Verhältnisse für den Fall, daß an die Stelle des dritten Atoms eine feste Oberfläche tritt [57]. Sie fanden eine Abnahme der Wechselwirkungsenergie zwischen den Teilchen der ersten Adsorbatschicht um 20 bis 50%. Die Wechselwirkung zwischen der ersten und der zweiten adsorbierten Lage verringert sich um 10 bis 20%. Man darf also folgern. daß die bei geringem Bedeckungsgrad gemessenen Adsorptionswärmen weniger Aussagekraft für Adhäsionsprobleme besitzen, als man gemeinhin annimmt. Prinzipiell läßt sich zum Entwicklungsstand der Theorie der Vielkörperkräfte feststellen, daß die aussagefähigen Berechnungen von sehr einfachen Zustandsfunktionen der Teilchen ausgehen, was zu derzeit nicht abschätzbaren Fehlern führt. Man darf also konstatieren, daß zwar die qualitative Beurteilung der nichtadditiven Effekte, nicht aber ihre vollständige Berechnung möglich ist.

Abschließend sei darauf verwiesen, daß bei den historisch gewachsenen Betrachtungsweisen entweder die Teilchen (London, Hamaker usw.) oder das Feld (Lifschitz et al.) einer Quantisierung unterzogen wurden. Im Grunde aber wären beide Erscheinungen quantenmechanisch aufzufassen, wenn man zu einer physikalisch exakten Beschreibung der Wechselwirkung zwischen makroskopischen Körpern gelangen will. Derartige Überlegungen existieren bereits (z. B. [33]) ebenso wie Ansätze zur approximativen Berechnung der dabei erhaltenen Ausdrücke [55]. Wir wollen es bei dem Hinweis auf diese modernste Entwicklung bewenden lassen, da sie noch keinen Eingang in den allgemeinen Gebrauch gefunden hat.

Literatur

[1] Eyring, E., Walter, J., Kemball, G. E.: „*Quantum Chemistry*", Wiley, New York, 1944

[2] Margenau, H., Kestner, N. R.: „*Theory of Intermolecular Forces*", 2nd ed., Pergamon Press, Oxford, 1971

[3] Hirschfelder, J. O., (ed.): „*Intermolecular Forces*" in „*Advances in Chemical Physics*", XII, Wiley, New York/London/Sydney, 1967

[4] Frischleder, H., Lochmann, J.-R.: Tagungsband „Zwischenmolekulare Wechselwirkungen" Kühlungsborn vom 24. 3. bis 28. 3. 1980, Physikalische Gesellschaft der DDR, 1980, S. 1

[5] Keesom, W. H.: Phys. Z. **22** (1921), 126

[6] Keesom, W. H.: Phys. Z. **23** (1922), 225

[7] Debye, P. J. W.: Phys. Z. **21** (1920), 178

[8] Debye, P. J. W.: Phys. Z. **22** (1921), 302
[9] London, F.: Z. Physik **63** (1930), 245
[10] Slater, J. C., Kirkwood, J. H.: Phys. Rev. **37** (1931), 682
[11] Casimir, H. B. G., Polder, D.: Phys. Rev. **73** (1948), 360
[12] McLachlan, A. D.: Disc. Faraday Soc. **40** (1966), 239
[13] Hirschfelder, J. E., Curtiss, C. F., Bird, R. B.: „*Molecular Theory of Gases and Liquids*", Wiley, New York, 1954
[14] Salem, L.: J. Chem. Phys. **37** (1962), 2100
[15] London, F.: J. Phys. Chem. **46** (1952), 305
[16] Coulson, C. A., Davies, P. L.: Trans. Faraday Soc. **48** (1952), 777
[17] Haugh, E. F., Hirschfelder, J. O.: J. Chem. Phys. **23** (1955), 1778
[18] Somorjai, G. A., Van Hove, M. A.: „*Adsorbed Monolayers on Solid Surfaces*", Springer Verlag, Berlin/Heidelberg/New York, 1979
[19] London, F., Polanyi, M.: Naturwissenschaften **18** (1930), 1099
[20] Steele, W. A., Kebbekus, E. R.: J. Cehm. Phys. **43** (1965), 292
[21] Young, D. M., Crowell, A. D.: „*Physical Adsorption of Gases*", Butterworths, London 1962,
[22] Fowkes, F. M. in Partick, R. L.: „*Treatise on Adhesion and Adhesives*" vol. 1, M. Dekker Inc., New York 1967
[23] Fowkes, F. M. in Burke, J. J., Reed, N. L., Weiss, V.: „*Surfaces and Interfaces. I. Chemical and Physical Characteristics*", Syracuse Univ. Pr., New York, 1967
[24] Fowkes, F. M. in Marchessault, R. H., Skaar, C.: „*Surface and Coatings Related to Paper and Wood*", Syracuse Univ. Pr., New York, 1967
[25] Crowell, A. D.: J. Chem. Phys. **22** (1954), 1397
[26] Crowell, A. D.: J. Chem. Phys. **26** (1957), 1407
[27] Lennard-Jones, J. E.: Trans. Faraday Soc. **28** (1932), 334
[28] Bardeen, J.: Phys. Rev. **58** (1940), 727
[29] Margenau, H., Pollard, W. G.: Phys. Rev. **60** (1941), 128
[30] Prosen, E. J. R., Sachs, R. G.: Phys. Rev. **61** (1942), 65
[31] Pitzer, K. S. in Prigogine, I. (ed.) „*Advances in Chemical Physics*", Vol. 2, Wiley-Interscience, New York, 1959
[32] Donath, W. E.: Ph. D. Thesis, Univ. of California, Berkeley, 1958
[33] Langbein, D.: „*Theory of Van der Waals Attraction*", in *Springer Tracts in Modern Physics*, Vol. 72, Springer, Berlin/Heidelberg/New York, 1974
[34] de Boer, J. H.: Trans. Faraday Soc. **32** (1936), 10
[35] Hamaker, H. C.: Physica **4** (1937) 10, 1058
[36] Dube, G. P., Das Gupta, H. K.: Indian J. Phys. **13** (1939), 411
[37] Bouwkamp, C. J.: Proc. Koninkl. Ned. Acad. Wetens. **50** (1947), 1071
[38] Vold, M. J.: J. Colloid Sci. **9** (1954), 451
[39] Sparnaay, M. J.: Physica **25** (1959), 217
[40] Sparnaay, M. J.: Physica **25** (1959), 444
[41] Sparnaay, M. J.: Rev. Trav. Chim. **78** (1959), 680
[42) Rocco, A. G., Hoover, W. G.: Proc. Nat. Acad. Sci. **46** (1960), 1057
[43] Lifschitz, E. M.: J. eksp. teor. fiziki **29** (1955), 94

[44] DZJALOŠINSKIJ, I. E., PITAEVSKIJ, L. P.: J. eksp. teoret. fiziki **36** (1959), 1797
[45] DZJALOŠINSKIJ, I. E., LIFSCHITZ, E. M., PITAEVSKIJ, L. P.: J. ekop. teoret. fiziki **37** (1959), 229
[46] DZJALOŠINSKIJ, I. E., LIFSCHITZ, E. M., PITAEVSKIJ, L. P.: Adv. Phys. **10** (1961) No. 38, 165
[47] TABOR, D.: J. Colloid & Interface Sci. **58** (1977), 2
[48] DERJAGIN, B. V., KROTOVA, N. A.: „*Adgezija*“, Akad. Nauk., Moskau, 1949
[49] DERJAGIN, B. V., MULLER, V. M., TOPOROV, JU. P.: J. Colloid & Interface Sci. **53** (1975), 314
[50] DERJAGIN, B. V., TOPOROV, JU. P., MULLER, V. M., ALEINIKOVA, I. N.: J. Colloid & Interface Sci. **58** (1977), 528
[51] JOHNSON, K. L., KENDALL, K., ROBERTS, A. D.: Proc. Roy. Soc. Ser. *A* **324** (1971), 301
[52] FULLER, K. N. G., TABOR, D.: Proc. Roy. Soc. Ser. A **345** (1975), 237
[53] GANE, N., PFAELZER, P. F., TABOR, D.: Proc. Roy. Soc. Ser. A **340** (1974), 495
[54] VAN BREE, J. L. M. J., POULIS, J. A., VERHAAR, B. J., SCHRAMM, K.: Physica **78** (1974), 187
[55] KIEFER, J. E., PARSEGIAN, V. A., WEISS, G. H.: J. Colloid & Interface Sci. **67** (1978), 140
[56] AXILROD, B. M., TELLER, E.: J. Chem. Phys. **11** (1943), 299
[57] SINANOGLU, O., PITZER, K. S.: J. Chem. Phys. **32** (1960), 1279
[58] LEE, A. E.: J. Colloid & Interface Sci. **64** (1978), 577

7. Thermodynamik der Adhäsion

7.1. Theorie von F. M. Fowkes

In Abschn. 6.2.1.1. wurde das von Fowkes entwickelte Summationsverfahren für die Berechnung der Wechselwirkungsenergie eines adsorbierten Teilchens mit einer Festkörperoberfläche skizziert (s. Gln. (6.37., 6.38.)). Die Methode läßt sich ohne weiteres vom einzelnen Adatom auf eine adsorbierte Schicht oder eine zweite Phase ausdehnen. Geht man zunächst zur Monoschicht adsorbierter Teilchen über, die wieder als „verschmiert" gedacht wird, so folgt mit Gl. (6.37.)

$$U_{I_1} = \sum_i U_i = \frac{\pi \varrho_i \varrho_j d d_j C_{ij}}{2} \sum_{a=0}^{\infty} (d + a d_j)^{-4} \tag{7.1.}$$

Der Übergang zur zweiten Volumenphase I geschieht durch Summation über alle als „verschmiert" gedachten Teilchenschichten. Man erhält für die Wechselwirkungsenergie pro Flächeneinheit den Ausdruck

$$U = \frac{\pi \varrho_i \varrho_j d d_j C_{ij}}{2} \sum_{a=0}^{\infty} \sum_{b=0}^{\infty} (d + a d_j + b d_i)^{-4} \tag{7.2.}$$

der unter der Annahme $d = d_i = d_j$ übergeht in

$$U = \frac{\pi \varrho_i \varrho_j C_{ij}}{2d^2} \sum_{c=1}^{\infty} c^{-3} \approx 1.20 \frac{\pi \varrho_i \varrho_j C_{ij}}{2d^2} \tag{7.3.}$$

Fowkes berücksichtigt schließlich die kurzreichweitige abstoßende Wechselwirkung durch einen Korrekturfaktor f_{ij}, so daß er die Wechselwirkungsenergie pro Flächeneinheit zwischen Phasen aus etwa gleichgroßen Teilchen die Formel

$$U = -\frac{1{,}20\pi}{2d^2} N_i N_j f_{ij} C_{ij} \tag{7.4.}$$

erhält. Innerhalb einer Phase (d. h. $i = j$) stellt Gl. (7.4.) den Beitrag der Dispersionskräfte zur spezifischen Kohäsionsenergie dar.

Vernachlässigt man die Adsorption, so wird aus (5.32.)

$$\gamma = u - Ts \qquad (7.5.)$$

Dabei kann u mit Gl. (7.4.) bestimmt werden durch

$$u_N \equiv \frac{u}{2} = -\frac{1.20\pi N^2}{4d^2} f_{ii} C_{ii} \qquad (7.6.)$$

Die spezifische Entropie der Oberflächenbildung s läßt sich aus dem Temperaturkoeffizienten der spezifischen Oberflächenenergie γ berechnen, Gl. (5.33.):

$$u = \gamma - T\left(\frac{\partial \gamma}{\partial T}\right). \qquad (7.7.)$$

Aus Gl. (7.6.) ergibt sich, daß u_N proportional $\varrho^{8/3}$ ist (ϱ = Dichte). Aus dem Experiment mit Kohlenwasserstoffen folgt jedoch mit relativ guter Genauigkeit $\gamma \sim \varrho^4$. Folglich besteht nach FOWKES [1] zwischen γ und u_N der Zusammenhang

$$u_N = \gamma - T\left(\frac{\partial \gamma}{\partial T} - \frac{\partial u_N}{\partial T}\right), \qquad (7.8.)$$

wobei $\left(\frac{\partial \gamma}{\partial T}\right)$ gemessen und $\left(\frac{\partial u_N}{\partial T}\right)$ mit Gl. (7.6.) berechnet wird. Der Unterschied zwischen u_N und u ist also die Folge des Entropieeinflußes, der aber besonders für Substanzen mit kleinem Temperaturkoeffizienten der Dichte (z. B. Wasser, Quecksilber, polare Festkörper) gering ist [1]. Für den Korrekturfaktor f_{ij} schätzt FOWKES [1] für eine hexagonal dichteste Packung der Atome oder Volumenelemente $f_{ij} = 0{,}75$ ab.

Für die Oberflächenspannung einer Substanz nimmt er in [5] an, daß sie sich additiv aus den Beiträgen der vorhandenen Wechselwirkungspotentiale zusammensetzt. Es gilt also beispielsweise für Metalle

$$\gamma_{\text{Metall}} = \gamma^d + \gamma^m \qquad (7.9.a)$$

γ^d = Beitrag der Dispersionskräfte
γ^m = Beitrag der metallischen Bindung

für polare Substanzen

$$\gamma = \gamma^d + \gamma^p \qquad (7.9.b)$$

γ^p = Beitrag der Dipolkräfte,

für Wasserstoffbrücken bildende Stoffe

$$\gamma = \gamma^d + \gamma^H \tag{7.9.c}$$

γ^H = Beitrag der Wasserstoffbrückenbindung

und für gesättigte Kohlenwasserstoffe

$$\gamma = \gamma^d \tag{7.9.d}$$

Besonders die Voraussetzung der Gl. (7.9.d) ist für die Interpretation der Experimente durch Fowkes bedeutsam. Tritt nämlich in der Grenzflächenschicht nur Dispersionswechselwirkung auf, so läßt sich die spezifische Grenzflächenenergie zwischen den einkomponentigen Phasen I und II als

$$\gamma_{\mathrm{I,II}} = \gamma_{\mathrm{I}} + \gamma_{\mathrm{II}} - 2\sqrt{\gamma_{\mathrm{I}}^d \gamma_{\mathrm{II}}^d} \tag{7.10.}$$

aufschreiben. Gl. (7.10.) folgt unmittelbar aus Abb. 7.1., wenn man gemäß Gln. (7.6.) und (7.8.) das geometrische Mittel als Näherung benutzt. (Diese Möglichkeit wird u. a. in [4] begründet.) Der Test der Gl. (7.10.) an den Systemen gesättigter Kohlenwasserstoff-Quecksilber und Wasser-Alkan ergibt für die ganze Meßreihe der Kohlenwasserstoffe einheitlich $\gamma_{\mathrm{Hg}}^d = (200 \pm 7) \cdot 10^{-6}$ Nmm^{-1} und $\gamma_{\mathrm{H_2O}}^d = (21{,}8 \pm 0{,}7)\ 10^{-6}\ \mathrm{Nmm}^{-1}$. Die Berechnung von $\gamma_{\mathrm{H_2O/Hg}}$ mit diesen Werten führt zu Übereinstimmung mit dem Meßwert. Dies stellt nach Fowkes [1, 2, 3, 5, 6] den Beweis für die Gültigkeit der Voraussetzungen zu den Gln. (7.9.d) und (7.10.) dar. Ferner ist die Differenz zwischen mittels Gl. (7.10.) berechneter und gemessener Grenzflächenspannung (die stets ≥ 0 sein sollte) nach [1] ein Maß für zusätzlich zu den Dispersionskräften in der Grenzflächenschicht vorhandene Wechselwirkungen. In allen vermessenen Systemen zeigt sich, daß durch die Dispersionskräfte der größte Einzelbeitrag zu $\gamma_{\mathrm{I,II}}$ entsteht.

Das hier dargestellte Modell verwendet Fowkes nun zur Interpretation der Kontaktwinkelmessungen. Die Youngsche Gleichung hat unter Berücksichtigung des Gleichgewichtsdruckes der adsorbierten Flüssigkeitsschicht auf der festen Oberfläche π_s die Form

$$\gamma^{la} \cos\theta = (\gamma_{s^0} - \pi_s) - \gamma^{sl}, \tag{7.11.}$$

γ_{s^0} = spezifische Oberflächenenergie des Festkörpers im Vakuum

die für den allgemeinsten Fall noch durch den Gleichgewichtsdruck der auf der flüssigen Phase adsorbierten Festkörperschicht π_L erweitert werden muß [1]:

$$(\gamma_{l^0} - \pi_L) \cos\theta = (\gamma_{s^0} - \pi_s) - \gamma^{sl} \tag{7.12.}$$

γ_{l^0} = spezifische Oberflächenenergie der Flüssigkeit im Vakuum

Durch Einsetzen von Gl. (7.10.) wird die Verbindung zum theoretischen Modell hergestellt:

$$(\gamma_{l^0} - \pi_L) \cos \theta = -\gamma_{l^0} + 2\sqrt{\gamma_{s^0}^d \gamma_{l^0}^d} - \pi_s \tag{7.13.}$$

Der Autor benutzt zur Klassifikation der Oberflächen die von ZISMAN [7] vorgenommene Unterteilung in energiereich und energiearm (vgl. Abschn. 5.2.). Im Falle energiearmer, fester Oberflächen gilt $\pi_s = \pi_L = 0$ und folglich

$$\cos \theta = -1 + 2\sqrt{\gamma_{s^0}^d} \frac{\sqrt{\gamma_{l^0}^d}}{\gamma_{l^0}} \tag{7.14.}$$

Die Überprüfung der Gleichung ergibt, daß die berechneten Kontaktwinkel die gleiche Qualität wie die Meßwerte haben [2]. Der Vergleich von Gl. (7.14.) mit Abschn. 5.2. zeigt, daß die von ZISMAN gewählte Darstellung des Kontakt-

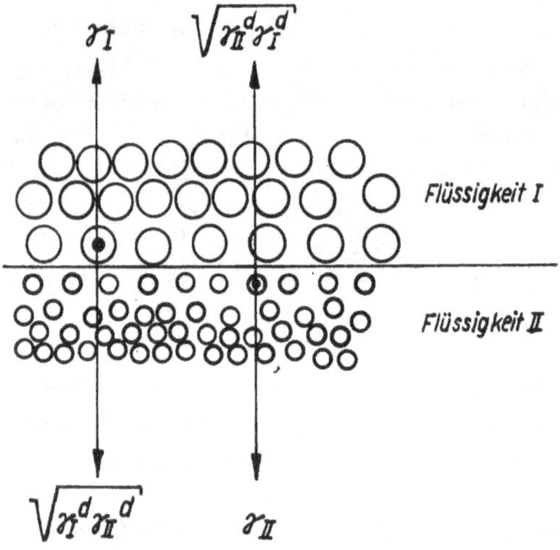

Abb. 7.1.: Die auf die Moleküle in der Grenzflächenschicht wirkenden Spannungen [5].

winkels als Funktion von γ^{la} für die homologe Reihe der Alkane als Meßflüssigkeiten nicht mit dem physikalischen Modell übereinstimmt, die ermittelten γ_c aber korrekt sind und für reine Dispersionswechelwirkung in der Grenzflächenschicht gilt

$$\gamma_c = \gamma_{s^0}^d \tag{7.15.}$$

Die These ZISMANS, daß die Abweichung einiger Flüssigkeiten von der Geraden $\cos \theta(\gamma_{l^0})$ auf zusätzliche Wechselwirkungen in der Grenzfläche zurückzuführen ist, bestätigt sich. Ferner kann man über Gl. (7.14.) das $\gamma_{l^\circ}^d$ polarer Flüssigkeiten aus der Messung des Randwinkels auf apolaren Polymeren bestimmen [1, 2].

Im Falle energiereicher, fester Oberflächen gilt $\pi_s > 0$ und $\pi_L = 0$ und folglich

$$\cos\theta = -1 + 2\sqrt{\gamma_{s^\circ}^d}\,\frac{\sqrt{\gamma_{l_\circ}^d}}{\gamma_{l^\circ}} - \frac{\pi_s}{\gamma_{l^\circ}} \tag{7.16.}$$

Die flüssige Phase spreitet also auf ihrem eigenen adsorbierten Film und zur Berechnung von $\gamma_{s^\circ}^d$ muß π_s bekannt sein.

Im Falle energiereicher, flüssiger Oberflächen (wie z. B. Hg) kann $\pi_s = 0$ und $\pi_L > 0$ eintreten. Über die Gleichung

$$\cos\theta = \frac{-\gamma_{l^\circ} + 2\sqrt{\gamma_{s^\circ}^d\gamma_{l^\circ}^d}}{\gamma_{l^\circ} - \pi_L} \tag{7.17.}$$

bietet sich eine experimentelle Möglichkeit zur Bestimmung von π_L.

Im Experiment zu Gl. (7.16.) verschwindet häufig der Kontaktwinkel, so daß $\gamma_{s^\circ}^d$ auf einem anderen Weg ermittelt werden muß. Hierzu bieten sich Adsorptionsmessungen an. Aus den Adsorptionsisothermen läßt sich der Spreitungsdruck im Gleichgewicht

$$\pi_e = \gamma_{s^\circ} + (\gamma_{l^\circ} + \gamma^{sl}) \tag{7.18.}$$

ableiten, und mit Gl. (7.10.) folgen

$$\pi_e = 2\sqrt{\gamma_{s^\circ}^d\gamma_{l^\circ}^d} - 2\gamma_{l_\circ} \tag{7.19.}$$

und

$$\gamma_{s^\circ}^d = \frac{(\pi_e + 2\gamma_{l^\circ})^2}{4\gamma_{l^\circ}^d} \tag{7.20.}$$

In ähnlicher Weise läßt sich die kalorimetrisch bestimmbare Immersionswärme für die Berechnung des $\gamma_{s^\circ}^d$ energiereicher Festkörperoberflächen nutzen [1, 2].

Die Theorie bietet schließlich noch die Möglichkeit der Berechnung der Hamakerkonstante A_{ij} aus den Dispersionsanteilen der spezifischen Oberflächenenergien. Aufgrund der Proportionalität von u_N und γ (vgl. dazu Gln. (7.5.) bis (7.8.)) gilt

$$\gamma_i{}^d = \lambda_{ii}u_N \tag{7.21.}$$

λ_{ii} = Proportionalitätsfaktor

Mit den Gln. (6.14.), (6.15.), (7.6.) und (7.21.) folgt

$$A_{ii} = \frac{3.33\pi u_N d^2}{f_{ii}} = \frac{3.33\pi d^2 \gamma_i^d}{f_{ii}\lambda_{ii}} \tag{7.22.}$$

Nach HAMAKER [8] gilt für die zusammengesetzte Konstante

$$A_{ij} \approx \left(\sqrt{A_{ii}} - \sqrt{A_{ij}}\right)^2 \tag{7.23.}$$

Die Substitution von Gl. (7.22) in (7.23.) gibt

$$A_{ij} \approx \frac{3.33\pi}{f_{ij}\lambda_{ij}} \left(d_i \sqrt{\gamma_i^d} - d_j \sqrt{\gamma_j^d}\right)^2 \tag{7.24.}$$

und stimmt ausgezeichnet mit anderen experimentellen Daten überein.

Auch FOWKES kann die Ergebnisse seiner Theorie nicht befriedigend auf die Adhäsion zwischen Polymeren und Metallen übertragen. Aus den Verhältnissen der Oberflächenenergien sollte folgen, daß alle diese Systeme gute Haftung zeigen. Diesen Widerspruch versucht FOWKES mit der Vermutung zu lösen, daß der erforderliche enge Kontakt der beiden Phasen in der Praxis nicht hergestellt wird. Er gelangt aber nicht zu umfassenden Ergebnissen. FOWKES ist mit seiner Theorie in der Lage, die Oberflächenenergie und die Benetzungseigenschaften einer großen Zahl von Systemen bis zu einem gewissen Grad zu begründen und befriedigende Übereinstimmung mit dem Experiment zu erzielen. In der den Verfassern dieses Buches bekannten Literatur diskutiert der Autor nicht die Grenzflächenspannung zwischen Polymeren oder zwischen Polymeren und Metallen. Die flüssige Phase besteht vielmehr stets aus einer niedermolekularen Substanz.

7.2. Theorie von R. J. GOOD u. Mitarb.

Die Arbeitsgruppe um GOOD begann ebenfalls Anfang der 50er Jahre, sich mit Adhäsionsproblemen zu beschäftigen, und veröffentlichte in [9] die Grundzüge ihres theoretischen Konzeptes. Ihre vollständige Theorie der Grenzflächenenergie findet sich in [10]; in [11] erörtert GOOD den Gültigkeitsbereich des Modelles.

Die Theorie geht von der BERTHELOTschen Hypothese aus, daß die VAN-DER-WAALS-Konstante C_{12} zwischen zwei verschiedenen Molekülen durch das geometrische Mittel

$$C_{12} = (C_{11}C_{22})^{1/2} \tag{7.25.}$$

darstellbar ist, was entsprechend der Ableitung von Gl. (6.25.) eine Näherung für etwa gleichartige Moleküle darstellt. Die Autoren nahmen zunächst an, daß für die spezifische freie Energie der Adhäsion $\Delta f^A_{\mathrm{I,II}}$ zwischen zwei einkomponentigen, unmischbaren Phasen I und II in analoger Weise gilt

$$|\Delta f^A_{\mathrm{I,II}}| = (\Delta f_{\mathrm{I}}{}^c \Delta f^c_{\mathrm{II}})^{1/2} \tag{7.26.}$$

mit

$$-\Delta f^A_{\mathrm{I,II}} = \gamma_{\mathrm{I}} + \gamma_{\mathrm{II}} - \gamma_{\mathrm{I,II}} \tag{7.27.}$$

$$-\Delta f_{\mathrm{I}}{}^c \equiv 2\gamma_{\mathrm{I}} \quad -\Delta f^c_{\mathrm{II}} \equiv 2\gamma_{\mathrm{II}} \tag{7.28.}$$

γ_{I} = spezifische (freie) Oberflächenenergie der Phase I
Δf^c_{I} = spezifische (freie) Kohäsionsenergie der Phase I
Als Anwendung der Gln. (5.49.) und (5.52.).

(An dieser Stelle soll nochmals bemerkt werden, daß zwischen spezifischer freier Grenzflächenenergie $\Delta f^A_{\mathrm{I,II}}$ und spezifischer freier Grenzflächenenthalpie $\Delta g^A_{\mathrm{I,II}}$ nur dann ein Unterschied besteht, wenn das Exzeßvolumen der Oberfläche nicht verschwindet [11].)

Gl. (7.26.) erhält somit die Form

$$\gamma_{\mathrm{I,II}} = \left(\sqrt{\gamma_{\mathrm{I}}} - \sqrt{\gamma_{\mathrm{II}}}\right)^2 \tag{7.29.}$$

Gl. (7.29.) steht in guter Übereinstimmung mit den experimentellen Daten von $\gamma_{\mathrm{I,II}}$ für Fluorkohlenstoff-Kohlenwasserstoff-Systeme, versagt aber beispielsweise bei Wasser-Kohlenwasserstoff-Systemen. Die Autoren gehen deshalb davon aus, daß allgemein für die einkomponentigen Phasen I und II anstelle von Gl. (7.26.) gilt

$$\frac{-\Delta f^A_{\mathrm{I,II}}}{\sqrt{\Delta f_{\mathrm{I}}{}^c \Delta f^c_{\mathrm{II}}}} = \Phi_{\mathrm{I,II}} = \frac{\gamma_{\mathrm{I}} + \gamma_{\mathrm{II}} - \gamma_{\mathrm{I,II}}}{2\sqrt{\gamma_{\mathrm{I}}\gamma_{\mathrm{II}}}} \tag{7.30.}$$

und also Gln. (7.26.) und (7.29.) Spezialfälle von Gl. (7.30.) darstellen. Damit gilt

$$\gamma_{\mathrm{I,II}} = \gamma_{\mathrm{I}} + \gamma_{\mathrm{II}} - 2\Phi_{\mathrm{I,II}}\sqrt{\gamma_{\mathrm{I}}\gamma_{\mathrm{II}}} \tag{7.31.}$$

Bis hierher handelt es sich um einfache phänomenologische thermodynamische Zusammenhänge. Erst durch die Diskussion des Wechselwirkungsparameters $\Phi_{\mathrm{I,II}}$ wird der physikalische Gehalt deutlich. Eine erste bedeutende qualitative Schlußfolgerung aus den Experimenten [9] war die Feststellung, daß $\Phi_{\mathrm{I,II}} \approx 1$ gilt, wenn die Kohäsionskräfte in beiden Phasen den gleichen

Charakter wie die Adhäsionskräfte an der Phasengrenze haben. GOOD u. Mitarb. bezeichnen diese Grenzfläche in Analogie zu den regulären Lösungen als reguläre Grenzflächen. Sind die Kräfte voneinander verschieden und treten in der Grenzflächenschicht keine zusätzlichen Kräfte auf, so gilt $\Phi_{\mathrm{I,II}} < 1$. Falls in der Grenzflächenschicht neue, in den Phasen nicht vorhandene Wechselwirkungen vorkommen, wird $\Phi_{\mathrm{I,II}} > 1$. GOOD und GIRIFALCO [9] ziehen Dipol-Dipol-, Dipol-induzierter Dipol- und Dispersionswechselwirkungen in den Phasen (und somit auch in der Grenzflächenschicht) in Betracht. Aus diesem Grund entspricht Gl. (7.29.) der Gl. (7.10.) von F. M. FOWKES (s. Abschn. 7.1.) für den Spezialfall der alleinigen Wirkung von Dispersionskräften in der Grenzflächenschicht.

Zur näheren Charakterisierung des Wechselwirkungsparameters Φ gehen GOOD und ELBING [10] vom Modell des Quasikontinuums aus. Im ersten Schritt der Ableitung behandeln sie getrennt zwei Phasen a und b, die reguläre Lösungen der Substanzen 1 und 2 sein sollen. Die Verfasser nehmen an, daß jede molekulare Eigenschaft Y_i der Phasen a und b durch die Summe der konzentrationsgewichteten molekularen Eigenschaften Y_1 und Y_2 der Substanzen angenähert werden kann:

$$Y_i = x_{1i} Y_1 + x_{2i} Y_2; \qquad i = a \text{ oder } b \tag{7.32.}$$

x_{1i} = Molenbruch der 1. Komponente der i-ten Phase
Y_1 = molekulare Eigenschaft der 1. Komponente
(Die anderen Größen sind entsprechend definiert.)

Für die Wechselwirkungsenergie zwischen zwei Molekülen wird zunächst das LENNARD-JONES-Potential angewendet. Dann gilt mit den VAN-DER-WAALS-Konstanten

$$C_i = x_{1i} C_{11} + x_{2i} C_{22}; \qquad i = a \text{ oder } b \tag{7.33.}$$

Die spezifische freie Energie der Adhäsion entspricht nun dem negativen Betrag der spezifischen freien Energie, welche aufgewendet werden muß, um die beiden Phasen a und b aus dem Gleichgewichtsabstand r_0 in unendliche Entfernung zueinander zu bringen.

Unter der Anwendung des in Abschn. 6.2.1.1. und 6.2.2.1. bereits erwähnten Integrationsverfahrens von HAMAKER [12] erhalten GOOD u. Mitarb. die in [13] und [10] näher erläuterten Integrale

$$-\Delta f_{ab}^{A} = 2\pi \int_{r_{0_{ab}}}^{\infty} dz \int_{z}^{\infty} N_a dj \int_{j}^{\infty} f df \int_{f}^{\infty} N_b \frac{\partial U_{ab}}{\partial r} dr \tag{7.34.}$$

für die speizfische freie Adhäsionsenergie und

$$-\Delta f_i^c = 2\pi \int_{r_{0_i}}^{\infty} dz \int_{z}^{\infty} N_i dj \int_{j}^{\infty} f df \int_{f}^{\infty} N_i \frac{\partial U_{ii}}{\partial r} dr; \quad i = a \text{ oder } b \quad (7.35.)$$

$r_{0_{ab}}$ = Gleichgewichtsabstand zwischen den Phasen a und b
r_{0_i} = Gleichgewichtsabstand der Teilchen in Phase i
z = Abstand der Phasengrenzen
f, r, j = Integrationsvariable (siehe [13])
N_i = Moleküldichte in der i-ten Phase

für die spezifische freie Kohäsionsenergie.

Die mikroskopischen Dichten N_a und N_b werden dabei als konstant bis hinunter zum Gleichgewichtsabstand $r_{0_{ab}}$ zwischen den Phasen angesehen, wodurch das Modell seinen quasikontinuierlichen Charakter erhält. Den bereits in Abschn. 6.2.1.1. andiskutierten Vor- und Nachteilen von Integration bzw. Summation in den Gln. (7.34.) und (7.35.) messen GOOD und ELBING wenig Bedeutung bei, da die höhere Genauigkeit der Summation von der Verfügbarkeit weiterer, meßtechnisch schwer zugänglicher Informationen (wie z. B. der radialen Verteilungsfunktion) abhängt. Die Auswertung der Integrale (7.34.) und (7.35.) ergibt mit der Annahme (s. [13])

$$B_i = \frac{15}{2} r_{0_i}^6 C_i; \quad i = a \text{ oder } b \quad (7.36.)$$

für die Abstoßungskonstante des LENNARD-JONES-Potentials die Gleichungen

$$-\Delta f_{ab}^A = \frac{\pi N_a N_b}{16} \frac{C_{ab}}{r_{0_{ab}}^2} \quad (7.37.)$$

$$-\Delta f_i^c = \frac{\pi N_i^2}{16} \frac{C_i}{r_{0_i}^2} = 2\gamma_i \quad i = a \text{ oder } b \quad (7.38.)$$

Um allgemein die Fehler, die durch das Modell entstehen, abschätzen zu können, wird ein Korrekturfaktor ξ eingeführt:

$$-\Delta f_{ab}^A = \frac{\pi N_a N_b}{16} \frac{C_{ab}}{r_{0_{ab}}^2} \xi_{ab} \quad (7.39.)$$

$$-\Delta f_i^c = \frac{\pi N_i^2}{16} \frac{C_i}{r_{0_i}^2} \xi_i; \quad i = a \text{ oder } b \quad (7.40.)$$

Als wesentlicher Vorteil der Arbeit mit dem Wechselwirkungsparameter Φ zeigt sich nun, daß sich die in der bisherigen Behandlung eingeführten Näherungen aufheben, wenn man annimmt, daß sie für die Phasenoberflächen annähernd den gleichen Fehler verursachen, wie für die Grenzflächenschicht.

Für Φ_{ab} erhält man aus (7.30.) mit (7.39.) und (7.40.)

$$\Phi_{ab} = \frac{C_{ab}}{\sqrt{C_a C_b}} \frac{r_{0_a} r_{0_b}}{r_{0_{ab}}^2} \frac{\xi_{ab}}{\sqrt{\xi_a \xi_b}} \tag{7.41.}$$

Die zunächst verbal formulierte Annahme der Kompensation der Fehler lautet also exakt

$$\xi_{ab} = \sqrt{\xi_a \xi_b} \tag{7.42.}$$

und stellt nach der Verwendung eines kugelsymmetrischen Potentials für die Wechselwirkung der Moleküle und die Voraussetzungen zu Gl. (6.13.) in Abschn. 6.1.1.2. das zweite grundsätzliche Postulat dar [11], das durchaus nicht immer erfüllt ist.

Die zu den Gln. (7.39.) und (7.40.) existierende Alternative der Additivität der Fehler ist ebenfalls in [11] behandelt worden und zeigt, daß sich der Fehler der spezifischen freien Energien Δf in diesem Fall kaum auf den Wechselwirkungsparameter Φ auswirkt. Mit diesen Überlegungen ergibt sich aus Gl. (7.41.)

$$\Phi_{ab} = \frac{C_{ab}}{\sqrt{C_a C_b}} \frac{r_{0_a} r_{0_b}}{r_{0_{ab}}^2} = \Phi_{ab}^A \Phi_{ab}^r \tag{7.43.}$$

Wie in [14] gezeigt wurde, kommt als Näherung für $r_{0_{ab}}$ nicht, wie früher [9, 10] angenommen, das arithmetische, sondern das geometrische Mittel

$$r_{0_{ab}} = \sqrt{r_{0_a} r_{0_b}} \tag{7.44.}$$

in Frage. Damit ist $\Phi_{ab}^r \approx 1$, und Φ_{ab} läßt sich aus den Parametern, die die intermolekulare Wechselwirkung beschreiben, entwickeln.

Zuvor können jedoch einige Schlußfolgerungen aus Gl. (7.43.) gezogen werden.

Für wenig ineinander lösliche Komponenten geht Φ_{ab} mit Gl. (7.33.) in $\Phi_{\mathrm{I,II}}$ über:

$$\Phi_{\mathrm{I,II}} = \frac{C_{12}}{\sqrt{C_1 C_2}} \tag{7.45.}$$

Bei ineinander löslichen Komponenten erhält man die spezifische Grenzflächenenergie auf folgendem Weg. Unter Benutzung von Gl. (7.33.) läßt sich anstelle von Gl. (7.40.)

$$-\Delta f_i^c = \frac{\pi N_i^2}{16} \frac{x_{1i}C_{11} + x_{2i}C_{22}}{(x_{1i}r_{0_1} + x_{2i}r_{0_2})^2} \xi_i; \quad i = a \text{ oder } b \tag{7.46.}$$

schreiben. Da $-\Delta f_1^c = \pi N_1^2 C_{11}/16 r_{0_1}^2$ und $-\Delta f_2^c = \pi N_2^2 C_{22}/16\, r_{0_2}^2$ gelten, ergibt sich mit $N_1 \approx N_a \approx N_2 \approx N_b$

$$\Delta f_i^c \approx \left(\frac{r_{0_1}}{x_{1i}r_{0_1} + x_{2i}r_{0_2}}\right) x_{1i}\Delta f_1^c + \left(\frac{r_{0_2}}{x_{1i}r_{0_1} + x_{2i}r_{0_2}}\right) x_{2i}\, \Delta f_2^c; \quad i = a \text{ oder } b. \tag{7.47.}$$

Mit der nicht notwendigen, aber für die weitere Rechnung praktischen und durch die begrenzte Genauigkeit des Experimentes gerechtfertigten Annahme $r_{0_1} \approx r_{0_2}$ folgt

$$\Delta f_i^c \approx x_{1i}\, \Delta f_1^c + x_{2i}\, \Delta f_2^c; \quad i = a \text{ oder } b \tag{7.48.}$$

Analog zu Gl. (7.29.) wird nun die Oberflächenspannung der i-ten Phase g_i definiert durch

$$g_i = -\frac{\Delta f_i^c}{2}; \quad i = a \text{ oder } b \tag{7.49.}$$

mit $\lim\limits_{x_{1a}\to 0} g_a = \gamma_1$ und $\lim\limits_{x_{1b}\to 0} g_b = \gamma_2$.

Analog zu Gln. (7.27.), (7.28.) schreibt man

$$-\Delta f_{ab}^A = -\frac{\Delta f_a^c}{2} - \frac{\Delta f_b^c}{2} - \gamma_{ab} = g_a + g_b - \gamma_{ab}. \tag{7.50.}$$

Aus den Gln. (7.49.), (7.50.) und der Analogie zu (7.31.) ergeben sich

$$\Phi_{ab} = \frac{-\Delta f_{ab}^A}{\sqrt{\Delta f_a^c \Delta f_b^c}} \tag{7.51.}$$

$$= \frac{g_a + g_b - \gamma_{ab}}{2\sqrt{g_a g_b}} \tag{7.52.}$$

und

$$-\Delta f_{ab}^A = 2\Phi_{ab}\sqrt{g_a g_b} \tag{7.53.}$$

Offensichtlich stellt Gl. (7.53.) die verallgemeinerte Form von Gl. (7.31.) dar. Schließlich erhält man für die spezifische Grenzflächenenergie

$$\gamma_{ab} = g_a + g_b - 2\Phi_{ab}\sqrt{g_a g_b} \tag{7.54.}$$

Die spezifische Grenzflächenenergie zwischen zwei Mischphasen wird also maßgeblich durch die Oberflächenspannungen der reinen Komponenten bestimmt, wie Gln. (7.54.), (7.48.) und (7.28.) erkennen lassen.

Bevor nun die Berechnung von Φ_{ab} aus den molekularen Wechselwirkungskonstanten diskutiert wird, sind einige Bemerkungen zu den verwendeten Wechselwirkungspotentialen angebracht. Sie wurden bisher als paarweise additiv angesehen, was nicht immer der Fall ist (vgl. Abschn. 6.2.3.). Hier zeigt sich die Stärke der Theorie von Good u. Mitarb., da die wesentlichen Komponenten in Gl. (7.54.) die Oberflächenspannungen der reinen Komponenten darstellen. Die einzige durch Fehler im Modell der molekularen Wechselwirkungen belastete Größe ist Φ_{ab}, bei deren Berechnung aber die in den Phasen und der Phasengrenze gleichmäßig auftretenden Abweichungen herausfallen, wie schon gezeigt wurde. Allgemein formuliert, sollte diese Theorie von Good u. Mitarb. für alle die molekularen Potentiale anwendbar sein, deren funktionale Struktur im Phasenvolumen mit derjenigen in der Grenzflächenschicht identisch ist [11].

In [10] und [11] gehen Good u. Mitarb. in Anlehnung an die Theorie von F. M. Fowkes davon aus, daß sich die drei Wechselwirkungen zwischen den Molekülen additiv zusammensetzen und demnach auch

$$\gamma = \gamma^d + \gamma^i + \gamma^p \tag{7.55.}$$

γ^d = Beitrag der Dispersionskräfte zur Oberflächenspannung
γ^i = Beitrag der Induktionskräfte zur Oberflächenspannung
γ^p = Beitrag der permanenten Dipolkräfte zur Oberflächenspannung

gilt. Da alle drei Potentiale eine r^{-6}-Abhängigkeit zeigen, folgt

$$C = C^d + C^i + C^p \tag{7.56.}$$

Für die Dispersionswechselwirkungen wurden mit dem Ansatz (6.13.) bereits die Konstanten C_{11}^d und C_{12}^d festgelegt. Die an dieser Stelle diskutierten Abweichungen (vgl. Abschn. 6.1.1.2.) können nach Pitzer [15] und Sinanoglu [16] als Korrekturfaktoren berücksichtigt werden, so daß die Annahme der Fehlerkompensation in Φ wieder möglich ist. Als wesentliche Verbesserung gegenüber Gl. (7.33.) schlagen Good und Elbing [10] jedoch die Verwendung des Kihara-Potentials [17] und [18] vor, das die Approximation des Atoms oder Moleküls als Punktladung durch die Annahme der Elektronenwolke des Atoms als Hohlkugel ablöst. Damit ist die Betrachtung asymmetrischer Moleküle besser möglich. Der Abstand der Punktladungen r_0 wird durch den wesentlich geringeren Abstand der Kugelschalen ϱ_0 ersetzt. Da im Potential keine weiteren Veränderungen entstehen, ergibt sich in Analogie zu Gl. (7.43.) für unmischbare Systeme

$$\Phi_{ab} = \frac{C_{12}^d}{\sqrt{C_{11}^d C_{22}^d}} \frac{\varrho_{01}\varrho_{02}}{\varrho_{0_{12}}^2} \approx \frac{C_{11}^d}{\sqrt{C_{11}^d C_{12}^d}} \quad (7.57.)$$

Die weitere Ableitung des Parameters Φ auf der Grundlage dieses Potentials wird in [10] angegeben. Zur übersichtlichen Darstellung wird aber hier weiterhin mit dem LENNARD-JONES-Potential und Gl. (7.36.) gearbeitet.

Für die Wechselwirkung zwischen permanenten Dipolen benutzen GOOD u. Mitarb. ein modifiziertes KEESOM-Potential

$$U_{12}^p = -\frac{\mu_1^2\mu_2^2}{3(4\pi\varepsilon_0)^2\, kTr^6} \to C_{12}^p = \frac{\mu_1^2\mu_2^2}{3(4\pi\varepsilon_0)^2\, kT} \quad (7.58.)$$

Der Ansatz des „Reaktionsfeldes" von ONSAGER [19] läßt sich trotz aller Fortschritte noch nicht für den bei Grenzflächenschichten existenten Fall des Konzentrationsgradienten anwenden [10]. Daß gegenüber Gl. (6.07.) in Gl. (7.58.) ein Faktor 2 fehlt, resultiert aus einer Rechnung von ISRAELACHVILI [20], die die Einflüsse zusätzlicher Dipole in der Umgebung zu erfassen sucht. Für die Induktionswechselwirkungen verwenden GOOD u. Mitarb. [10] unter Beachtung einer in [21] erwähnten Korrektur das Potential, vgl. Gl. (6.11.a)

$$U_{12}^i = -\frac{\alpha_1\mu_2^2 + \alpha_2\mu_1^2}{(4\pi\varepsilon_0)^2\, r^6} \to C_{12}^i = \frac{\alpha_1\mu_2^2 + \alpha_2\mu_1^2}{(4\pi\varepsilon_0)^2} \quad (7.59.)$$

Mit der Summe dieser Potentiale erhält man über die Integrale (7.34.) und (7.35.) allgemein in Analogie zu (7.39.) und (7.40.)

$$-\Delta f_{\mathrm{I,II}}^A = \frac{\pi N_{\mathrm{I}} N_{\mathrm{II}}}{16 r_{0\mathrm{I,II}}^2} (C_{\mathrm{I,II}}^d + C_{\mathrm{I,II}}^i + C_{\mathrm{I,II}}^p)\, \xi\beta \quad (7.60.)$$

$$-\Delta f_i^c = \frac{\pi N_i^2}{16 r_{0_i}^2} (C_{ii}^d + C_{ii}^i + C_{ii}^p)\, \xi\beta; \quad i = \mathrm{I\ oder\ II} \quad (7.61.)$$

Der Korrekturfaktor β soll die Einflüsse der über das Teilchenpaar hinausgehenden Wechselwirkungen berücksichtigen und sich bei der Bildung von Φ genauso verhalten wie ξ. Entsprechend der Definition von Φ durch Gl. (7.43.) ergibt sich unter Beachtung der Gl. (7.44.)

$$\Phi_{\mathrm{I,II}} = \frac{C_{\mathrm{I,II}}^d + C_{\mathrm{I,II}}^p + C_{\mathrm{I,II}}^i}{\sqrt{(C_{\mathrm{I}}^d + C_{\mathrm{I}}^p + C_{\mathrm{I}}^i)(C_{\mathrm{II}}^d + C_{\mathrm{II}}^p + C_{\mathrm{II}}^i)}}, \quad (7.62.)$$

woraus mit Gln. (6.13a.), (7.58.) und (7.59.)

$$\Phi_{\text{I,II}} = \frac{\dfrac{3}{4}\,\alpha_1\alpha_2\,\dfrac{2I_1I_2}{I_1+I_2} + \dfrac{\mu_1^2\mu_2^2}{3(4\pi\varepsilon_0)^2\,kT} + \dfrac{\alpha_1\mu_2^2+\alpha_2\mu_1^2}{(4\pi\varepsilon_0)^2}}{\sqrt{\left(\dfrac{3}{4}\,\alpha_1^2I_1 + \dfrac{\mu_1^4}{3(4\pi\varepsilon_0)^2\,kT} + \dfrac{2\alpha_1\mu_1^2}{(4\pi\varepsilon_0)^2}\right)\left(\dfrac{3}{4}\,\alpha_2^2I_2 + \dfrac{\mu_2^4}{3(4\pi\varepsilon_0)^2\,kT} + \dfrac{2\alpha_2\mu_2^2}{(4\pi\varepsilon_0)^2}\right)}} \tag{7.63.}$$

folgt. Diese Formel stellt unter Beachtung der Voraussetzungen die physikalische Begründung des in Gl. (7.31.) empirisch eingeführten Wechselwirkungsparameters Φ dar, der hier der Einfachheit halber für einkomponentige Phasen angegeben wurde. Für mehrkomponentige Phasen muß beim Übergang von Gl. (7.62.) zu (7.63.) auch Gl. (7.33.) angewendet werden. Der Parameter berücksichtigt den strukturellen Aufbau der Phasen und der Grenzflächenschicht (was in (7.63.) durch die Näherung (7.44.) nicht mehr explizit enthalten ist) und die möglichen physikalischen Wechselwirkungen. Nicht erfaßbar im Quasi-Kontinuum-Modell ist die Wasserstoffbrückenbindung wegen ihres gerichteten Charakters. Möglichkeiten zu ihrer Behandlung ergeben sich mit dem in [16] angegebenen Quasi-Gitter-Modell.

Der durch die Induktionswechselwirkung in Gl. (7.63.) erzeugte Term ist klein, wenn die Dipolmomente nicht zu groß werden (kein $\mu > 5 \cdot 10^{-30}$ Cm nach [11]), und ist deshalb häufig vernachlässigbar. Good [11] faßt den Induktionsterm als eine Kreuzkorrelation von Dispersions- und Dipolkräften auf. Gleichzeitig dominiert in Φ der Dispersionsterm, falls eine Phase apolar ist. Hier zeigt sich die Korrelation zu den Überlegungen von Fowkes (s. Abschn. 7.1.), die offensichtlich einen Spezialfall der hier vorgestellten Theorie darstellen. Bevor jedoch weitere Beziehungen zu anderen thermodynamischen Theorien hergestellt werden, ist noch das Problem des Entropieeinflusses zu diskutieren.

Wendet man die Überlegungen, die zu den Gln. (7.26.)—(7.31.) führten, in entsprechender Weise auf die spezifische innere Energie der Adhäsion $\Delta u^A_{\text{I,II}}$ und die spezifische innere Kohäsionsenergie Δu^c an, so ergeben sich die Beziehungen

$$-\Delta u_i^c = 2u_i^s; \qquad i = \text{I oder II} \tag{7.64.}$$

$$-\Delta u^A_{\text{I,II}} = u_{\text{I}}^s + u^s_{\text{II}} - u^s_{\text{I,II}} \tag{7.65}$$

mit u_i^s = Beitrag der Oberfläche der i-ten Phase und $u^s_{\text{I,II}}$ = Beitrag der Grenzfläche zur spezifischen inneren Energie des Systems. Auch der Wechselwirkungsparameter erfüllt eine zu Gl. (;7.30.) analoge Relation

$$\Phi_{\text{I,II}} \equiv -\frac{\Delta u^A_{\text{I,II}}}{\sqrt{\Delta u_{\text{I}}^c\,\Delta u^c_{\text{II}}}} \tag{7.66.}$$

Er ist im Rahmen der von GOOD benutzten Voraussetzung mit dem in Gl. (7.30). definierten Wechselwirkungsparameter identisch, weil die Ermittlung von $\Delta u^A_{I,II}$ und den Δu^c_I nach der Integrationsmethode zu Resultaten führt, die bis auf den Korrekturfaktor ξ mit den Formeln (7.39.) und (7.40.) übereinstimmen. Die Korrekturfaktoren aber haben gemäß dem Postulat (7.42) keinen Einfluß auf den Wechselwirkungsparameter.

Eine Umformung mit Hilfe der Gln. (7.64.)—(7.66.) führt auf

$$u^s_{I,II} = u^s_I + u^s_{II} - 2\Phi_{I,II}\sqrt{u^s_I u^s_{II}} \qquad (7.67.)$$

Weil auch hier die allgemeine Beziehung $f = u - Ts$ angewendet werden kann, folgt aus Differenzbildung zwischen Gl. (7.30.) und (7.66.) der Entropieterm der spezifischen freien Energie der Adhäsion

$$\begin{aligned} T\Delta s^A_{I,II} &\equiv \Delta u^A_{I,II} - \Delta f^A_{I,II} = \Phi_{I,II}\left(\sqrt{\Delta f^c_I \Delta f^c_{II}} - \sqrt{\Delta u^c_I \Delta u^c_{II}}\right) \\ &= 2\Phi_{I,II}\left(\sqrt{\gamma_I \gamma_{II}} - \sqrt{u^s_I u^s_{II}}\right) \end{aligned} \qquad (7.68.)$$

Auf dem gleichen Wege erhält man durch Subtraktion der Gl. (7.31.) von der Gl. (7.67.) den Entropieterm der spezifischen freien Energie des Systems

$$Ts^s_{I,II} = Ts^s_I + Ts^s_{II} + 2\Phi_{I,II}\left(\sqrt{\gamma_I\gamma_{II}} - \sqrt{u^s_I u^s_{II}}\right) \qquad (7.69.)$$

In dieser Rechnung finden Entropiebeiträge infolge von Orientierungen in der Ober- und Grenzflächenschicht keine Berücksichtigung. Die Behandlung dieser Effekte ist gegenwärtig noch nicht ausgearbeitet; es ist jedoch kaum eine r^{-2}-Abhängigkeit wie z. B. in den Gln. (7.39.) und (7.40.) zu erwarten [11].

Nach der physikalischen Definition des Wechselwirkungsparameters und der Diskussion des Einflusses der Entropie kann man nun, ausgehend von Gl. (7.31.), das Minimum der spezifischen freien Grenzflächenenergie berechnen. Gl. (7.31.) lautet in dimensionsloser Form

$$\frac{\gamma_{I,II}}{\gamma_I} = 1 + \frac{\gamma_{II}}{\gamma_I} - 2\Phi_{I,II}\sqrt{\frac{\gamma_{II}}{\gamma_I}} \qquad (7.70.)$$

für Systeme mit geringer Löslichkeit der Phasen ineinander. Abb. 7.2. illustriert Gl. (7.70.). Man beachte, daß die Auffassung der Gl. (7.70.) als Funktion $\gamma_{I,II}(\gamma_{II})$ insofern eine Näherung bedeutet, als sich $\Phi_{I,II}$ mit der Variation der Komponenten des Systems ändert und deshalb nicht streng als Parameter aufgefaßt werden darf.

Aus Gl. (7.70.) folgt für $\Phi_{I,II} = 1$, daß $\gamma_{I,II} \to 0$ für $\gamma_I \to \gamma_{II}$. Der Minimalwert der relativen spezifischen Grenzflächenenergie ergibt sich ebenfalls aus

Gl. (7.70.):

$$\left(\frac{\gamma_{I,II}}{\gamma_I}\right)_{min} = 1 - \Phi^2_{I,II} \quad \text{bei} \quad \frac{\gamma_{II}}{\gamma_I} = \Phi^2_{I,II}. \tag{7.71.}$$

Aus Gl. (7.70.) folgt weiter als notwendige und hinreichende Bedingung für $\gamma_{I,II} = 0$

$$\frac{\gamma_I + \gamma_{II}}{2\sqrt{\gamma_I\gamma_{II}}} = \Phi_{I,II} > 1,$$

was bedeutet, daß $\gamma_{I,II}$ nur dann verschwinden kann, wenn in der Grenzflächenschicht Wechselwirkungen auftreten, die innerhalb der Phasen nicht existieren.

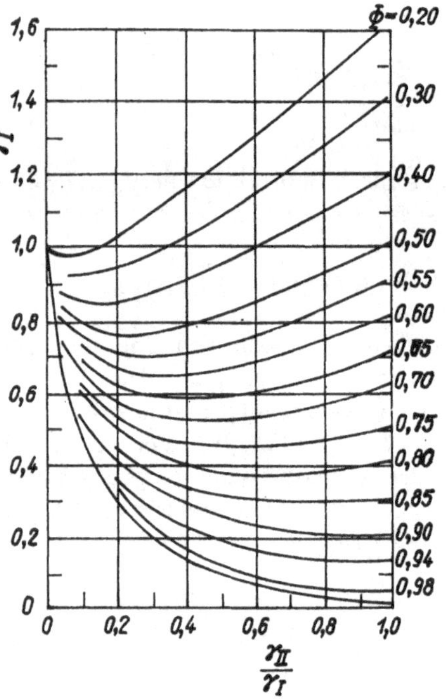

Abb. 7.2.: Die relative Grenzflächenspannung als Funktion des Verhältnisses der Oberflächenspannung der einkomponentigen Phasen mit $\Phi_{I,II}$ als Parameter [10].

Die bisherigen Ergebnisse lassen sich natürlich auf die Auswertung der Kontaktwinkelmessungen übertragen [10, 11]. Durch Kombination der YOUNGschen Gleichung (7.11.) mit Gl. (7.31.) erhält man in der Anwendung auf die Phasengrenze fest/flüssig den Ausdruck

$$\cos\Theta = -1 + 2\Phi_{sl}\sqrt{\frac{\gamma_{s^o}}{\gamma^{la}}} - \frac{\pi_s}{\gamma^{la}} \tag{7.72.}$$

Für im Vergleich zur benetzenden Flüssigkeit energiearme Oberflächen kann π_s vernachlässigt werden und die Auflösung von Gl. (7.72.) nach γ_{s^0} ergibt

$$\gamma_{s^0} = \frac{\gamma^{la}(1 + \cos \Theta)^2}{4\Phi_{sl}^2} \quad (7.73.)$$

Für $\Theta = 0°$ (d. h. $\gamma^{la} = \gamma_c$) nach dem Konzept von ZISMAN u. Mitarb. folgt dann

$$\gamma_{s^0} = \frac{\gamma_c}{\Phi_c{}^2}, \quad (7.74.)$$

wodurch der Zusammenhang zwischen γ_c und der Oberflächenspannung des Festkörpers hergestellt ist, wenn sich Φ nach Gl. (7.76.) berechnen und aus den Meßflüssigkeiten auf γ_c extrapolieren läßt. Der Vergleich von (7.74.) und

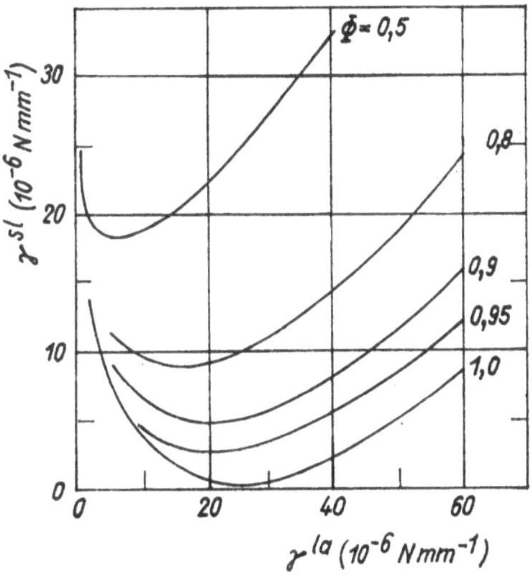

Abb. 7.3.: Grenzflächenspannung γ^{sl} als Funktion von γ^{la} für $\gamma_{s^0} = 2{,}4 \times 10^{-2}$ Jm^{-2} und verschiedene Werte von Φ.

Für $\Phi = 0{,}9$ ist $\gamma_c = 1{,}92 \cdot 10^{-2}$ Jm^{-2} und $(\gamma^{sl})_{\min} = 4{,}56 \cdot 10^{-3}$ Jm^{-2}.

(7.71.) zeigt, daß γ_c mit der Oberflächenspannung derjenigen Flüssigkeit korreliert ist, für die γ^{sl} ein Minimum bei dem durch das System gegebene Φ_{SL} annimmt

$$(\gamma^{sl})_{\min} = \gamma_{s^0}(1 - \Phi_c^2) = \gamma_c \frac{1 - \Phi_c^2}{\Phi_c^2} \quad (7.75.)$$

Abb. 7.3. zeigt an einem Beispiel die Funktion $\gamma^{sl}(\gamma^{la})$ mit Φ als Parameter. Vergleicht man diese Darstellung mit der Diskussion von Gl. (5.59.) in Abschn. 5.2., so erkennt man, daß die Abweichung von der Parabel mit der

Abweichung des Wechselwirkungsparameters von Eins wächst. Die qualitative Interpretation von ZISMAN u. Mitarb. [7] wird hier also quantitativ bestätigt.

Nach GOOD und HOPE [14] ist Gl. (7.44.) auf die geometrische Mittelung

$$B_{12} = \sqrt{B_{11}B_{22}} \tag{7.76.}$$

zurückzuführen, woraus sich für die alleinige Wirkung von Dispersionskräften mit Gl. (7.43.) und Gl. (7.63.)

$$\Phi_{\mathrm{I,II}} = \Phi^A_{\mathrm{I,II}}\Phi^r_{\mathrm{I,II}} = \frac{2\sqrt{I_1 I_2}}{I_1 + I_2} \lessapprox 1$$

für ungefähr gleiche Ionisationspotentiale I ergibt. Damit gilt

$$\gamma_c \lessapprox \gamma_{s^0}$$

für die Kontaktwinkelmessung mit unpolaren Flüssigkeiten auf einer unpolaren Festkörperoberfläche, was mit den Schlußfolgerungen von FOWKES qualitativ übereinstimmt — vgl. Gl. (7.15.) — und die Aussagen ZISMANS präzisiert.

Entwickelt man schließlich Gl. (7.72.) unter der Annahme $\pi_s = 0$ in einer Reihe

$$\cos\Theta = 1 - x + \frac{3}{4}x^2 - \frac{5}{8}x^3 \pm \cdots \tag{7.77.}$$

mit

$$x = \frac{\gamma^{la} - \Phi^2_{sl}\gamma_{s^0}}{\Phi^2_{sl}\gamma_{s^0}}$$

und wählt eine Flüssigkeitsreihe, für die Φ_{sl} nicht von γ^{sa} abhängt, so geht (7.77.) über in

$$\cos\Theta = 1 - \frac{\gamma^{la} - \gamma_c}{\gamma_c} + \frac{3}{4}\left(\frac{\gamma^{la} - \gamma_c}{\gamma_c}\right)^2 \mp \tag{7.78.}$$

Damit ist auch der von ZISMAN in Gl. (5.58.) eingeführte empirische Parameter b näherungsweise bestimmt. Unter Berücksichtigung der ersten beiden Glieder in Gl. (7.78.) folgt

$$b \approx \gamma_c^{-1} \tag{7.79.}$$

Die Reihe (7.77.) konvergiert für $\gamma^{la} < 2\Phi^2_{sl}\gamma_{s^0}$. Daher ist Gl. (7.79.) nur sinnvoll für

$$\gamma^{la} < 2\gamma_c \tag{7.80.}$$

Für die Anwendbarkeit der Theorie von GOOD u. Mitarb. auf die Adhäsion ist schließlich die Berechnung der Adhäsionskraft wesentlich. Hier sind jedoch nur erste hypothetische Ansätze [13] vorhanden, da die Veränderungen beim Übergang des Adhäsivs vom flüssigen in den festen Zustand nicht quantitativ beherrscht werden. Die in diesem Abschnitt beschriebene Theorie gestattet die Behandlung ineinander löslicher Phasen und erzielt befriedigende Übereinstimmung zwischen berechneten und gemessenen Werten der spezifischen freien Grenzflächenenergie in zweikomponentigen Wasser-organisch- oder organisch-organisch-Systemen [10]. Die berechneten Φ-Werte stimmen sehr genau mit den Meßwerten überein. Die spezifische Grenzflächenenergie kann mit einem Fehler von ca. $1 \cdots 5 \cdot 10^{-3}\,\mathrm{Jm}^{-2}$ für die verschiedensten Systeme berechnet werden. GOOD u. Mitarb. interpretieren einige, in anderen Theorien empirische Größen. Die physikalische Begründung des Wechselwirkungsparameters Φ durch die Berücksichtigung der verschiedenen Komponenten der molekularen Wechselwirkung führt zur Beseitigung der Widersprüche, die in früheren Theorien für verschiedene Klassen von Systemen auftraten. Ferner ist die Abschätzung der Stärke von Wasserstoffbrückenbindungen möglich [10].

Die Definition von Φ als Quotienten aus den Wechselwirkungen der Grenzflächenschicht und den Wechselwirkungen der Oberflächenschichten führt bei gleichen Wirkungsmechanismen in Volumen und Grenzfläche zur Kompensation der Fehler durch die ungenauen Berechnungsmethoden der molekularen Wechselwirkung.

Die Theorie berücksichtigt nicht die Störung des Prinzips der Paarwechselwirkung in den vorliegenden „konzentrierten" Systemen [10]. Sie versagt bei kugelförmigen Molekülen, deren Wechselwirkungspotentialfelder stark von dieser Symmetrie abweichen und erfaßt prinzipiell nicht die Entropieänderung durch Veränderung der Ordnungszustände in der Grenzflächenschicht [11]. Die Ausdehnung auf größere Moleküle oder gar Polymere als flüssige Phase wird von den Autoren in der zugänglichen Literatur nicht diskutiert.

7.3. Polymerspezifische Anwendung der Thermodynamik der Adhäsion. Theorie von S. WU

WU untersucht in [22, 23] die Ober- und Grenzflächenspannungen von Polymerschmelzen am Beispiel von Polychloropren (PCP), Polyvinylacetat (PVAc), Polymethylmethacrylat (PMMA), Poly-n-buthylmethacrylat (PnBMA), Polyisobutylmethacrylat (PiBMA), Poly-t-butylmethacrylat (PtBMA), Polystyren (PS), Polytetrahydrofuran (PTHF), Polydimethylsiloxan (PDMS), linearem und verzweigtem Polyethylen (L-PE u. B-PE) mit der Methode des hängenden Tropfens. Bei PVAc findet der Autor, daß die Oberflächenspannung im Intervall $11000 \leqq \overline{M} \leqq 120000$ unabhängig von der mittleren Molmasse $\overline{M}$ ist. Im Temperaturbereich $20\,°C \leqq \vartheta \leqq 200\,°C$ stellt die Temperaturabhängigkeit der spezifischen Oberflächenspannung eine lineare Funktion dar. Der Temperaturkoeffizient $-\frac{\partial \gamma}{\partial T}$ liegt in der Nähe von 0,06 und ist damit wesentlich kleiner als bei niedermolekularen Flüssigkeiten. Nach Meinung des Verfassers deutet das auf einen sehr geringen Beitrag der Entropie zur Oberflächenspannung hin. Über die Darstellung der experimentellen Ergebnisse hinausgehend, vergleicht Wu in [22···24] die gewonnenen Daten mit den Modellen von Fowkes sowie Good u. Mitarb. und gibt eine eigene Gleichung für die spezifische Grenzflächenenergie an. Da die vermessenen Grenzflächenspannungen beträchtliche Werte annehmen [24], kann man davon ausgehen, daß sich die Polymere nicht mischen. Aus den Systemen, die aus einem polaren Polymer und dem apolaren PE bestehen, läßt sich mit der von Fowkes angegebenen Gl. (7.10.) der Dispersionsanteil γ^d und demzufolge auch der polare Anteil γ^p der Grenzflächenspannung γ bestimmen. Beispielsweise beträgt der polare Anteil in PMMA ca. 30%, in PVAc ca. 35% und in PS erstaunlicherweise ca. 20% (gewöhnlich wird PS als apolar angesehen) [24]. Der Dispersionsanteil ist im untersuchten Temperaturintervall etwa konstant [23]. Die auf Raumtemperatur extrapolierten Werte liegen jedoch deutlich niedriger als die aus der Kontaktwinkelmethode von Fowkes (vgl. Abschn. 7.1.1.) ermittelten Daten [24].

Wu erweitert Gl. (7.10.) von Fowkes zunächst um einen Term der polaren Wechselwirkung

$$\gamma_{\mathrm{I,II}} = \gamma_{\mathrm{I}} + \gamma_{\mathrm{II}} - 2\left(\sqrt{\gamma_{\mathrm{I}}^{d}\gamma_{\mathrm{II}}^{d}} + \sqrt{\gamma_{\mathrm{I}}^{p}\gamma_{\mathrm{II}}^{p}}\right) \tag{7.81.}$$

und berechnet stets (und besonders bei polaren Polymeren) kleinere Werte für $\gamma_{\mathrm{I,II}}$ als im Experiment gemessen werden.

Aus der Anwendung der Gln. (7.31.) und (7.43.) von Good u. Mitarb. erhält Wu Hinweise auf die Ursache dieser Abweichungen. Er setzt die Gültigkeit des geometrischen Mittels als allgemeines Kombinationsprinzip voraus und schreibt aufgrund der Identität von Gl. (7.31.) und (7.81.)

$$\Phi_{\mathrm{I,II}}^{A} = \sqrt{f_{\mathrm{I}}^{d} f_{\mathrm{II}}^{d}} + \sqrt{f_{\mathrm{I}}^{p} f_{\mathrm{II}}^{p}}, \tag{7.82.}$$

wobei f^d den Anteil der Dispersionswechselwirkungen an der Oberflächenspannung (also z. B. $\frac{\gamma^d}{\gamma}$) und f^p, den polaren Anteil an der Oberflächenspannung $\left(\frac{\gamma^p}{\gamma}\right)$ darstellen [23]. Dies befindet sich in Übereinstimmung mit den von Good eingesetzten Näherungen. Nach Gl. (7.43.) gilt

$$\Phi^r_{\mathrm{I,II}} = \frac{r_{0_1} r_{0_2}}{r^2_{0_{12}}}$$

und Wu setzt für den intermolekularen Abstand zwischen verschiedenartigen Molekülen

$$r_{0_{12}} = \frac{r_{0_1} + r_{0_2}}{2} (1 + \delta) \qquad (7.83.)$$

mit δ als der Abweichung des $r_{0_{12}}$ vom arithmetischen Mittel.

Für $\Phi^r_{\mathrm{I,II}}$ gilt somit für kleine δ und $r_{0_1} \cong r_{0_2}$

$$\Phi^r_{\mathrm{I,II}} = 1 - 2\delta \qquad (7.84.)$$

Ist $\delta > 0$, wird die Grenzflächenspannung größer sein, als aus den molekularen Wechselwirkungen zu erwarten war, und die Grenzfläche prägt sich deutlicher aus. Für $\delta < 0$ nimmt die spezifische Grenzflächenenergie ab, und die Grenzfläche ist diffus, da Mischungseffekte auftreten [23]. Während bei einfachen Flüssigkeiten mit den Meßdaten aus Gl. (7.31.) und (7.82.—84.) ein $\delta < 0$ folgt, ist bei den untersuchten polymeren Systemen $\delta > 0$ [23]. Wu geht von der Annahme aus, daß die Volumina der wechselwirkenden Einheiten in den Phasen annähernd gleich groß sind und deshalb $\Phi^r_{\mathrm{I,II}}$ kaum von Eins abweichen dürfte. Den dargestellten experimentellen Befund führt er im Zusammenhang mit den oben angeführten Ergebnissen über die Abweichungen der γ und $\gamma_{\mathrm{I,II}}$ von den erwarteten Werten auf den gestörten stofflichen Kontakt an der Grenzfläche infolge der Behinderung von Konformationsänderungen des Makromoleküles zurück [22, 23].

In der weiteren Anwendung der Theorie von Good u. Mitarb. untersucht Wu die Temperaturabhängigkeit des Kontaktwinkels von Polymerschmelzen. Aus den Versuchsdaten folgt

$$\frac{\partial \Phi}{\partial T} \approx 0 \qquad (7.85.)$$

Durch Differentiation von Gl. (7.72.) bei $\pi_s = 0$ erhält man [23]

$$\frac{d \cos \Theta_{\mathrm{I,II}}}{dT} = \frac{\Phi_{\mathrm{I,II}}}{\sqrt{\gamma_{\mathrm{I}} \gamma_{\mathrm{II}}}} \left(- \frac{\partial \gamma_{\mathrm{I}}}{\partial T} \frac{\gamma_{\mathrm{II}}}{\gamma_{\mathrm{I}}} + \frac{\partial \gamma_{\mathrm{II}}}{\partial T} \right). \qquad (7.86.)$$

Nach dieser Formel kann $\Theta_{\mathrm{I,II}}$ mit steigender Temperatur wachsen, fallen oder auch ein Extremum durchlaufen. Das hängt nur von der Größe der Oberflächenspannungen und deren Temperaturkoeffizienten ab. Dieser Schluß wird durch das Experiment bestätigt. Betrachtet man schließlich noch den

Spreitungskoeffizienten, so wird verständlich, daß Polymer a auf Polymer b spreiten kann ($K > 0$) während b nicht auf a spreitet [22, 23]. Daher muß das Polymer mit der niedrigeren spezifischen Grenzflächenenergie nicht notwendig auf dem Polymer mit der höheren spezifischen Grenzflächenenergie spreiten. Als qualitative Aussage formuliert Wu, daß das Spreiten durch die Anpassung der Polarität und der molekularen Geometrie gefördert wird [23].

In [24] gibt Wu, gestützt auf Fowkes' Prinzip der Additivität der Komponenten, eine neue Gleichung zur Berechnung der spezifischen Grenzflächenenergie zwischen Polymeren an, die das geometrische durch das reziproke Mittel ersetzt:

$$\gamma_{\mathrm{I,II}} = \gamma_{\mathrm{I}} + \gamma_{\mathrm{II}} - 2\left(\frac{2\gamma_{\mathrm{I}}^{d}\gamma_{\mathrm{II}}^{d}}{\gamma_{\mathrm{I}}^{d} + \gamma_{\mathrm{II}}^{d}} + \frac{2\gamma_{\mathrm{I}}^{p}\gamma_{\mathrm{II}}^{p}}{\gamma_{\mathrm{I}}^{p} + \gamma_{\mathrm{II}}^{p}}\right) \quad (7.87.)$$

Die Anwendung des reziproken Mittels für die Dispersionswechselwirkung ist bereits in Gln. (6.13.)···(6.15.) und (6.24.) begründet. Für die Dipolkomponente ergibt sich ein Widerspruch zur Gl. (6.7.), der aber in Zusammenhang mit der beschränkten Anwendbarkeit der Gl. (6.7.) für „konzentrierte" Phasen nicht allzu große Bedeutung besitzen muß. Mit Gl. (7.87.) lassen sich für die untersuchten Polymere und für einfache Flüssigkeiten auf Polymeren die Komponenten γ^d und γ^p berechnen. Man erhält größere Werte für γ^d als bei den bereits diskutierten Ansätzen und kann die Grenzflächenspannung in den Polymersystemen recht genau ermitteln (maximale Abweichung vom Experimentalwert ca. 30%), wogegen die Gl. (7.10.) stets $\gamma_{\mathrm{I,II}} = 0$ ergibt und auch bei Hinzufügen eines Gliedes der polaren Wechselwirkung in Form des geometrischen Mittels Grenzflächenspannungen liefert, die 100···300% zu klein sind [24]. Der empirische Ansatz des reziproken Mittels für die Dipolkomponente bewährt sich also. Für den Dispersionsterm hat die Anwendung des reziproken Mittels eine annähernd gleiche Polarisierbarkeit der wechselwirkenden Volumeneinheiten zur Voraussetzung.

7.4. Thermodynamische Behandlung der Grenzflächenschicht

Die bisher dargestellten Arbeiten zielten vor allen Dingen auf die Wechselwirkung in der Grenzfläche. Dazu war die Gibbssche Methode mit der gedachten Trennfläche ausreichend und günstig. Die Konstanz der Metalloberfläche sowohl hinsichtlich der mechanischen als auch der Eigenschaften, die den Stoffaustausch zwischen den beteiligten Phasen betreffen, gab die Basis für diese Art, die Dinge zu sehen.

Für Systeme aus Makromolekülen ist die Dicke und die Struktur der Grenzflächenschicht ein notwendiges Untersuchungsobjekt. Wesentlich mehr als es für niedermolekulare Systeme der Fall ist, werden die Eigenschaften eines Makromoleküls nicht nur durch die Wechselwirkung in der Grenzfläche, sondern auch durch die Konformation des Gesamtmoleküls bestimmt, das heißt durch Bereiche, die mindestens eine Ausdehnung von 10 nm haben. Deutlicher noch als für Polymer/Metall-Systeme wird die Notwendigkeit in Polymer/Polymer-Systemen.

Den Begriff der Grenzflächenschicht benutzen sowjetische Wissenschaftler (J. S. Lipatow, W. P. Solomko u. a.) bei der modellmäßigen Behandlung gefüllter Kunststoffe. Kammer u. Mitarb. übernehmen dieses Konzept und unterteilen das System in zwei homogene Phasen und die Grenzflächenschicht, in der die intensiven thermodynamischen Variablen kontinuierlich vom Wert der einen Phase zum Wert der anderen Phase übergehen. Demzufolge kann das für die homogenen Phasen entwickelte thermodynamische Konzept auf die Grenzflächenschicht angewendet werden. Die Unterteilung in homogene Phasen und Grenzflächenschicht ist in gewisser Hinsicht willkürlich, da die Theorie ohne die Annahme eines festen Wertes für die Dicke dieser Schicht abgeleitet wird. Die Theorie kann die Schichtdicke demzufolge nicht berechnen, ohne zusätzlich spezielle Modelle für die Grenzflächenschicht zu benutzen. In diesem Sinne verwendet Kammer für die sich in der Grenzflächenschicht von Punkt zu Punkt ändernden intensiven Variablen Mittelwerte über die Schicht [25].

Ausgangspunkt der thermodynamischen Betrachtung ist die Gibbssche Adsorptionsgleichung als Gleichgewichtsbedingung der Grenzschicht in der Form

$$a\,d\gamma = v^{(s)}\,dp - s^{(s)}\,dT - \sum_{i=1}^{n} x_i^{(s)}\,d\mu_i\,, \qquad (7.88.)$$

wobei $v^{(s)}$, $s^{(s)}$, $x_i^{(s)}$ das molare Volumen, die molare Entropie und den Molenbruch der i-ten Komponente in der Grenzflächenschicht darstellen, die ihrerseits die molare Fläche a einnimmt. Für die Phasenvolumina gilt die Gleichung von Gibbs-Duhem

$$-v^{(k)}\,dp + s^{(k)}\,dT + \sum_{i=1}^{n} x_i^{(k)}\,d\mu_i = 0, \qquad k = 1 \text{ oder } 2 \qquad (7.89.)$$

mit $v^{(k)}$, $s^{(k)}$, $x_i^{(k)}$ als molares Volumen, molare Entropie und Molenbruch der i-ten Komponente in der Phase k. Mit (7.88.) und (7.89.) liegen also drei Beziehungen zwischen den $n + 3$ Variablen γ, p, T, $\mu_1 \cdots \mu_n$ vor. Als neue Variable wird die Zusammensetzung der Grenzflächenschicht eingeführt, so daß nun die $n + 2$ unabhängigen Größen γ, p, T, $x_i^{(s)} \cdots x_{n-1}^{(s)}$ existieren. Die Gibbssche Phasenregel läßt für ein n-komponentiges Zwei-Phasensystem n thermodynamische Freiheitsgrade zu. Es müssen also zwei unabhängige Gleichungen zwischen den $n + 2$ Variablen existieren. In Gl. (7.88.) und (7.89.) ersetzt man die Änderung der chemischen Potentiale durch die Änderung der Molenbrüche. Für das totale Differential des chemischen Potentials verwendet KAMMER die Gleichung

$$d\mu_i^{(s)} = -s^{(s)}\,dT + v^{(s)}dp - a\,d\gamma - \sum_{j=1}^{n-1}(x^{(s)} - \delta_{ij})\,d\left(\frac{\partial G}{\partial x_j}\right) \qquad (7.90.)$$

mit der Delta-Funktion

$$\delta_{ij} = \begin{cases} 0 & \text{für} \quad i \neq j \\ 1 & \text{für} \quad i = j \end{cases}$$

Weil für das System die GIBBSsche Gleichgewichtsbedingung gilt, brauchen die chemischen Potentiale $\left(\frac{\partial G}{\partial x_j}\right)$ bezüglich ihrer Zugehörigkeit zu den Phasen nicht gekennzeichnet zu werden. Da $G = G(p, T, x_1 \cdots x_{n-1})$, kann man

$$\left(\frac{\partial G}{\partial x_i}\right)^{(s)} = -\left(\frac{\partial s}{\partial x_i}\right)^{(s)} dT + \left(\frac{\partial v}{\partial x_i}\right)^{(s)} dp - \left(\frac{\partial a}{\partial x_i}\right)^{(s)} d\gamma + \sum_{k=1}^{n-1}\left(\frac{\partial^2 G}{\partial x_i\,\partial x_k}\right)^{(s)} dx_k^{(s)} \qquad (7.91.)$$

schreiben, wobei die Differentialquotienten $\left(\frac{\partial y}{\partial x_i}\right)^{(s)}$ die Ableitungen der Größen $y^{(s)}$ bei $p, T, \gamma, x_{j \neq i}^{(s)} = \text{const}$ sind. Durch Einsetzen von Gl. (7.90.) und (7.91.) in Gl. (7.88.) und (7.89) erhält man die gesuchten beiden Gleichungen

$$\left.\begin{aligned} a_{1s}\,d\gamma &= -s_{1s}\,dT + v_{1s}\,dp + \sum_{i,k=1}^{n-1}(x_i^{(1)} - x_i^{(s)})\,G_{ik}^{(s)}\,dx_k^{(s)} \\ a_{2s}\,d\gamma &= -(s_{1s} - s_{12})\,dT + (v_{1s} - v_{12})\,dp + \sum_{i,k=1}^{n-1}(x_i^{(2)} - x^{(s)})\,G_{ik}^{(s)}\,dx_k^{(s)} \end{aligned}\right\} \qquad (7.92.)$$

wobei die Abkürzungen

$$\left.\begin{aligned} & y_{1l} \equiv y^{(l)} - y^{(1)} + \sum_{i=1}^{n-1}(x_i^{(1)} - x_i^{(l)})\left(\frac{\partial y}{\partial x_i}\right)^{(s)} \\ & \text{mit } y = s, v \text{ und } l = s, 2; \\ & a_{ms} \equiv a + \sum_{i=1}^{n-1}(x_i^{(m)} - x_i^{(s)})\left(\frac{\partial a}{\partial x_i}\right)^{(s)} \quad \text{mit } m = 1, 2 \\ & \text{und} \\ & G_{ik}^{(s)} \equiv \left(\frac{\partial^2 G}{\partial x_i\,\partial x_k}\right)^{(s)}_{p,T,\gamma,x_{j \neq i,k}} \end{aligned}\right\} \qquad (7.93.)$$

verwendet werden. Gln. (7.92.) können zur Berechnung der Grenzflächenspannung als Funktion von Temperatur, Druck und Zusammensetzung der Grenzflächenschicht benutzt werden. Die Elimination von γ, p, T oder $x_{n-1}^{(s)}$ im Gleichungssystem (7.92.) ergibt die grundlegenden thermodynamischen Beziehungen für ein Zwei-Phasen-System mit Grenzflächenschicht.

Für zwei in Kontakt befindliche, nicht mischbare Polymere vereinfacht sich das Gleichungssystem (7.92.) beträchtlich, da $x_1^{(1)} = 1$ und $x_2^{(1)} = 0$ gelten:

$$\left.\begin{aligned} a_{1s}\, d\gamma &= -s_{1s}\, dT + v_{1s}\, dp + (1 - x_1^{(s)})\, G_{11}^{(s)}\, dx_1^{(s)} \\ a_{2s}\, d\gamma &= -(s_{1s} - s_{12})\, dT + (v_{1s} - v_{12})\, dp - x_1^{(s)} G_{11}^{(s)}\, dx_1^{(s)}. \end{aligned}\right\} \qquad (7.94.)$$

Dabei haben die verwendeten Abkürzungen entsprechend Gl. (7.93.) die Bedeutung

$$\left.\begin{aligned} y_{1s} &\equiv y^{(s)} - y^{(1)} + (1 - x_1^{(s)}) \left(\frac{\partial y}{\partial x_1}\right)^{(s)} \\ y_{12} &\equiv y^{(2)} - y^{(1)} + \left(\frac{\partial y}{\partial x_1}\right)^{(s)} \\ a_{1s} &\equiv a + (1 - x_1^{(s)}) \left(\frac{\partial a}{\partial x_1}\right)^{(s)} \\ a_{2s} &\equiv a - x_1^{(s)} \left(\frac{\partial a}{\partial x_1}\right)^{(s)} \\ G_{11}^{(s)} &\equiv \left(\frac{\partial^2 G}{\partial x_1^2}\right)^{(s)} \end{aligned}\right\} \qquad (7.95.)$$

Führt man in die ersten beiden Gleichungen von (7.95.) die partiellen molaren Größen $y_1^{(s)}$ und $y_2^{(s)}$ der Komponenten in der Grenzschicht durch die Ausdrücke

$$\left(\frac{\partial y}{\partial x_1}\right)^{(s)} = y_1^{(s)} - y_2^{(s)}$$

$$y^{(s)} = x_1^{(s)} y_1^{(s)} + x_2^{(s)}\, y_2^{(s)}$$

ein, dann folgen

$$\left.\begin{aligned} y_{1s} &= y_1^{(s)} - y^{(1)} \\ y_{12} &= (y_1^{(s)} - y^{(1)}) + (y^{(2)} - y_2^{(s)}). \end{aligned}\right\} \qquad (7.96.)$$

y_{1s} ist also in diesem Falle die partielle molare Änderung der Größe y beim Übergang der ersten Komponente von der ersten Phase in die Grenzschicht, und y_{12}

ist die Summe der partiellen molaren Änderungen beim Übergang der ersten Komponente aus der ersten Phase in die Grenzschicht und beim Übergang der zweiten Komponente aus der Grenzschicht in die zweite Phase.

Für die Größe a_{ms} sind zwei Möglichkeiten vorhanden. Die Grenzflächenschicht habe die Größe A, das Volumen $V^{(s)}$ und die Dicke d, so daß

$$A = \frac{V^{(s)}}{d}$$

gilt. Ist jetzt erstens die Zahl der Mole in der Grenzflächenschicht konstant, bleiben A und somit auch die molare Fläche a konstant, während sich $V^{(s)}$ und d ändern. Also gilt mit (7.95.)

$$a_{1s} = a_{2s} = \frac{v^{(s)}}{d} \tag{7.97.}$$

Sind zweitens $V^{(s)}$ und folglich auch d konstant, dann sind Dichte bzw. molares Volumen Funktionen der Zusammensetzung der Grenzflächenschicht. Für (7.95) folgt

$$a_{1s} = \frac{v_1^{(s)}}{d}; \qquad a_{2s} = \frac{v_2^{(s)}}{d} \tag{7.98.}$$

Zur Bestimmung der Funktion $\gamma(p, T)$ eliminiert man $dx_1^{(s)}$ unter Benutzung von Gl. (7.95.) aus (7.94.) und erhält

$$a\,d\gamma = -[s_{1s} - (1 - x_1^{(s)})\,s_{12}]\,dT + [v_{1s} - (1 - x_1^{(s)})\,v_{12}]\,dp \tag{7.99.}$$

$$= -(s_{1s} - x_2^{(s)}s_{12})\,dT + (v_{1s} - x_2^{(s)}v_{12})\,dp \tag{7.100.}$$

bzw. mit den Gln. (7.97)

$$\begin{aligned} a\,d\gamma = &-[x_1^{(s)}(s_1^{(s)} - s^{(1)}) + x_2^{(s)}(s_2^{(s)} - s^{(2)})]\,dT \\ &+ [x_1^{(s)}(v_1^{(s)} - v^{(1)}) + x_2^{(s)}(v_2^{(s)} - v^{(2)})]\,dp \end{aligned} \tag{7.101.}$$

Entsprechend gelten für den Temperaturkoeffizienten der Grenzflächenspannung

$$a\left(\frac{\partial \gamma}{\partial T}\right)_p = -[x_1^{(s)}(s_1^{(s)} - s^{(1)}) + x_2^{(s)}(s_2^{(s)} - s^{(2)})] \tag{7.102.}$$

und für die Druckabhängigkeit von γ

$$a\left(\frac{\partial \gamma}{\partial p}\right)_T = x_1^{(s)}(v_1^{(s)} - v^{(1)}) + x_2^{(s)}(v_2^{(s)} - v^{(2)}). \tag{7.103.}$$

Eliminiert man $d\gamma$ aus Gln. (7.94.), so gibt das Resultat die Abhängigkeit der Zusammensetzung der Grenzflächenschicht von Druck und Temperatur an

$$aG_{11}^{(s)}\, dx_1{}^{(s)} = \left[a_{1s}s_{12} - \left(\frac{\partial a}{\partial x_1}\right)^{(s)} s_{1s}\right] dT - \left[a_{1s}v_{12} - \left(\frac{\partial a}{\partial x_1}\right)^{(s)} v_{1s}\right] dp \qquad (7.104.)$$

Entsprechend gilt für die Temperaturabhängigkeit von $x_1{}^{(s)}$ bei $dp = 0$ und Gültigkeit von Gl. (7.97).

$$\left(\frac{\partial x_2{}^{(s)}}{\partial T}\right)_p = -\frac{s_{12}}{G_{11}^{(s)}} \qquad (7.105.)$$

Für die Schlußfolgerungen sei der Fall $s^{(1)} > s^{(s)} > s^{(2)}$ im betrachteten thermodynamischen System erfüllt. Damit folgt aus Gl. (7.105.) mit Gl. (7.57.) und der Gibbsschen Bedingung für die Stabilität der Phasengrenze ($G_{11}^{(s)} > 0$)

$$\left(\frac{\partial x_2{}^{(s)}}{\partial T}\right)_p > 0$$

Ist nun $x_2{}^{(s)} \ll 1$, vereinfacht sich Gl. (7.102.) zu dem Ausdruck

$$a\left(\frac{\partial \gamma}{\partial T}\right)_p \approx s^{(1)} - s^{(s)} > 0 \qquad (7.106.)$$

Die Grenzflächenspannung wächst also mit der Temperatur. Da auch $x_2{}^{(s)}$ einen positiven Temperaturkoeffizienten aufweist, ist die Voraussetzung $x_2{}^{(s)} \ll 1$ schließlich nicht mehr erfüllt und anstelle von Gl. (7.106.) gilt

$$a\left(\frac{\partial \gamma}{\partial T}\right)_p \approx s^{(2)} - s^{(s)} < 0 \qquad (7.107.)$$

mit $x_2{}^{(s)} \approx 1$. Die Grenzflächenspannung zwischen Polymeren muß also nicht stets monoton mit der Temperatur fallen; sie kann auch ein Maximum durchlaufen, das bei der Zusammensetzung

$$x_2{}^{(s)} = \frac{s^{(s)} - s^{(1)}}{s^{(2)} - s^{(1)}}$$

liegt. Die experimentellen Arbeiten (z. B. [26, 27, 29, 22, 23]) weisen einen schwach negativen Temperaturkoeffizienten der Grenzflächenspannung in Polymersystemen aus. Daher dürfte die Entropiedifferenz auf der rechten Seite von Gl. (7.107.) gering sein.

Analoge Betrachtungen sind für Gl. (7.103.) möglich. Aus Gl. (7.102.) kann man ferner die Zusammensetzung der Grenzschicht unter der Voraussetzung von Gl. (7.97.) abschätzen. Der Temperaturkoeffizient der Oberflächenspannung des reinen Polymers i folgt dem Gesetz

$$a \left(\frac{\partial \gamma}{\partial T}\right)_p^{(i)} = s^{(i)} - s_{i_0}^{(s)}$$

und ist nach den experimentellen Daten (z. B. [28]) stets größer als derjenige der Grenzfläche. Deshalb muß $s_i^{(s)} \neq s_{i_0}^{(s)}$ sein. KAMMER nähert durch Mittelwertbildung

$$s^{(1)} = \frac{1}{2}\,(s_1^{(s)} + s_{1_0}^{(s)})\,; \qquad s_2^{(s)} = \frac{1}{2}\,(s_{2_0}^{(s)} + s^{(2)})$$

und erhält anstelle von Gl. (7.102.)

$$\left(\frac{\partial \gamma}{\partial T}\right)_p \approx \frac{x_2^{(s)}}{2}\left(\frac{\partial \gamma}{\partial T}\right)_p^{(2)} - x_1^{(s)}\left(\frac{\partial \gamma}{\partial T}\right)_p^{(1)}$$

oder

$$x_2^{(s)} \approx \frac{\left(\frac{\partial \gamma}{\partial T}\right)_p + \left(\frac{\partial \gamma}{\partial T}\right)_p^{(1)}}{\frac{1}{2}\left(\frac{\partial \gamma}{\partial T}\right)_p^{(2)} + \left(\frac{\partial \gamma}{\partial T}\right)_p^{(1)}} \tag{7.108.}$$

Um die Abhängigkeit der Grenzflächenspannung von der Zusammensetzung der Grenzflächenschicht zu ermitteln, eleminiert man dp in Gl. (7.94.). Das unter Verwendung der Gl. (7.95.) erhaltene Ergebnis lautet

$$\left[\frac{v_{1s}}{v_{12}}\left(\frac{\partial a}{\partial x_1}\right)^{(s)} - a_{1s}\right] d\gamma = \left(s_{1s} - s_{12}\,\frac{v_{1s}}{v_{12}}\right) dT + \left(\frac{v_{1s}}{v_{12}} - x_2^{(s)}\right) G_{11}^{(s)}\, dx_1^{(s)} \tag{7.109.}$$

Betrachtet man den Grenzfall $x_1^{(s)} \to 0$, dann gilt mit Gleichung (7.95.) $\frac{v_{1s}}{v_{12}} \approx 1$ und für die Isotherme der Grenzflächenspannung folgt aus Gl. (7.109.) mit Gl. (7.94.)

$$a_{2s}\, d\gamma = -x_1^{(s)} G_{11}^{(s)}\, dx_1^{(s)} \qquad \text{mit } x_1^{(s)} \to 0,\ dT = 0. \tag{7.110.}$$

Die Integration von Gl. (7.110.) ergibt unter der Bedingung $a_{2s} \approx a_{2_0}^{(s)}$

$$\gamma = \frac{\mu_2^{(s)}}{a_{2_0}^{(s)}}, \tag{7.111.}$$

wobei die Integrationskonstante in $\mu_2^{(s)}$ enthalten sein soll. KAMMER behandelt nun die Grenzschicht als ideale Mischung der Polymere und schreibt für die chemischen Potentiale

$$\left.\begin{aligned} \mu_1^{(s)} - \mu_{1_0}^{(s)} &= RT\left[\ln\left(1 - \varphi_2^{(s)}\right) + \left(1 - \frac{r_1}{r_2}\right)\varphi_2^{(s)}\right] \\ \mu_2^{(s)} - \mu_{s_0}^{(s)} &= RT\left[\ln \varphi_2^{(s)} + \left(1 - \frac{r_2}{r_1}\right)\left(1 - \varphi_2^{(s)}\right)\right] \end{aligned}\right\} \qquad (7.112.)$$

mit

$$\varphi_2^{(s)} = \frac{r_2 x_2^{(s)}}{r_1 x_1^{(s)} + r_2 x_2^{(s)}} \quad \text{und} \quad \varphi_1^{(s)} = 1 - \varphi_2^{(s)}$$

r_i = Polymerisationsgrad des Polymers in der i-ten Phase

Da sich für $\varphi_2^{(s)} = 1$ die Oberflächenspannung der zweiten Komponente ergeben muß, lautet Gl. (7.111.) mit Gl. (7.112.)

$$\gamma = \gamma_2 + \frac{RT}{a_{2_0}^{(s)}}\left[\ln \varphi_2^{(s)} + \left(1 - \frac{r_2}{r_1}\right)\varphi_1^{(s)}\right], \quad \varphi_1^{(s)} \to 0. \qquad (7.113.)$$

Die Reihenentwicklung liefert den Zusammenhang

$$\gamma \approx \gamma_2 - \frac{RT}{a_{2_0}^{(s)}}\frac{r_2}{r_1}\varphi_1^{(s)} \qquad (7.114.)$$

und unter Verwendung von Gl. (7.98.) kann die Größenordnung der Dicke der Grenzschicht abgeschätzt werden

$$dx \approx \frac{(\gamma_2 - \gamma)\, v_{2_0}^{(s)}}{RT\,\frac{r_2}{r_1}\,\varphi_1^{(s)}}. \qquad (7.115.)$$

In [28] entwickelt KAMMER auf der Basis der Theorie der signifikanten Strukturen von EYRING eine einfache statistische Methode zur Berechnung der Oberflächenspannung von Polymerschmelzen. Ausgangspunkt ist die Überlegung, daß sich eine Flüssigkeit vom Kristall durch „Löcher" in der regelmäßigen Struktur unterscheidet. Die Flüssigkeitsteilchen haben also teils gasähnliche, teils festkörperähnliche Eigenschaften. Die Anwendung dieses Modelles auf Polymere unter den Voraussetzungen, daß nur die außenliegende Segmentschicht die Oberflächenspannung bestimmt, daß die Raumzellen in denen sich die Segmente befinden, eine hexagonale Anordnung haben und daß die zwischenmolekulare Wechselwirkung durch ein LENNARD-JONES-Potential beschrieben wird, führt zu dem Ausdruck

$$\gamma = 4{,}579\, k \left(\frac{N}{v_s}\right)^{2/3} \left(\frac{v_s}{v}\right)^2 \times \left\{0{,}7319 \frac{\varepsilon}{k} - 0{,}2\, cT \ln \frac{1 - 0{,}459\left[1 + \exp\left(-\frac{7{,}319\varepsilon}{kT}\right)\right]}{0{,}082}\right\} \quad (7.116.)$$

N = Avogadro-Konstante
v = molares Volumen des Polymers
v_s = molares Volumen des dem Polymer entsprechenden idealen Kristalls
k = Boltzmann-Konstante
ε = minimale Energie des Lennard-Jones-Potentials
c = Faktor zur Beschreibung der verringerten Beweglichkeit eines Segmentes der Polymerkette gegenüber dem freien Teilchen
T = absolute Temperatur

für die Oberflächenspannung von Polymeren, die nur Dispersionswechselwirkungen haben. Für polare Polymere muß Gl. (7.116.) um einen Summanden erweitert werden, da sich die Segmente der Oberfläche in einem unsymmetrischen elektrischen Feld E befinden, das zu ihrer Orientierung führt. Es gilt somit

$$\gamma = 4{,}579k \left(\frac{N}{v_s}\right)^{2/3} \left(\frac{v_s}{v}\right)^2 \times \left\{0{,}7319 \frac{\varepsilon}{k} - 0{,}2cT \left[\ln \frac{1 - 0{,}459\left[1 + \exp\left(-\frac{7{,}319\varepsilon}{kT}\right)\right]}{0{,}082} + \ln\left(\frac{ckT}{\mu E} \sinh \cdot \frac{\mu E}{ckT}\right)\right]\right\} \quad (7.117.)$$

μ = Dipolmoment des Segmentes
E = mittleres elektrisches Feld, das durch die Nachbarn der ersten bis dritten Schale erzeugt wird

Der Vergleich der Ausdrücke (7.116.) und (7.117.) mit dem Experiment zeigt, daß (7.116.) sehr gut für lineares Polyethylen gilt. Die Übereinstimmung von (7.117.) mit den Meßdaten von PMMA ist wesentlich schlechter. Kammer leitet daraus ab, daß die Beschränkung auf die äußerste Segmentschicht für polare Polymere wahrscheinlich nicht gerechtfertigt ist [28].

Schließlich sollen noch einige experimentelle Aussagen über die Ober- und Grenzflächenspannung von Polymeren aus den Arbeiten [26] und [27] zitiert werden. Mit der Methode des hängenden Tropfens wurden die Oberflächenspannung von Polyamid und verschiedenen Polyethylenen sowie die Grenzflächenspannung der Systeme PA/PE und PETP/PE gemessen und der Einfluß von Additiven auf die Oberflächenspannung untersucht. Die nach Gl. (7.102.) berechneten Temperaturkoeffizienten der Grenzflächenspannung stimmen für die untersuchten Systeme recht gut mit den Meßdaten überein [26]. Es zeigt sich, daß die lineare Temperaturabhängigkeit der Oberflächenspannung nur im engen Temperaturbereich gilt, wie das auch durch Gl. (7.116.) vorhergesagt wird. Für die untersuchten bzw. der Literatur entnommenen Systeme nicht mischbarer Polymere hat die Grenzflächenschicht nach Gl. (7.115.) eine Dicke von nur 5···10 nm. Der Zusatz grenzflächenaktiver Stoffe (z. B. Silikonöl) verringert in Abhängigkeit von der Konzentration die Oberflächenspannung der Polymere. Der Temperaturkoeffizient kann dabei wachsen oder fallen [27].

Literatur

[1] Fowkes, F. M. in Patrick, R. L.: "*Treatise on Adhesion and Adhesives*", Vol. 1, M. Dekker Inc., New York, 1967

[2] Fowkes, F. M. in Burke, J. J., Reed, N. L., Weiss, V.: "Surfaces and Interfaces. I. Chemical and Physical Characteristics", Syracuse Univ. Press, New York, 1967

[3] Fowkes, F. M. in Marchessault, R. H., Skaar, C.: "*Surface and Coatings Related to Paper and Wood*", Syracuse Univ. Press, New York, 1967

[4] Good, R. J., Hope, C. J.: J. Chem. Phys. **55** (1971), 111

[5] Fowkes, F. M.: L. Phys. Chem. **67** (1963), 12, 2538

[6] Fowkes, F. M.: Ind. & Eng. Chem. **56** (1964), 12, 40

[7] Zisman, W. A. in Weiss, P.: "*Adhesion and Cohesion*", Elsevier Publ. Co., Amsterdam/London/New/York, 1962

[8] Keesom, W. H.: Phys. Z. **22** (1921), 126

[9] Girifalco, L. A., Good, R. J.: J. Phys. Chem. **61** (1957), *7*, 904

[10] Good, R. J., Elbing, E.: J. Ind. & Eng. Chem. **62** (1970), *3*, 54

[11] Good, R. J.: J. Colloid & Interf. Sci. **59** (1977), 398

[12] Hamaker, H. C.: Physica **4** (1937), *10*, 1058

[13] Good, R. J. in Patrick, R. L.: "*Treatise on Adhesion and Adhesives*", Vol. 1, M. Dekker Inc., New York, 1967

[14] Good, R. J., Hope, C. J.: J. Chem. Phys. **55** (1971), 111

[15] Pitzer, K. S.: "*Advances in Chemical Physics*", I. Prigogine (ed.), II, Wiley-Interscience, New York, 1959

[16] Sinanoglu, O.: „*Intermolecular Forces*" in „*Advances in Chemical Physis*", (J. O. Hirschfelder ed.), XII, Wiley-Interscience, New York, 1967

[17] Kihara, T.: Rev. Mod. Phys. **25** (1953), 831

[18] Kihara, T.: Advances Chem. Phys. **5** (1963), 147

[19] Onsager, L.: J. Am. Chem. Soc. **58** (1936), 1486

[20] Israelachvili, I.: Quart. Rev. Biophys. **6** (1974), 341
[21] Avoird, van der, A., Hofelich, F.: J. Chem. Phys. **47** (1967), 1563
[22] Wu, S.: J. Coll. & Interf. Sci. **31** (1969), *2*, 153
[23] Wu, S.: J. Phys. Chem. **74** (1970), *3*, 632
[24] Wu, S.: J. Polymer Sci., Part C, (1971), *34*, 19
[25] Kammer, H.-W.: Z. phys. Chem., **258** (1977), *6*, 1149
[26] Berger, W., Olbricht, K., Kammer, H.-W.: Fafo u. Textilt. **27** (1976), *1*, 9
[27] Kammer, H.-W., Samek, P., Wietusch, R., Berger, W.: Fafo u. Textilt. **27** (1976), *1*, 15
[28] Kammer, H.-W.: Z. phys. Chem. **255** (1974), *3*, 607
[29] Kammer, H.-W.: Faserforschung und Textiltechnik **28** (1977) 1, 27

8. Das Makromolekül in der Grenzflächenschicht

8.1. Konformation und Adsorption

Im folgenden Abschnitt wird einiges über die Konformation der Makromoleküle in Grenzflächenschichten ausgesagt. Zunächst muß festgestellt werden, daß man zu dieser Frage nicht auf gesicherte Experimente zurückgreifen kann. Die Meßmöglichkeiten in Grenzflächenschichten sind bekanntlich sehr beschränkt. Während Streuexperimente entscheidende Informationen über die Konformation des Makromoleküles in der Volumenphase liefern, gilt dies aufgrund der Kleinheit der erzielbaren Effekte für die Grenzflächenschicht nicht. Entsprechend gewinnt die Theorie zur Beschreibung der Grenzflächenschicht eine besondere Bedeutung. Sie ermöglicht unter Ausnutzung in der Volumenphase bewährter Methoden und Modelle eine bessere Ausschöpfung des Inhalts des Gemessenen und erfüllt zudem eine heuristische Funktion.

Dabei verfügt die Physik weder über eine einheitliche Methode noch über ein einziges, allgemeingültiges Modell zur Behandlung der Konformationsprobleme von Makromolekülen in verschiedenen Zuständen, also verdünnte Lösung, konzentrierte Lösung, Schmelze und polymerer Festkörper. Eine Kritik der Methoden und Modelle ist also ständige Begleitung in allen Diskussionen über dieses Thema. Wo nötig, werden wir sie an geeigneter Stelle anführen. Im konkreten Fall ist stets zu berücksichtigen, welche Näherungen wo eingehen, welchen Gültigkeitsbereich und welche Funktion sie haben.

Im allgemeinen kann ein Resultat ohne vorherige experimentelle Verifikation erst dann als gesichert angesehen werden, wenn es für mehrere Modelle mit unterschiedlichen Methoden, also auch verschiedenen Näherungen, erhalten werden konnte. Die bisher am besten erforschte Grenzflächenerscheinung bei Polymeren ist die Adsorption, also die Konformation des Kettenmoleküls in der Grenzflächenschicht zwischen Metall oder auch Glas und einer makromolekularen Lösung. Hier liegt experimentell wie auch theoretisch das reichhaltigste und gesichertste Material vor. Dem Phänomen der Adsorption liegen aber die gleichen molekularen Wechselwirkungen zwischen Metall und Makromolekül zugrunde wie im Falle eines Metall-Polymerverbundes. Bedenkt man weiterhin, daß nach dem jetzigen Stand der Erkenntnis die Konformationen eines Makromoleküls, das sich verdünnt in einem guten Lösungsmittel befindet, und die desselben Makromoleküls in seinem amorphen Festkörper, gleichsam in sich selbst gelöst, ähnlich wenn nicht gar identisch sind, so sollten die Ergebnisse der Adsorptionsforschung einige Aussagekraft für die Adhäsion derselben Metall-Polymerpaarung besitzen.

Im Laborversuch beginnt die Verbundherstellung in einer Großzahl von Fällen aus der Lösung heraus. Da die Relaxationszeiten der die ganze Kette betreffenden Bewegung beim Entzug von Lösungsmittel oder auch beim Erkalten größer werden, als im Labormaßstab erkennbar, wird die Konformation der Makromoleküle in der Grenzflächenschicht wesentlich von seinem Verhalten an der Grenzfläche Adhärens/Lösungsmittel bestimmt werden.

Im Rahmen dieses Buches kann nicht auf die ganze Fülle der Arbeiten zur Adsorption eingegangen werden. Es sollen nur einige Aspekte, von denen wir glauben, daß sie für die Adhäsion von Bedeutung sind, dargestellt werden.

8.1.1. Theorie der Adsorption

Das Problem der Adsorption von Makromolekülen wird im allgemeinen als eine besondere Form der Konformationsbehinderung behandelt. Dem Molekül ist entweder ein Halbraum, z. B. der mit $x < 0$, verboten, oder es ist auf das Innere einer zylindrischen Pore oder eines Spaltes zwischen zwei Ebenen räumlich beschränkt. Zusätzlich zu dieser Behinderung wird dann eine Wechselwirkung zwischen der Wand und den Polymersegmenten und, falls betrachtet, auch den Lösungsmittelmolekülen eingeführt. Ausdruck dieser Wechselwirkung ist im allgemeinen ein Parameter χ_s. Er ist von der Art des Flory-Huggins-Parameters für Lösungen und gibt den Überschuß der Segment- zur Lösungsmittel-Wand-Wechselwirkung an.

Ziel der Arbeiten ist es, folgende Fragen zu beantworten:

a) Zahl der Segmente pro Grenzflächeneinheit entweder bezogen auf die Gesamtzahl der Segmente oder auf den Polymerisationsgrad (die Frage also nach der Beschaffenheit und Anzahl der „trains")
b) Zahl und Länge der Schlaufen, „loops"
c) Länge der Schwänze, „tails", in Abhängigkeit von der Kettenlänge und -steifheit, der Lösungsmittelqualität, den Konzentrationsverhältnissen in der Volumenphase und der Stärke der Adsorptionswechselwirkung.

Aus der Verteilung der loops, trains und tails kann dann die Dichteverteilung senkrecht zur Grenzfläche bestimmt werden. Gleichfalls ist die freie Energie der Grenzflächenschicht bestimmbar und daraus dann die Grenzflächenspannung. Einen guten Überblick über ältere Arbeiten zu diesen Fragen gibt SILBERBERG [1].

Es sollen neuere Arbeiten zu zwei Problemkreisen besprochen werden. Einmal geht es um den Einfluß des Lösungsmittels auf die Adsorption. Zuerst jedoch soll der Einfluß der Wechselwirkung zwischen der Festkörperoberfläche und den Polymersegmenten behandelt werden. Ein relativ übersichtliches Bild vom Verhalten adsorbierter Makromoleküle gibt die Arbeit von NINHAM u. Mitarb. [2]. Sie soll deshalb hier an den Anfang gestellt werden. Ausgangspunkt der Betrachtung, ist eine Kette aus N frei drehbar verbundenen Segmenten. Die Segmentlängenverteilung ist beliebig, wird aber für die Endresultate spezifiziert. Es wird dafür in der Arbeit eine feste Segmentlänge a gewählt. Die Berechnungen erfolgen ohne Berücksichtigung des „excluded volume" (es handelt sich hierbei um die mögliche räumliche Überlappung zweier Kettensegmente, die sich in der Kette weit entfernt voneinander befinden, folgt man der Rückgratkette). Das erscheint legitim und entspricht dem allgemein üblichen Vorgehen. Das typische Verhalten wird am denkbar einfachsten Modell gesucht und in folgenden Untersuchungen wird seine Gültigkeit auch für den Fall berücksichtigten „excluded volume's" einer Prüfung unterzogen. Das geschieht häufig durch eine zielgerichtete Simulation des Problems über eine Monte-Carlo-Prozedur auf einem Computer. Diese wäre z. B. ohne vorheriges Wissen über das zu erwartende Verhalten über die Möglichkeiten hinaus aufwendig oder gar unmöglich. Das Adsorptionspotential zwischen Wand und Polymersegment wird als Funktion des Abstandes des Segmentes von der Wand eingeführt. Es wird in der für die Zweiparametertheorie üblichen Thetanäherung verarbeitet. Diese Näherung berücksichtigt von diesem Potential lediglich eine summarische Stärke. Die Ortsabhängigkeit wird eleminiert: Wegstrecken, über die sich das Potential wesentlich ändert, es ist kurzreichweitig, überschreibt das Makromolekül durch nur ganz geringfügige Konformationsänderungen. Das Makromolekül merkt also lediglich die summarische Stärke. Diese Vereinfachung macht diese Berechnung erst möglich.

In der Arbeit werden folgende Größen berechnet:

— mittlere Segmentdichte über der Grenzfläche: $n(x)$
— mittlere Zahl der Segment-Wandkontakte: $\langle n \rangle$
— mittlerer Abstand der Kontaktstellen: $\langle \varrho^2 \rangle$
— Abstand des Masseschwerpunktes des Makromoleküls von der Grenzfläche: $\bar{x}$

Die Mittelung erstreckt sich über alle möglichen Konformationen. Die Adsorptionsenergie W, gemessen in kT-Einheiten, wird als Parameter variiert. Es konnte gezeigt werden, daß für den Wert der Adsorptionsenergie eine kritische Größe W_c existiert. Je nach der Relation der Adsorptionsenergie W zu diesem kritischen Wert verhält sich das Molekül anders. Daraus folgt:

1. $W \gg W_c$ $\qquad \langle n \rangle = N(1 - {}^a/_W) \qquad \langle \varrho \rangle^2 = Na^2$

$$\bar{x} = a^2/2W \qquad n(x) = \frac{N}{W}\,\theta(a - x)$$

Θ ist die Stufenfunktion. Das Molekül liegt mit fast allen Segmenten auf der Grenzfläche, $n(x)$ siehe Abb. 8.1. Auf der Oberfläche besitzt es die Dimension einer zweidimensionalen Kette aus N Segmenten.

2. $W \gtrsim W_c$ $\qquad \langle n \rangle = \dfrac{Na^2}{3W}\left(\dfrac{1}{W_c} - \dfrac{1}{W}\right) \qquad \langle \varrho^2 \rangle = \dfrac{2}{3}\,Na^2$

$$\bar{x} = \frac{1}{2}\left(\frac{1}{W_c} - \frac{1}{W}\right)^{-1} \qquad n(x) = 2N\left(\frac{1}{W_c} - \frac{1}{W}\right)$$

$$\times \exp\left\{-2x\left(\frac{1}{W_c} - \frac{1}{W}\right)\right\}$$

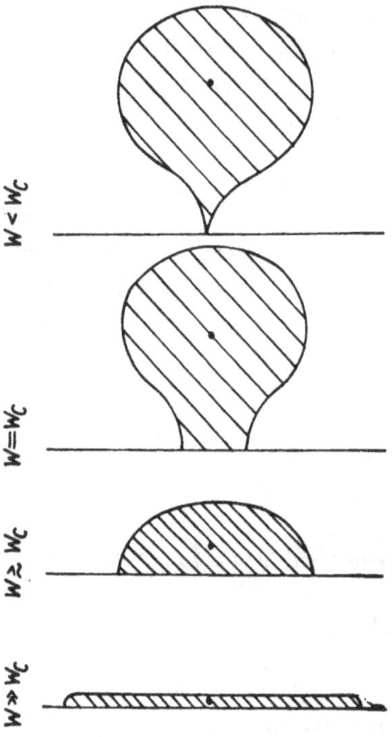

Abb. 8.1.: Gestalt eines Makromoleküls, adsorbiert an einer Wand, in Abhängigkeit der Größe der Adsorptionswechselwirkung W.
W_c = kritische Adsorptionswechselwirkung.

Im Vergleich zu 1. treten loops auf.

3. $W = W_c$ $\langle n \rangle = \sqrt{2\pi}\, N^{1/2} a/4 \cdot 3^{1/4} W_c$ $\langle \varrho^2 \rangle = \frac{2}{9} N a^2$

$$\bar{x} = 7\sqrt{2\pi}\, N^{1/2}/32\sqrt{3}$$

$n(x)$ ist nicht geschlossen darstellbar, s. Abb. 8.1. In diesem Fall ist der Energiegewinn durch die Adsorption äquivalent der Entropiezunahme durch die Konfigurationsbehinderung Wand.

4. $W < W_c$ $\langle n \rangle = (1 - W/W_c)^{-1}$ $\bar{x} = 2^{5/2} N^{1/2} a/\sqrt{3\pi}$

$$\langle \varrho^2 \rangle = \frac{2^{3/2}}{\sqrt{3\pi}} N^{1/2} a \left(\frac{1}{W} - \frac{1}{W_c}\right)^{-1}$$

Die Werte zeigen, daß es sich um eine Projektion eines im Raum freien Makromoleküls auf die behindernde Wand handelt.

W_c ist eine komplizierte Funktion der Ketteneigenschaften, das verwendete Kettenmodell geht hier also wesentlich ein. Im vorliegenden Fall ergibt sich:

$$W_c = 0{,}624\, a$$

a = Länge des Kuhnschen Segmentes

Die Segmentlänge ist in diesem Modell direktes Maß der Steifheit, je steifer eine Kette also ist, desto größer wird der kritische Wert der Adsorptionsenergie W_c sein. Um den gleichen Adsorptionszustand zu erreichen, muß eine steife Kette stärker an die Oberfläche gebunden werden als eine flexiblere. Wiegel [3] demonstriert an einem ähnlichen Modell die Existenz einer kritischen Schwelle der Adsorption für eine langreichweitige Wechselwirkung zwischen Wand und Segment. Sein Modell ist ein Gauss-Modell mit elektrisch gleichsinnig geladenen Verknüpfungspunkten der Segmente gegenüber einer gegensinnig dazu aufgeladenen Wand. Gelöst wird das Problem mit der Methode der Green-Funktion. Das entspricht dem gleichen Näherungsgrad wie in der vorhergehend zitierten Arbeit.

Für die kritische Adsorptionswechselwirkung ergibt sich

$$W_c = 0{,}24\,(ka)^2$$

Es zeigt sich, daß wieder die Steifheit, repräsentiert durch die Länge des Kuhnschen Segmentes a, diesen Wert direkt beeinflußt, in Übereinstimmung mit den vorher zitierten Resultaten. Weiterhin geht der Screeningparameter k des elektrischen Potentials ein. Er beschreibt die lokalen Verhältnisse in der

Nähe der Oberfläche. Je größer er ist, desto schneller klingt das Potential ab. Sein Einfluß geht also in eine erwartete Richtung. Man kann somit davon ausgehen, daß die kritische Adsorptionsenergie unabhängig von der Art der Adsorptionswechselwirkung auftritt. Für die hier verwendeten Modelle gelten bei Erscheinungen, die wesentlich durch die Länge charakterisiert werden können, die kleiner als das Kuhnsche Segment ist, Einschränkungen. Das Kuhnsche Segment liegt in der Größenordnung von 1 nm. Das ist aber gerade die der Höhe der „trains" über der adsorbierenden Fläche. Die Erscheinung der kritischen Adsorption muß also auch noch für Modelle mit Gültigkeit in diesem Bereich gezeigt werden. Das sind Gittermodelle. Die Atome der Kette werden auf ein Diamantgitter gelegt. Am prägnantesten konnte Birshtein [4] für Gittermodelle die Existenz des kritischen Wertes der Adsorption nachweisen. Beim Gittermodell wird das Makromolekül als eine Aufeinanderfolge von jeweils benachbarten Gitterpunkten gesehen. Das wird auf verschiedenen Gittertypen gemacht. Die Ergebnisse in den verschiedenen Typen unterscheiden sich nur quantitativ. Die qualitative Übereinstimmung zeigt die Allgemeingültigkeit der erhaltenen Resultate. Neben der Gitterkonstante ist die Koordinationszahl in diesem Modell der wichtigste Parameter. Je größer sie ist, desto flexibler sind die erzeugten Ketten. Zur Auswertung werden die Zahl der verschiedenen Konformationen gezählt. In der Regel auf kombinatorischer Basis. Das wird durch die räumliche Periodizität des Gitters möglich. In der Arbeit von Birshtein [4] werden alle „excluded volume"-Effekte vernachlässigt. Ihr Näherungsgrad entspricht in dieser Frage also genau dem Niveau der Näherung von Ninham und Wiegel. Die Auswertung basiert auf einem großkanonischen Ensemble aus trains, loops und tails. Die Methode führt zu einer klaren Trennung der Zustände oberhalb und unterhalb der kritischen Adsorptionsenergie durch einen Phasenübergang zweiter Art. Der kritische Wert hängt von der Koordinationszahl des Gitters in der Weise ab, daß steife Modellketten die größten kritischen Werte besitzen. M. Lax [5] konnte mit einer „exact enumeration" Technik an Gitterketten unter Berücksichtigung des „excluded volume" ebenfalls die Existenz eines Phasenübergangs zweiter Art beim Überschreiten einer bestimmten Adsorptionsstärke nachweisen. „Exact enumeration" ist das exakte Auszählen der Konformationen kurzer Ketten und darauffolgende Extrapolation der erhaltenen Mittelwerte auf beliebig große Segmentzahl. In Summe kann die Existenz einer kritischen Adsorptionsenergie als gesichert angenommen werden. Sie hängt im wesentlichen von der Flexibilität des Makromoleküls und den Gegebenheiten direkt an der adsorbierenden Oberfläche zusammen. Eine direkte Abhängigkeit von der Kettenlänge läßt sich nicht beobachten. Etliche Arbeiten befaßten sich mit einem Gittermodell und der Berücksichtigung des Lösungsmittels in einer „mean field"-Approximation (Silberberg [6], Roe [7], Helfand [8, 9] und Scheutjens/Fleer [10]).

Der Lösungsmitteleinfluß wird dabei durch den Flory/Huggins-Parameter dargestellt. Der χ-Parameter ist zum Standardparameter für die Beschreibung der Polymer-Lösungsmittelwechselwirkung geworden. Er tritt immer dann auf, wenn diese Wechselwirkung mit einem „mean field" behandelt wird. Das hängt mit der für diese Methode typischen Berücksichtigung der Kettennatur im entropischen Anteil und ihrer Vernachlässigung im energetischen Anteil der Zustandssumme zusammen.

Hier sollen die Resultate der Arbeit von Scheutjens und Fleer [10] referiert werden. Sie schließen in gewisser Weise diese Entwicklung ab und enthalten die richtigen Resultate der vorhergehenden Arbeiten der anderen Autoren.

Es wurden untersucht:

die adsorbierte Molekülmasse Γ,
die Oberflächenbedeckung Θ und
der relative Anteil der an der Oberfläche befindlichen Segmente des adsorbierten Moleküls p,

in Abhängigkeit von:

der Kettenlänge r,
der Polymer-Lösungsmittelwechselwirkung χ,
dem Adsorptionsenergieparameter χ_s und
der Volumengleichgewichtskonzentration Φ_*

Das überstrichene Konzentrationsintervall liegt im Bereich der verdünnten bis mäßig konzentrierten Lösung. Obwohl nicht Ziel der Arbeit, konnte gezeigt werden, daß im Grenzfall unendlicher Kettenlänge eine untere Schwelle der Adsorption existiert. Bemerkenswert ist die Unabhängigkeit dieser kritischen Adsorptionsenergie vom Lösungsmittel. Sie hängt nur vom Gittertyp, also der Kettenflexibilität ab.

Wird nun die Adsorptionsenergie um eine Größenordnung größer als ihr kritischer Wert, führt eine weitere Vergrößerung zu keiner wesentlichen Änderung an der adsorbierten Kette. Die Oberflächenbedeckung und der adsorbierte Betrag bleiben konstant. Der relative Anteil der direkt an der Oberfläche befindlichen Segmente am adsorbierenden Betrag, kurz „train fraction" genannt, fällt mit wachsender Konzentration und Kettenlänge. Die dazukommenden Segmente werden also in den loops und tails angelagert. Wesentlich ist der Einfluß der Lösungsmittelgüte auf die train fraction. Überraschend ist p geringer für schlechtere Lösungsmittel. Das folgt aus der Tatsache, daß die Grenzflächenschicht in guten Lösungsmitteln dünner ist als in schlechten Lösungsmitteln, immer gleiche Volumenkonzentration vorausgesetzt. Die Adsorption steigt mit schlechterer Lösungsmittelqualität und wachsender Kettenlänge. Während in guten Lösungsmitteln Γ schnell unabhängig von der Kettenlänge wird, steigt der adsorbierte Betrag linear mit dem Logarithmus der Kettenlänge in schlechten Lösungsmitteln. Der Anstieg ist unabhängig von der Adsorptionsenergie, was den Schluß nahelegt, daß diese Segmente in loops und tails auftreten. So erreicht die Oberflächenbedeckung ab einer bestimmten Kettenlänge einen konstanten Wert. Dieser ist um so höher, je schlechter das Lösungsmittel ist. Für einen bestimmten Wert von Γ ist Θ in schlechten Lösungsmitteln größer als in guten. Diese Eregbnisse sind im wesentlichen in Übereinstimmung mit Experimenten. Bemerkenswert scheint, daß sie für Ketten aus drei Segmenten mit den exakten Berechnungen an diesem Modell von Ash, Everett, Findenegg [11] gut übereinstimmen. Die gemachten Näherungen erweisen sich in diesem Fall also als vertretbar. Der dargestellte Stand der Theorie der Adsorption läßt zwei Tatsachen in Hinsicht auf die Adhäsion wichtig erscheinen:

— Der kritische Wert der Adsorptionswechselwirkung muß überschritten werden, um von Adsorption sprechen zu können. Sicher ist dieser kritische Wert auch von entscheidender Bedeutung für die Adhäsion. Er wird entscheidend von der Kettenflexibilität und den lokalen Verhältnissen direkt an der adsorbierenden Oberfläche beeinflußt.
— Die Lösungsmittelqualität ist von entscheidendem Einfluß auf den Zustand der Adsorptionsschicht. Das führt zu der Forderung, die verwendeten makromolekularen Lösungen nicht nur hinsichtlich der Molmasse des gelösten Moleküls, sondern auch nach dem auftretenden Wechselwirkungsparameter χ, bzw. dem zweiten Varialkoeffizienten A_2, zu charakterisieren. Besondere Bedeutung muß der Verbundherstellung aus schlechten Lösungsmitteln beigemessen werden. Hier ist die größte Haftfestigkeit zu erwarten.

8.1.2. Das Makromolekül in der Grenzflächenschicht eines Polymer-Polymer-Verbundes

Die Arbeiten zur Konformation von Makromolekülen in Polymer-Polymer-Verbunden sind auf Paarungen mit geringer Mischbarkeit beschränkt. Wesentlich zur Klärung haben Arbeiten von Helfand u. Mitarb. beigetragen. Es wurde sowohl mit einem Gauss-Modell, also für Erscheinungen mit einem $\Delta l > a$, als auch mit einem Gittermodell für $\Delta l < a$ gerechnet.

Die wesentlichsten Ergebnisse erbrachte die Arbeit von Helfand/Tagami [12]. Sie beschreiben die Grenzflächenschicht zweier unverträglicher Polymere, beziehen sich dabei auf Polystyren und Polybutadien bzw. Polystyren und

Polymethylmetacrylat. Das Polymermodell ist eine GAUSSsche Kette aus Z Segmenten der Länge a. Die Methoden sind die des „self consistent field" und „mean field"-Approximation für die Wechselwirkung. Es werden angenommen:

— Die Unverträglichkeit als abstoßende Wechselwirkung zwischen Segmenten ungleicher Makromoleküle,
— die Kohäsion als anziehende Wechselwirkung zwischen gleichen Segmenten.

Berechnet werden der Dichteverlauf senkrecht zur Grenzfläche, die Grenzflächenschichtdicke und Grenzflächenspannung. Es ergeben sich

$$\varrho_{A,B} = \varrho_0\{1 + \exp[\pm 2(6\chi)^{1/2}x/a]\}^{-1}$$

$$\Delta x = 2a/6\sqrt{\chi}$$

$$\gamma = (\chi/6)^{1/2}\, a\varrho_0 kT$$

in guter Übereinstimmung, berücksichtigt man die Vereinfachungen von Modell und Methode, mit den experimentellen Gegebenheiten. Eine Schwierigkeit sind dabei verläßliche χ-Werte. Für Lösungsmittel-Polymer-Systeme wird der χ-Parameter aus den Daten der Lichtstreuung gewonnen. Diese ist für Polymer-Polymer-Systeme nicht anwendbar. Die verläßlichsten Werte liefert hier die Neutronenstreuung.

Eine weitere Arbeit von HELFAND/TAGAMI [13] führt die eben beschriebenen Arbeiten detaillierter aus. Es wird gezeigt, daß die Grenzflächeneigenschaften asymptotisch unabhängig vom Molekulargewicht sind, wenn wenig oder kein Lösungsmittel präsent ist. Eine dritte, niedermolekulare Komponente wird bevorzugt an der Grenzfläche adsorbiert werden und den Grad der Interpenetranz von A in B vergrößern. Diese Arbeiten bleiben auf schlecht mischbare Polymerpaare beschränkt, da alle nichtlokalen Wechselwirkungen vernachlässigt werden müssen, um die Rechenbarkeit zu gewährleisten.

Literatur

[1] SILBERBERG, A.: Pure Appl. Chem. **26** (1971), 582
[2] CHAN, D., MITCHELL, D. J., NINHAM, B. W., WHITE, L. R.: Faraday Transactions *II* **71** (1975), 235
[3] WIEGEL, F. G.: J. Phys. *A* **10** (1977), 299
[4] BIRSHTEIN, T. M.: Macromolecules **12** (1979), 715
[5] LAX, M.: J. chem. Phys. **61** (1974), 4133
[6] SILBERBERG, A.: J. chem. Phys. **48** (1968), 2835
[7] ROE, R. J.: J. chem. Phys. **60** (1974), 4192
[8] HELFAND, E.: J. chem. Phys. **63** (1975), 2192

[9] HELFAND, E.: Macromolecules **9** (1976), 307
[10] SCHEUTJENS, J. M. H. M., FLEER, G. J.: J. phys. Chem. **83** (1979), 1619
[11] ASH, S. G., EVERETT, D. H., FINDENEGG, G. H.: Transactions Faraday Soc. **66** (1970), 708
[12] HELFAND, E., TAGAMI, Y.: J. Polym. Sci. *B* **9** (1971), 741
[13] HELFAND, E., TAGAMI, Y.: J. Chem. Phys. **56** (1972), 3592

8.2. Diffusionstheorie

Betrachtete man in den bisher genannten verschiedenen Ansätzen die Adhäsion unter dem Blickwinkel der zwischen den Molekülen wirkenden Kräfte und abstrahierte von der Mischbarkeit der Komponenten der sich berührenden Phasen, so ist das nur im Falle einer Haftung an einer Metallfläche berechtigt. Behandelt man jedoch eine haftende Grenzfläche Polymer/Polymer, so muß auch der Einfluß der möglichen Diffusion von Molekülen aus der einen in die andere Phase berücksichtigt werden. Dazu liegen eine Reihe von Arbeiten VOJUCKIJS u. Mitarb. vor (eine Zusammenfassung siehe [27]). Der Grundgedanke besteht darin, daß die Makromoleküle stoffliche Brücken zwischen den in Kontakt befindlichen Flächen der polymeren Körper ausbilden. Die Grenzflächenschicht enthält also ein Gemisch aus Molekülteilen oder ganzen Molekülen beider Polymere. Die Verbindung der beiden Körper wird gleichsam „formschlüssig". Die Behandlung der Diffusion von Makromolekülen in Grenzflächenschichten berührt drei wichtige Problemkreise. Zum einen sind das die Fragen, die mit der Mischbarkeit bzw. Verträglichkeit der Polymere untereinander zusammenhängen, zum anderen die der Diffusion von Kettenmolekülen in dichten Polymersystemen. Drittens spielt die langsame Einstellung des stabilen Zustandes eine wichtige Rolle bei der Interpretation der experimentellen Resultate. Es handelt sich also um noch offene Probleme der Polymerphysik, deren Lösung trotz großer Fortschritte noch aussteht [9, 20]. Die grundlegenden Ideen VOJUCKIJS sind aber über die Zeit erhalten geblieben. Die Segmente des Makromoleküls besitzen eine Beweglichkeit, und es existiert ein freies Volumen, das Umlagerungen gestattet. VOJUCKIJS Vorstellungen sind also nicht von vornherein als veraltet anzusehen. Ihr qualitativer Wert bleibt unbestritten. Einwände bestehen gegen seine quantitativen Resultate [24], insbesondere gegen sein Temperatur-Zeit-Regime im Experiment. Neuere Messungen ergaben die wesentlichen Charakteristiken der Diffusion von Polymeren in dichten Systemen [42]:

- Die Diffusion läßt sich mit dem II. FICKschen Gesetz beschreiben.
- Die Diffusionskonstante hängt nicht von der Konzentration ab.
- Für Temperaturen leicht über der Glastemperatur ist die Diffusionskonstante D in der Größenordnung 10^{-12} cm²/s.

Diese bilden gerade die notwendigen Voraussetzungen für VOJUCKIJS Diffusionstheorie der Adhäsion. Dadurch, daß sich VOJUCKIJ vorwiegend mit der Autohäsion beschäftigt, also mit Haften zweier Körper aus ein und demselben Material, umgeht er alle Fragen der Mischbarkeit und Verträglichkeit von Polymerpaaren. In den Arbeiten, die sich mit Adhäsion beschäftigen, bringt er lediglich den Nachweis über die Gültigkeit der Grundbegriffe seiner Theorie auch für diesen Fall. Spezifische Effekte kann er nicht erklären.

8.2.1. *Qualitative Darstellung der Theorie*

Eine geschlossene Beschreibung der Theorie und der zur Adhäsion von Polymeren (insbesondere Elastomere) gesammelten experimentellen Daten lieferte VOJUCKIJ in [27]. Hier wird das von FRENKEL und EYRING für einfache Flüssigkeiten entwickelte Konzept der Selbstdiffusion und des viskosen Fließens auf amorphe Polymere mit flexiblen, linearen Ketten in seinem Grundgedanken übertragen und entsprechend modifiziert. Die amorphen Polymere besitzen in Analogie zu den Flüssigkeiten eine Nahordnung, aber keine Fernordnung. Ebenfalls sind freie Plätze (Löcher) vorhanden, was durch das sogenennte freie Volumen experimentell belegt werden kann. Ferner ist die Flexibilität der Polymerkette so zu verstehen, daß infolge der durch Substituenten behinderten freien Rotation der C-C-Bindung in der Rückgratkette definierte, energetisch günstige Lagen (Konformationen) für das Makromolekül existieren und an einer Konformationsänderung stets mehrere Bindungen der Grundkette des Polymermoleküls teilnehmen müssen. Aus dieser sogenannten kooperativen Bewegung ergibt sich die Tatsache, daß sich erst Molekülteile von gewisser Länge (sogenannte Segmente) relativ unabhängig voneinander bewegen können. Der Platzwechsel in ein Loch im hochmolekularen Festkörper erfolgt also nicht nur gegen das Kraftfeld der in der Nahordnung benachbarten Makromoleküle, sondern auch gegen die energetischen Behinderungen bei Konformationsänderungen (die ja Voraussetzung für die Ortsveränderung sind) im eigenen Molekül. Als kinetische Einheiten treten also die Segmente in Erscheinung. Für die Diffusion ist ihre relative Größe zum freien Volumen entscheidend.

Die Länge der Segmente hängt erstens von der Konstitution des Polymeren ab; zweitens verändert sie sich entsprechend der intramolekularen Kraftfelder und der Temperatur. Die Segmentlänge ist eine für jedes Polymer charakteristische Größe.

Im allgemeinen legt man die Segmentlänge, FLORY [8] folgend, so fest, daß die Kette aus den Segmenten einmal die gleiche gestreckte Länge wie die Ausgangskette hat, zum anderen die zweiten Momente der Kettenendenabstandsverteilung jeweils übereinstimmen. Das führt für die gebräuchlichen Massenplaste zu Segmentlängen in der Größenordnung von 1 nm.

Die bisherigen Überlegungen ergeben, daß im polymeren Festkörper in Abhängigkeit von seinem Energieinhalt eine Selbstdiffusion von Segmenten auftritt. Diese mikrobrownsche Bewegung verändert infolge der Kopplung der Segmente im individuellen Makromolekül dessen Form und kann unter passenden energetischen Bedingungen zur Verlagerung des Molekülschwerpunktes (= makrobrownsche Bewegung) führen. Die Anwendung des Begriffes Selbstdiffusion ist berechtigt, da die Platzwechsel in Abwesenheit äußerer Kraftfelder zufällig bezüglich ihrer Richtung stattfinden. Es wird davon ausgegangen, daß die Selbstdiffusion durch die innere Energie und die Höhe der Potentialschwellen gesteuert wird. Unter der Einwirkung äußerer Kräfte (z. B. Druck, Scherspannung) wird entweder die Höhe der Potentialschwellen variiert, die beim Platzwechsel überwunden werden müssen, oder die räumliche Symmetrie der Potentiale gestört. Dabei führt ersteres zur Veränderung der Diffusionsgeschwindigkeit bei Erhaltung der Isotropie der Richtung; durch letzteres wird jedoch eine Vorzugsrichtung für Platzwechsel erzeugt. Auf diese Weise erklärt sich das viskose Fließen von Polymeren beim Anlegen einer Scherspannung. Dieses zunächst allgemein für Bewegungsvorgänge im Polymer entwickelte Modell wendet Vojuckij auf Autohäsion und Adhäsion zwischen makromolekularen Substanzen an. Die Festigkeit von Polymerklebstoffen beruht demnach darauf, daß sie aufgrund ihres Aufbaus aus Makromolekülen die Segmentbeweglichkeit mit einer ausreichenden Kohäsionsenergiedichte verbinden, welche durch die hohen Potentialschwellen bestimmt wird.

Diese allgemeinen Vorstellungen werden nun auf den Fall der Autohäsion angewendet. Bringt man zwei Oberflächen des gleichen Polymers in Kontakt, so entsteht bei ausreichend hoher Temperatur (d. h., die innere Energie ist so groß, daß die Selbstdiffusion stattfindet) eine Haftung, die als Autohäsion bezeichnet wird. Wie Abb. 8.2. schematisch zeigt, vermischen sich die Makromoleküle an der Grenzfläche durch Diffusion. Der Endzustand ist erreicht, wenn sich die Strukturen im Polymervolumen und in der Grenzflächenschicht nicht mehr unterscheiden. Da hierzu eine größere Verlagerung von Molekülschwerpunkten nötig ist, verbunden mit einer Vielzahl von Platzwechseln, ergibt sich ein enormer Zeitaufwand, der im Experiment je nach Temperatur Tage bis Monate erreicht [39]. Deshalb wird in der Praxis die Verzahnung der Kettenenden der Makromoleküle der in Kontakt befindlichen Oberflächen als üblicher Zustand der Verklebung anzutreffen sein. Die Autohäsion beruht also auf reinen Selbstdiffusionsprozessen, deren Geschwindigkeitsverteilung durch die Segmentlängen und die Potentialverhältnisse bestimmt ist, die in den in Kontakt befindlichen Körpern gleich sind. Thermodynamisch ist die Autohäsion auf Basis der Selbstdiffusion ein entropieerhöhender Prozeß bei unveränderter innerer Energie.

Nehmen nun unterschiedliche Stoffe am Aufbau der Verbindung teil, sind

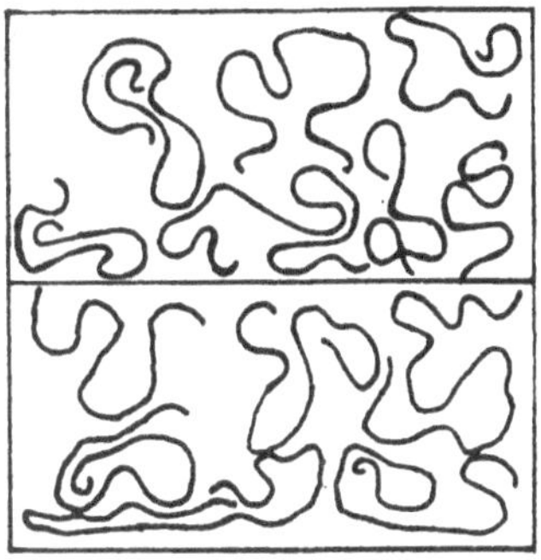
a)

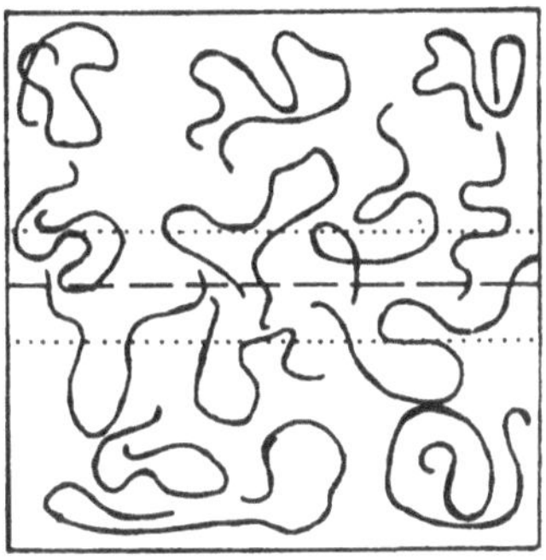
b)

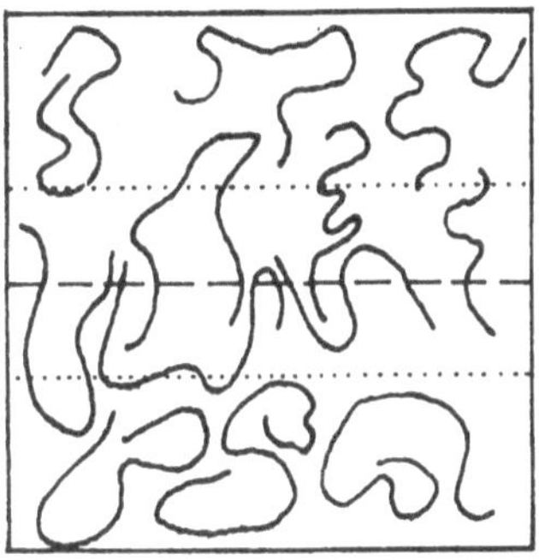
c)

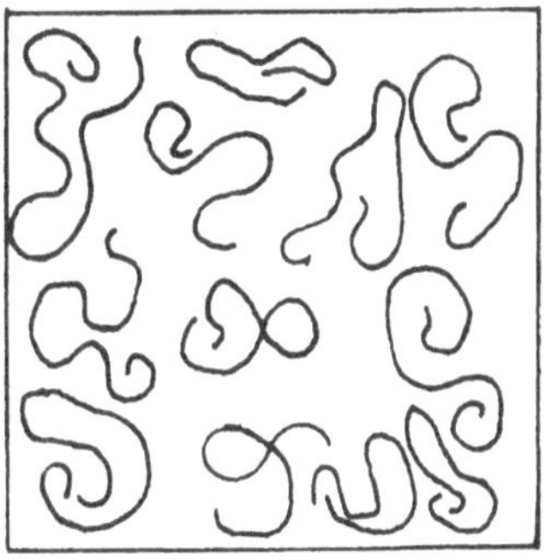
d)

Abb. 8.2.a): Zwei Stücke des gleichen Polymers im Moment des Kontaktes.

Die Struktur ist durch geknäuelte Makromoleküle und „Löcher" gekennzeichnet.

Abb. 8.2.b): Die Kettenenden der Makromoleküle der Oberfläche besetzen freie Plätze auf der anderen Seite der Grenzfläche (—); diese verschwimmt zur Grenzflächenschicht (. . .).

Abb. 8.2.c): Neben den Kettenenden sind auch die großen Schlaufen diffundiert.

Die Grenzflächenschicht hat ihre maximale Ausdehnung erreicht, da die weitere Streckung der Oberflächenmakromoleküle energetisch ungünstig ist. Dieses Stadium ist der Endzustand, wenn die innere Energie nicht für die Platzwechsel ganzer Moleküle ausreicht.

Abb. 8.2.d): Die Diffusion ganzer Moleküle hat zum Verschwinden der Strukturunterschiede zwischen Volumen und Grenzflächenschicht geführt.

Dieser Zustand ist praktisch nur über die Schmelze realisierbar.

die Potentialverhältnisse, die die Unterschiede in chemischer und morphologischer Struktur widerspiegeln, in den beiden Körpern verschieden. Folglich wirken diese Faktoren auf die Segmentbeweglichkeit und damit auf die Diffusionsgeschwindigkeitsverteilung. Im allgemeinen geht die Klebwirkung in derartigen Verbunden von den Adhäsivmolekülen aus, während die Moleküle des Adhärens relativ unbeweglich sind. Diese zusätzlichen Einflüsse führen bei der Adhäsion dazu, daß die Grenzflächenschicht durch die Wechselwirkung zwischen den chemisch verschiedenen Makromolekülen eine von den Volumenphasen abweichende Struktur zeigt. Sie kann in der Regel nur aus verstreckten, in den freien Plätzen des Adhärens verankerten Adhäsivmolekülen bestehen. Zur Festigkeit der Grenzflächenschicht kann keine allgemeingültige Aussage formuliert werden. Vojuckij ist der Ansicht, daß diese komplizierten Potential- und Beweglichkeitsverhältnisse in der Grenzflächenschicht durch die Löslichkeit der Polymere ineinander bzw. ihre chemische Verträglichkeit erfaßbar sind.

Dieses hier zunächst in seinen allgemeinen Zügen dargestellte Diffusionsmodell der Adhäsion wurde von verschiedenen Autoren an einer großen Zahl von Systemen überprüft. Die Autohäsion untersuchen Vojuckij, Samasij, Bister u. Mitarb. an Polyisobutylen [29, 33, 34, 2]. Die Arbeiten [29, 36] und [2, 29] befassen sich mit der Autohäsion von Butadien-Acrylnitril-Copolymeren bzw. Polychloropren. Zur Untersuchung der Adhäsion verwenden Šapovalova u. Mitarb. in [19] Butadien-Acrylnitril-Copolymere als Adhäsiv auf Zellophan und Gelatine. In [28] und [35] wurden die Polymere Polyisobutylen, Polyisopren, Butadien-Styren-Copolymer, Butadien-Methylstyren-Copolymere, Butylkautschuk, Polybutadiene und Butadien-Acrylnitril-Copolymere auf Zellophan als Adhärens untersucht.

Bresler u. Mitarb. betrachteten Polyisopren auf Naturkautschuk [3]. Mit der Haftung verschiedener Kautschuksorten auf Zellophan, Polyamid, Polyethylen, Polyisobutylen und Butadien-Acrylnitril-Copolymeren befassen sich Vakula u. Mitarb. in ihrer Arbeit [23].

Anhand der Untersuchungsergebnisse lassen sich die existierenden Einflußgrößen in vier Klassen einteilen, die nun zur weiteren Darstellung der Diffusionstheorie diskutiert werden sollen.

8.2.2. *Einflüsse auf die Herausbildung des Haftverbundes*

Kontaktdauer

Aus den oben angeführten Modellvorstellungen leitet sich ab, daß die Platzwechselhäufigkeit und damit die Diffusionsgeschwindigkeit der Segmente bei einer definierten Temperatur von den Potentialverhältnissen in den sich berührenden Körpern und in der Grenzflächenschicht abhängen. Für das erreichte Stadium der Diffusion und damit für die Adhäsion ist die verflossene Zeit, die das System unter bestimmten Bedingungen verweilt, eine wesentliche Größe. Die experimentell bestimmbare spezifische Schälkraft (spezifische Größen sind auf die Flächeneinheit bezogene Größen) erreicht einen konstanten Wert, wenn sich die Struktur der Grenzflächenschicht nicht mehr verändert. Die dazu erforderliche Zeit ist sowohl bei Autohäsion alsauch bei Adhäsion eine charakteristische Größe für das System, sofern alle übrigen Parameter der Herstellung des Verbundes definiert sind.

In Übereinstimmung mit diesen Überlegungen ergeben die experimentellen Arbeiten für Autohäsion und Adhäsion ein nachlassendes Ansteigen der spezifischen Schälkraft mit andauerndem Kontakt. Nach gewisser Zeit stellt sich ein konstanter Wert der spezifischen Schälkraft ein [2, 7, 19, 27, 28, 32···36]. Für die Autohäsion sind die Verhältnisse erwartungsgemäß am übersichtlichsten. VOJUCKIJ kann in [31] die Zeitabhängigkeit der Autohäsionskraft durch eine Parabel beschreiben (Exponent < 1) und weiterhin nachweisen, daß die Festigkeit des Verbundes nach der charakteristischen Zeit, die bis zur Erreichung der konstanten Schälkraft vergeht, gleich der Kohäsionsenergiedichte ist. Die Annahmen der Diffusionstheorie werden also bestätigt.

Für die Adhäsion zweier verschiedener polymerer Stoffe finden VOJUCKIJ, RAEVSKIJ, JAGNJATINSKAJA in [32] für die Schälkraft P das Gesetz

$$P = Kt^{\alpha}, \qquad \alpha < 1 \tag{8.1.}$$

K = Koeffizient zur Beschreibung der Verträglichkeit der Polymere
α = Parameter der Bildungsgeschwindigkeit der adhäsiven Bindung

(Die Autoren [32] stellen fest, daß α nur wenig von der Art der Hochpolymere abhängt.)

Die übrigen zitierten experimentellen Arbeiten unterstreichen diese Tatsache. Die sich nach der charakteristischen Zeit einstellende Adhäsionsenergiedichte liegt im allgemeinen zwischen den Werten der Kohäsionsenergiedichten der beteiligten Komponenten. Dieses Ergebnis unterstützt, wie auch die Arbeiten [21, 22], die These, daß sich die Struktur der Grenzflächenschicht von der Struktur des Polymervolumens unterscheiden kann.

Druck während des Kontaktes

Die allgemeinen theoretischen Betrachtungen des Abschn. 8.2.1. ergeben die Schlußfolgerung, daß ein isotropes Kraftfeld, also auch der Druck, erst dann die Diffusion beeinflußt, wenn die Struktur und damit die Wechselwirkungspotentiale im Polymer deformiert werden. In der Regel vertiefen sich die Potentialmulden, so daß die Diffusion langsamer ablaufen sollte. Berücksichtigt man, daß die im Experiment eingesetzten, relativ geringen Drücke [19, 27] nicht zu derartigen Deformationen führen können, so befindet sich das experimentelle Ergebnis, wonach die Schälkraft von aus der Lösung auf das Adhärens gebrachten Polymeren Adhäsivschichten unabhängig vom Kontaktdruck ist [19], in Übereinstimmung mit der Diffusionstheorie. Wirkt jedoch bei der Herstellung des Verbundes zweier fester Polymere ein Druck, so finden Vojuckij u. Mitarb., daß die Schälkraft bei Kontaktzeiten, die kürzer als die systemspezifische charakteristische Zeit sind, mit dem Druck wächst bis ein Sättigungswert erreicht ist. Auf die sich nach Ablauf der charakteristischen Zeit einstellende Schälkraft hat der Kontaktdruck keinen Einfluß [19]. Vojuckij zieht aus diesen beiden Tatsachen in Übereinstimmung mit seiner Theorie den Schluß, daß der Druck nicht eigentlich die Diffusion beeinflußt, sondern nur die wahre Kontaktfläche zweier fester Polymere durch plastische und elastische Deformation der Oberflächenunebenheiten vergrößert. Diese These wird durch den Umstand unterstützt, daß der Sättigungswert des Druckes mit der Härte des Polymers korrespondiert [27].

Kontakttemperatur

Da die Temperatur ein Maß für die innere Energie des Systems darstellt, die ihrerseits die Schwingungsamplitudenverteilung der Segmente in den Potentialmulden bestimmt, steigt mit der Temperatur die Platzwechselhäufigkeit. Natürlich wächst mit der Temperatur auch das freie Volumen bzw. die Zahl der Löcher, insbesondere oberhalb der Glastemperatur, bei der die Segmentbeweglichkeit einsetzt, jedoch ist Vojuckij der Ansicht, daß der Temperatureinfluß auf die Schwingungsenergie wegen der hohen Potentialschwellen wesentlich die Platzwechselhäufigkeit bestimmt [27]. Steigt die Temperatur weiter, so tritt im Schmelzgebiet die Diffusion ganzer Makromoleküle ein. Diese theoretische Schlußfolgerung unterstützen z. B. die in [27] für PVC angeführten Versuchsdaten.

Ferner zeigen die Experimente, daß für das jeweilige Material charakteristische, 30 bis 60 K breite Temperaturintervalle existieren, in denen sich der Anstieg der Autohäsionskraft durch einen Arrhenius-Ansatz

$$P = P_0 \exp\left(-\frac{E}{RT}\right) \tag{8.2.}$$

P = Schälkraft beim Trennen des Verbundes
E = Aktivierungsenergie des Prozesses
P_0 = const
R = Gaskonstante
T = absolute Temperatur bei Verbundherstellung

darstellen läßt [27].

Die nach Gl. (8.2.) bestimmten Aktivierungsenergien betragen z. B. 9,91 kJ mol^{-1} für Polybutadien [36], 11,7 kJ mol^{-1} für Polyisobutylen [33] 36,4 kJ mol^{-1} bei Polyisopren [3] und ca. 101,3 kJ mol^{-1} für PVC [27]. Nach Vojuckij [27] sind diese Werte für Diffusionsvorgänge charakteristisch, wenn man den Molekülbau berücksichtigt. Das wird in neueren Messungen bestätigt [39].

Das Experiment bekräftigt also wiederum für die Autohäsion die Aussagen der Diffusionstheorie. Sie sind prinzipiell auch auf die Adhäsion übertragbar, was z. B. aus den Arbeiten von Vojuckij u. Mitarb. [35] und McLaren [12] hervorgeht. Da aber auch hier häufig zusätzliche Einflüsse wie Polaritätsunterschiede zwischen den Makromolekülen von Adhäsiv und Adhärens, temperaturabhängige Verträglichkeit der Polymere oder molekulare Überstrukturen wirken, weicht der experimentelle Verlauf häufig von der theoretisch erwarteten Funktion ab. Die Ergebnisse lassen sich dennoch zumindest qualitativ durch die Diffusionstheorie erklären.

Schließlich muß darauf hingewiesen werden, daß die Temperatur und theoretisch unter gewissen Bedingungen auch der Druck die Länge der charakteristischen Zeit beeinflussen, da sie die Platzwechselhäufigkeit und folglich auch die Diffusionsgeschwindigkeit bestimmen. Eine derartige wechselseitige Abhängigkeit der Größen tritt auch bei den im folgenden diskutierten Einflüssen in Erscheinung und kompliziert beträchtlich die Interpretation der Experimente.

Einfluß der Dicke der Polymerschicht

Vojuckij u. Mitarb. finden bei ihren Untersuchungen von Autohäsion und Adhäsion verschiedener Elastomere einen Abfall der Haftkraft mit sinkender Schichtdicke, wenn diese einen systemspezifischen Wert unterschreiten. Dieser Wert liegt in der Größenordnung von 100···200 μm [23, 34, 19], was der Dicke entspricht, die spezielle morphologische Strukturen in Polymergrenzschichten aufweisen [21, 22]. Nach Vojuckij [27] sollen Einwirkungen des Adhärens auf das Adhäsiv dieses Verhalten verursachen, was also nicht ursächlich mit dem Modell der Diffusion zusammenhängt.

Dieses an Elastomeren erhaltene Resultat steht im Widerspruch zu den Ergebnissen vieler anderer Autoren, die eine entgegengesetzte Tendenz feststellen. Sie begründen den Abfall der Haftung mit wachsender Dicke der Adhäsivschicht durch verschiedene Einflüsse, zu deren Interpretation entsprechende theoretische Ansätze vorhanden sind [1, 4, 5, 11]. Zusammenfassend erklärt sich danach der Abfall der Haftkraft mit wachsender Schichtdicke entweder dadurch, daß der Bruch nicht in der Grenzflächenschicht, sondern im Adhäsiv eintritt (zur experimentellen Feststellung des

Bruchcharkters siehe Šapovalova u. Mitarb. in [19]), oder durch die Bildung von Spannnugen in der Grenzflächenschicht, die zum lokalen Adhäsivbruch führen.

Wirkung von Weichmachern, Lösungsmitteln und Füllstoffen

Die Einarbeitung von Weichmachern in ein Polymer hat in jedem Fall die Steigerung der molekularen Beweglichkeit zur Folge, da sie die inter- und intramolekularen Wechselwirkungen abschwächen, also die Potentialschwellen absenken. Im folgenden wird nur die äußere Weichmachung in ihrer Wirkung auf die Haftfestigkeit diskutiert. Da Weichmacher die Kraftwirkungen zwischen den Molekülen abbauen, sollten sie stets die Autohäsion bzw. die Adhäsion verbessern, da die Diffusion erleichert wird. Glas- und Schmelztemperatur sinken, bzw. diese beiden Übergangsbereiche verschmelzen zu einem breiten Übergangsgebiet [27]. Andererseits verringert die bessere molekulare Beweglichkeit die Kohäsionsenergiedichte des polymeren Materials. Welcher der beiden Einflüsse auf die Haftfestigkeit dominiert, hängt von den Potentialverhältnissen im unplastifizierten Polymer und der eingeführten Weichmachermenge ab.

Untersuchungen der Autohäsion plastifizierter Elaste beweisen die Existenz dieser gegenläufigen Effekte. Geringe Mengen Weichmacher erhöhen die Haftung, weil die Segmentbeweglichkeit steigt. Bei höheren Weichmacherkonzentrationen sinkt die Schälkraft bei sonst gleichen Versuchsbedingungen [27]. Vojuckij und Samasij folgern in [34] aus der Diffusionstheorie, daß die Art des Weichmachers ohne Bedeutung ist. Dabei ist jedoch interessant, daß aus der gleichen Arbeit hervorgeht, daß die Schälkraft fällt, wenn man polare Weichmacher in ein unpolares Polymer bringt. Diese Erscheinung kann nicht durch die Theorie erklärt werden.

Für die Adhäsion kann man prinzipiell von den gleichen Voraussetzungen ausgehen [5], jedoch kompliziert sich das Bild durch den Umstand, daß die Polarität von Weichmacher und beteiligtem Polymer eine Rolle spielt. Beispielsweise schirmt polarer Weichmacher die Dipole eines polaren Polymers ab. Es wird also bezüglich seiner Wechselwirkungen einer unpolaren Substanz ähnlicher und möglicherweise mit einem unpolaren Adhärens verträglicher [13]. Ist dagegen für den gleichen Fall das Adhärens polar, so ist es denkbar, daß die Adhäsion nur solange zunimmt, wie sich die Polarität des Adhäsivs angleicht. Sinkt diese jedoch weiter, verschlechtert sich die Verträglichkeit wieder.

Es muß noch bemerkt werden, daß die Bedingungen des Schälversuches (insbesondere die Schälgeschwindigkeit) bei der Interpretation der Weichmacherwirkung beachtet werden müssen, da sie bestimmen, wie stark sich die erhöhte Beweglichkeit im Schälversuch auswirkt (vgl. Abschn. 8.2.4.). Ferner wird in der Praxis Weichmachermigration infolge verschiedener Ursachen beobachtet.

Derartige Anreicherungen in der Grenzflächenschicht setzen die Adhäsion natürlich weiter herab [27].

Wenn das Adhäsiv aus der Lösung aufgebracht wird, ist eine bessere Haftung zu erwarten, weil die Beweglichkeit der Makromoleküle sehr hoch ist. In der Praxis hängt die Festigkeit des Verbundes stark vom Grad der Verflüchtigung des Lösungsmittels ab. Trocknet die Lösung ausreichend langsam, bleibt tatsächlich die Art des Lösungsmittels ohne Einfluß auf die Endhaftfestigkeit; anderenfalls können beim Abdampfen des Lösungsmittels lokale Spannungszustände entstehen, die die Adhäsion herabsetzen [15, 27, 35].

Nach den Modellvorstellungen vermindern Füllstoffe stets die Haftung, da sie durch ihre Gegenwart einen Teil der Grenzfläche für die Diffusion blockieren. Besitzen die Füllstoffe außerdem eine aktive Oberfläche, können sie durch die Einschränkung der Beweglichkeit der Makromoleküle die Diffusion zusätzlich erschweren [16, 27, 34].

Der experimentelle Beweis für diese Thesen konnte in den erwähnten Arbeiten erbracht werden. Das insgesamt existierende Datenmaterial ist gegenwärtig jedoch noch nicht sehr umfangreich, da die Untersuchungen auf diesem Gebiet zur Zeit am Anfang stehen. In diesem Zusammenhang ist bemerkenswert, daß die Verstärkung der Adhäsion durch gewisse Füllstoffe noch nicht eindeutig durch die Diffusionstheorie erklärt wird, aber in den Arbeiten [34, 27, 10, 16···18, 30] von Vojuckij, Raevskij u. a. an verschiedenen Systemen nachgewiesen wurde. Die Autoren nehmen an, daß die mechanische Zerstörung der Makromolekülketten und die damit verbundene Erhöhung der Zahl der Kettenenden beim Zumischen der Füllstoffe die verbesserte Adhäsion verursachen (vgl. auch Abschn. 8.2.3., Molekülmasse).

8.2.3. Die Wirkung der Eigenschaften des Polymers

Dem Konzept der Diffusionstheorie entsprechend sind alle Moleküleigenschaften, die die Löslichkeit oder Diffusionsfähigkeit der Makromoleküle beeinflussen, von besonderer Bedeutung für die Adhäsion. In einer Reihe von Arbeiten werden diese Parameter speziell untersucht [36, 35, 23]. Das experimentelle Material reicht jedoch noch nicht zur Beantwortung aller Fragen aus. Hinzu kommen ungelöste theoretische Fragen zur genauen Natur der Polymerbewegung im konzentrierten Polymersystem.

Einfluß der Molekülmasse $\overline{M}$

Hier werden zunächst nur lineare Polymere betrachtet. An die in Abschn. 8.2.1. gemachten Bemerkungen zur Segmentbeweglichkeit anknüpfend, ergibt sich die Feststellung, daß die Kettenendensegmente beweglicher sind als die näherungsweise als gleichwertig anzusehenden Segmente im Inneren der Kette. Die Kettenenden bestimmen also bei niedriger Molmasse die Diffusionsgeschwindigkeit. Mit steigendem Polymerisationsgrad nehmen die relative Zahl der Kettenenden und folglich die Diffusionsgeschwindigkeit ab. Gleichzeitig wächst der Anteil der Diffusion großer Molekülschlaufen, die von den inneren Segmenten gebildet werden. Im theoretischen Grenzfall des unendlich langen Makromoleküls tritt nur noch diese Diffusion von Schlaufen mit ihrer wesentlich niedrigeren Geschwindigkeit auf. Das Adhäsionsbestreben sinkt also mit wachsender Molmasse [27, 28, 34, 36]. Für die Festigkeit des Haftverbundes ist jedoch, wie in Abschn. 8.2.1. bemerkt, auch die Kohäsionsenergiedichte von Bedeutung, deren Wert mit abnehmender Molmasse sinkt. Praktisch erreicht man also aufgrund dieser zwei gegenläufigen Effekte die maximale Haftung, wenn die Adhäsionsenergiedichte (deren Wert durch die Segmentbeweglichkeit wesentlich beeinflußt ist) gleich der Kohäsionsenergiedichte ist. Voraussetzung ist dabei der Abschluß der Diffusion, also eine hinreichend große Kontaktdauer der Polymere [2, 7].

Nach dieser Interpretation darf sich die Veränderung der Molmasse auf die Variation der Schälkraft mit der Kontakttemperatur nur auf den Faktor P_0 in Gl. (8.2.) auswirken, da dieser die sterischen u. ä. Einflüsse zusammenfaßt [27]. Die in den zitierten Arbeiten angestellten Untersuchungen bestätigen diese These durch den Nachweis der Konstanz der Aktivierungsenergie E und des Absinkens von P_0 mit wachsender Molmasse für die Autohäsion verschiedener Elaste.

Für die Adhäsion ist die Gültigkeit der oben stehenden Annahme ebenfalls zu erwarten. Die Interpretation ist aber durch die bereits erwähnten zusätzlichen Einflüsse kompliziert. Auch hier liegt relativ wenig Datenmaterial vor. Theoretische Überlegungen zur Molekulargewichtsabhängigkeit der Diffusionskonstante liefern sehr verschiedene Aussagen, das klassische Ergebnis von Bueche [40], ist

$$D \propto \overline{M}^{-3,4}$$

das aus der Molekulargewichtsabhängigkeit der Viskosität folgt. Moderner ist das „reptation“-Konzept [9, 41], mit einer Abhängigkeit

$$D \propto \overline{M}^{-2}$$

Dabei bewegt sich das Makromolekül durch einen sogenannten Konfigurationskanal, den die dicht liegenden übrigen Moleküle bilden.

Experimentell [39] mißt man jedoch eine Abhängigkeit

$$D \propto \overline{M}^{-1}.$$

Das entspricht dem ROUSEschen Resultat für die Diffusion einer freien Kette in unendlich verdünnter Lösung. Zur Zeit kann eine abschließende Wertung weder der experimentellen noch der theoretischen Resultate gegeben werden.

Abschließend wollen wir darauf hinweisen, daß in Schälversuchen, insbesondere bei niedrigen Molmassen, der Charakter des Bruches beobachtet werden muß, da hier der Übergang von Adhäsions- zu Kohäsionsbruch eintreten kann.

Molekülstruktur

Obwohl die Diffusionstheorie amorphe lineare Polymere voraussetzt, lassen sich in der Diskussion der Beeinflussung der molekularen Beweglichkeit durch Verzweigungen oder Doppelbindungen auch einige qualitative Schlüsse über die Adhäsionseigenschaften derartiger hochmolekularer Verbindungen ziehen. Polare Substituenten und in noch stärkerem Maße Doppelbindungen in der Rückgratkette und Kurzkettenverzweigungen schränken die Segmentbeweglichkeit ein und erhöhen die Segmentlänge, was zur Vergrößerung der Potentialschwellen und sterischen Behinderungen führt.

Die Experimente weisen für derartige Polymere die Abnahme von Autohäsion [7, 36] und Adhäsion [36, 35, 12, 23] nach. Weiter zeigt sich, daß die Aktivierungsenergie und der sterische Faktor P_0 gemäß Gl. (8.2.) wachsen [35, 36, 27]. Diese Fakten unterstützen die theoretischen Überlegungen. Die Ausbildung räumlicher Strukturen (z. B. Kristallite und Netzwerke) hat die gleichen Konsequenzen. Das Experiment zeigt auch, daß derartige Polymere kaum adhäsive Eigenschaften besitzen [31, 36, 32].

Andere Folgen haben Langkettenverzweigungen auf die Haftfähigkeit. Sie setzen zwar ebenfalls die Beweglichkeit der inneren Segmente herab, wirken aber gleichzeitig wie Kettenenden. Die relative Kettenendenzahl steigt also und damit die Zahl der pro Zeiteinheit ausgeführten Platzwechsel. Die erwartungsgemäß höhere Haftung (gegenüber unverzweigten Ketten gleicher Molekülmasse) wurde in [14] für die Autohäsion nachgewiesen.

Orientierung der Moleküle

Die Orientierung von Makromolekülen, beispielsweise durch Verstreckung, bedeutet für die bisherige mikroskopische Betrachtungsweise, daß die Isotropie der Potentialverteilung und der Platzwechselwahrscheinlichkeit aufgehoben wird.

Sind die Molekülketten parallel zur Kontaktfläche orientiert, ist die Anzahl der Kettensegmente an der Grenzfläche höher als im unverstreckten Polymer. Die Diffusion dieser Molekülenden setzt oberhalb der Glastemperatur ein und führt zu einer hohen spezifischen Adhäsionsenergie. Die Haftfestigkeit muß mit wachsender Temperatur nur degressiv steigen, da die im Schmelzgebiet einsetzende makrobrownsche Bewegung durch die parallele Orientierung vergleichsweise stark gehemmt ist. Senkrecht zur Grenzfläche verstreckte Moleküle haben von allen Orientierungszuständen die höchste Anzahl an Kettenenden an der Grenzfläche. Dieser Vorteil kann jedoch nicht wirksam werden, da die Verstreckung der Moleküle so hohe Potentialschwellen in Verstreckungsrichtung schafft, daß die Diffusion der Kettenenden nur sehr langsam verläuft. Erreicht die Kontakttemperatur den Schmelzbereich, ist jedoch mit überproportional steigender Haftfestigkeit zu rechnen, da die Bewegung ganzer Moleküle durch die Orientierung begünstigt ist.

Vergleicht man schließlich die auf die Kohäsionsenergiedichte bezogenen spezifischen Adhäsionskräfte, so sollten sie für parallel zur Grenzfläche orientierte Proben durchweg größer sein als für senkrecht verstreckte Proben, wobei zu beachten ist, daß die Kohäsionsspannung in Verstreckungsrichtung kleiner ist als senkrecht dazu.

Sämtliche hier aus der Diffusionstheorie abgeleiteten Modellvorstellungen wurden von Vojuckij in [27] an PMMA und PS experimentell überprüft und qualitativ bestätigt.

Polymerviskosität

Mit der Diskussion dieser Größe weichen wir von der bisher durchgeführten mikrophysikalischen Betrachtungsweise ab. Die makroskopische, gut meßbare Größe Viskosität widerspiegelt die integrale Wirkung der mikro- und makrobrownschen Bewegungen im Polymer (vgl. Abschn. 8.2.1.). Obwohl die Viskosität hier nicht vom mikrophysikalischen Standpunkt diskutiert werden soll, ist doch festzustellen, daß sie bei Beachtung der experimentellen Randbedingungen (z. B. Schergefälle) Aussagen über die Platzwechselvorgänge enthält. Hier sollen nur einige experimentell ermittelte Zusammenhänge zwischen der Viskosität des Polymers und den die Haftung beeinflussenden Größen dargestellt werden.

Vojuckij und Margolina finden in [31], daß die Abhängigkeit der dynamischen Viskosität η vom Polymerisationsgrad P durch

$$\ln \eta = a + P^{1/2} \approx bP^{1/2} \qquad P > 100 \qquad (8.3.)$$

$a, b = \text{const}$

beschrieben wird. Demzufolge gehören zu den für die Autohäsion erfahrungsgemäß günstigen Viskositäten von $10^1 - 10^3$ Pa · s Polymerisationsgrade von 50—300 bzw. Relaxationszeiten von 10^{-7} bis 10^{-4} s.

Forbes und McLeod [7] erhalten für die Beziehung zwischen relativer Autohäsionsenergie A (als dem Quotienten aus Autohäsions- und Kohäsionsenergiedichte) und Viskosität für verschiedene Polymere in Näherung

$$A = -\frac{1}{3,65} \lg \eta + 1 \qquad (8.4.)$$

was qualitativ mit der Aussage der Diffusionstheorie übereinstimmt.

8.2.4. Einfluß der Prüfbedingungen auf die Adhäsion

Ziel dieses Abschnittes ist nicht die Diskussion der vielfältigen Prüfmethoden (s. dazu Abschn. 11.4.). Er beschränkt sich auf die Betrachtung einiger Einflüsse, die beim Schältest auftreten, und deren qualitative Beschreibung durch die Diffusionstheorie.

Der Schältest wurde ausgewählt, da er eine weit verbreitete Methode darstellt. Das Grundprinzip besteht im Abschälen der Adhäsivschicht vom Adhärens unter definiertem Winkel $\left(\text{i. a. } \pi \text{ oder } \frac{\pi}{2}\right)$ bei gleichzeitiger Messung der Schälkraft pro Schälbreite. Anhand der Kraft-Weg-Diagramme läßt sich zwischen Adhäsions-, Kohäsions- und gemischtem Bruch des Verbundes unterscheiden [19]. Tritt Kohäsionsbruch auf, kann durch Vergleich der Kohäsionsenergiedichte des Polymers mit der Energiedichte des Schälprozesses entschieden werden, ob der Bruch in der Grenzflächenschicht oder im Polymer stattfindet. Folgende Einflüsse sind beim Schältest von Bedeutung:

Prüftemperatur

Obwohl der Einfluß der Temperatur auf das Polymer vom Standpunkt der Diffusionstheorie stets gleich ist, müssen doch die Wirkungen von Kontakt- und Prüftemperatur auf die Haftung streng unterschieden werden. Eine Steigerung der Prüftemperatur erhöht die Platzwechselwahrscheinlichkeit und senkt deshalb den Widerstand der Polymere gegen äußere Spannungen, wie sie beim Schältest auf den Verbund übertragen werden. Die Haftfestigkeit nimmt ab.

Diese grundlegenden theoretischen Vorstellungen sind durch experimentelle Daten für die Adhäsion belegt [5, 27]. Man kann vermuten, daß sie auch für die Autohäsion gelten. Gelegentlich betrachtet man im Glasübergangsbereich des Adhäsivs einen gewissen Anstieg der Adhäsion. Nach Vojuckij [27] können der Abbau lokaler innerer Spannungen oder die zusätzliche Diffusion im Falle längerer thermischer Belastung der Probe vor dem Schältest dafür verantwortlich sein.

Einfluß der geometrischen Abmessungen

Šapovalova et al. weisen in [19] an einer großen Zahl von Verbunden nach, daß sich die Probengeometrie auf das Ergebnis des Schälversuches nicht auswirkt. Sie ist makroskopischer Natur und hat auf die im Mikroskopischen verlaufende Diffusion wenig Einfluß.

Schälgeschwindigkeit

Im Experiment wird häufig der Anstieg der spezifischen Adhäsionsenergie mit der Schälgeschwindigkeit bis zu einem konstanten Wert beobachtet. Ferner bleiben bei geringen Schälraten Adhäsivreste in Form von Inseln auf dem Adhärens zurück [33, 36]. Wie gezeigt werden konnte, entstehen diese Inseln durch den Riß von Adhäsivfäden, die beim Schälen entstehen. Sie zeigen Doppelbrechung, was auf Molekülorientierungen hinweist. Aus dem Charakter der Schälkraftkurve über dem Weg folgt ferner, daß die adhäsive Trennung erst bei höheren Geschwindigkeiten auftritt [19]. Ursache für dieses Verhalten soll das Fließen des Polymers sein, daß bei geringen Geschwindigkeiten vorkommt, weil auch die langsameren Relaxationsprozesse der Makromolekülketten ablaufen können. Bei hohen Schälgeschwindigkeiten entfällt das Fließen, und das Polymer verhält sich wie ein elastischer Körper. Die Trennung erfolgt an der Grenzfläche. Ferner vermuten Šapovalova, Vojuckij und Pisarenko in [19] daß der gemischte Versagensmechanismus durch die periodische Akkumulation potentieller Energie im Adhäsiv mit anschließender Umwandlung in kinetische Energie (Bruch) hervorgerufen wird. Die Speicherung der Energie ist aufgrund der Elastizität möglich, die Umwandlung in kinetische Energie erfolgt an lokalen Defekten des Verbundes. Die Erhöhung der spezifischen Adhäsionsenergie mit der Schälgeschwindigkeit soll entsprechend dieser Übergegungen mit der erhöhten Brucharbeit eines Polymers bei steigender Dehnungsgeschwindigkeit vergleichbar sein [27].

Wirkung ionisierender Strahlung auf den Verbund

Nach [27] zeigt der Verbund zweier Polymere unter ionisierender Strahlung anfangs ansteigende und dann fallende Festigkeit. Das ist auf zunächst auftretende Vernetzungen und die bei höherer Strahlenbelastung bemerkbar werdende Zersetzung des Polymers in der Grenzflächenschicht zurückzuführen.

8.2.5. *Auswirkungen technologischer Bedingungen auf die Adhäsion*

Das für diese Arbeit vorliegende Material gestattet noch nicht die abschließende Beurteilung der technologischen Bedingungen für die Adhäsion. Sie sollen aber der Vollständigkeit halber angeführt werden.

Mahlen des Polymers

Wie bereits im Abschn. 8.2.2. zu Füllstoffen festgestellt wurde, gehen die Vertreter der Diffusionstheorie davon aus, daß die mechanische Beanspruchung die Makromoleküle zerreißt und die höhere relative Zahl von Kettenenden die Haftfestigkeit steigert [33, 34, 17, 18].

Die Untersuchungen RAEVSKIJS zeigen, daß durch das Mahlen tatsächlich die Molmasse sinkt [16]. Wir möchten erwähnen, daß bei der Verarbeitung von pulverförmigen Klebstoffen die erhöhte Beweglichkeit der Molekülsegmente an der Partikeloberfläche die Adhäsion ebenfalls fördern kann.

Veränderung der Oberflächeneigenschaften des Adhäsivs vor Beginn des Kontaktes

Zu diesem Problem existieren keine allgemeingültigen Aussagen der Diffusionstheorie. Die wenigen vorhandenen experimentellen Daten zeigen, daß die Oberflächenoxydation die Adhäsiveigenschaften verschlechtert. Dieser Prozeß läßt sich durch mechanisches Aufrauhen der Oberfläche nur unvollständig rückgängig machen [7, 27].

Oberflächenrelief des Substrates

Die spezifische Adhäsion sollte sich nach der Diffusionstheorie nicht durch die Rauhigkeit verändern lassen. Die beobachtete bessere Haftung soll aus der größeren wahren Kontaktfläche resultieren [19, 27].

8.2.6. *Zum mathematischen Modell der Diffusionstheorie*

Zur Skizzierung des bisher bei der mathematischen Ableitung üblichen Gedankenganges soll die Arbeit von VASENIN [26] ausführlicher dargestellt werden. Sie erlaubt einen Einblick in den Grad der Vereinfachungen, die notwendig sind, um die mathematische Aufgabe mit vertretbarem Aufwand zu lösen. Hier nun das Modell. Die Festigkeit der adhäsiven Verbindung ist der Anzahl der diffundierten Kettenenden und der Eindringtiefe der Makromoleküle proportional. Erfolgt die Trennung des Verbundes senkrecht zur Ebene der Grenzflächenschicht eines apolaren, linearen Polymers mit einem Polymer ähnlicher Struktur, ist die Gegenkraftdichte f gleich dem Gesamtimpuls pro Sekunde, den alle diffundierten Molekülteile auf die Molekülteile des Adhärens übertragen.

Für diese Kraft f gilt nach [25]

$$f = \frac{mv}{2} \nu n \tag{8.5.}$$

m = Masse eines Molekülteils
v = Trenngeschwindigkeit
ν = Stoßfrequenz der extrahierten Molekülteile mit den Molekülteilen des Adhärens
n = Zahl der diffundierten Kettenenden pro Flächeneinheit

Unter der Annahme, daß nur die Kettenenden an der Diffusion teilnehmen; ergibt sich für n im Falle linearer Makromoleküle

$$n = \left(\frac{2N\varrho}{M}\right)^{2/3} \qquad (8.6.)$$

M = Molmasse
N = LOSCHMIDTsche Zahl
ϱ = Polymerdichte

Bei langkettenverzweigten Makromolekülen vermehrt sich die Zahl der Kettenenden um die Zahl der effektiven Verzweigungen p:

$$n = \left[\frac{(2+p)\,N\varrho}{M}\right]^{2/3} \qquad (8.7.)$$

Die nach Gl. (8.6.) und (8.7.) berechneten n entsprechen den insgesamt zur Verfügung stehenden endständigen Segmenten, die jedoch nicht alle diffundieren müssen.

Die spezifische Autohäsionskraft ist für diese n bis auf die l-fache Länge der C—C-Bindung eingedrungenden Molekülteile gleich

$$F_{auto} = \frac{N^{2/3}}{2}\,mv\left[\frac{(2+p)\varrho}{M}\right]^{2/3} vl \qquad (8.8.)$$

Für die Adhäsion folgt entsprechend

$$F_{ad} = \frac{N^{2/3}}{2}\,mvv\left\{\left[\frac{(2+p_1)\,\varrho_1}{M_1}\right]^{2/3} l_1 + \left[\frac{(2+p_2)\,\varrho_2}{M_2}\right]^{2/3} l_2\right\}, \qquad (8.9.)$$

wobei der Index 1 auf Adhäsivmoleküle und der Index 2 auf Adhärensmoleküle hinweisen.

Für die Benutzung von Gl. (8.9.) müssen n_1 und n_2 zur Zeit t, die der Verbund bis zur Prüfung existiert, bekannt sein. Zu ihrer Berechnung wird die Differentialgleichung

$$\frac{\partial c}{\partial t} = D(t)\,\frac{\partial^2 c}{\partial x^2} \qquad (8.10.)$$

c = Kettenendenkonzentration

(2. FICKsches Gesetz) mit der Variablentransformation

$$dT = D(t)\,dt = K_D(1-\beta)\,t^{-\beta}\,d_c, \qquad \beta < 1 \qquad (8.11.)$$

und den Anfangsrandwertbedingungen (die die tatsächlichen Vorgänge nur genähert widergeben)

$$\begin{aligned} t &= 0, & x &> 0, & c &= 0 \\ t &> 0, & x &= 0, & c &= c_0 \\ t &> 0, & x &> 0, & c &= c(x, t) \end{aligned} \tag{8.12.}$$

gelöst. Man erhält den Ausdruck

$$c = c_0 \left[1 - \frac{2}{\sqrt{\pi}} \int_0^{\frac{x}{2\sqrt{T}}} \exp\left(- \frac{x^2}{4T} \right) d \left(\frac{x}{2\sqrt{T}} \right) \right] \tag{8.13.}$$

Durch Reihenentwicklung der Exponentialfunktion mit Abbruch nach dem ersten Glied und Ausführung der Integration vereinfacht sich die Lösung (8.13.) zu

$$c = c_0 \left(1 - \frac{x}{\sqrt{\pi T}} \right) \tag{8.14.}$$

Wenn die mittlere Eindringtiefe der Molekülenden x_m bei $x = \frac{c_0}{2}$ erreicht ist, gilt mit Gl. (8.14.)

$$x_m = \frac{\sqrt{\pi}}{2} \sqrt{T} \tag{8.15.}$$

Durch Rücktransformation mit Gl. (8.11.) erhält man aus Gl. (8.15.)

$$x_m = \frac{\sqrt{\pi}}{2} \sqrt{K_D t^{1-\beta}} \tag{8.16.}$$

Schließlich ergibt sich unter der Voraussetzung, daß die diffundierten Kettenenden gestreckt sind, d. h.

$$x_m = l \cdot d \cdot \cos \frac{\alpha}{2} \tag{8.17.}$$

l = Eindringtiefe in C—C-Bindungsabständen
d = Bindungslänge der C—C-Bindung
α = Bindungswinkel der C—C-Bindung

gilt, für die Abhängigkeit der Eindringtiefe l von der Zeit t

$$l = \frac{\sqrt{\pi K_D}}{2d \cos \frac{\alpha}{2}} t^{\frac{1-\beta}{2}} \tag{8.18.}$$

Durch Substitution von Gl. (8.18.) in Gl. (8.9.) folgt für die spezifische Adhäsionskraft die Formel

$$F_{ad} = \frac{N^{2/3}\sqrt{\pi}}{4d \cos \frac{\alpha}{2}} mvv \left\{ \left[\frac{(2 + p_1)\,\varrho_1}{M_1} \right]^{2/3} \sqrt{K_{D_1}} + \left[\frac{(2 + p_2)\,\varrho_2}{M_2} \right]^{2/3} \sqrt{K_{D_2}} \right\} t^{\frac{1-\beta}{2}} \tag{8.19.}$$

Gl. (8.19.) gilt nur für Zeiten, die wesentlich kleiner als die für die Erreichung der Endfestigkeit notwendige charakteristische Zeit sind. Das Gesetz enthält alle in den vorangegangenen Abschnitten diskutierten Einflußgrößen, die bei den Voraussetzungen der Ableitung entsprechenden Polymeren wirksam sind. Es fehlen jedoch begründete, allgemeingültige Aussagen zur Bestimmung der Parameter β und K_D. Folglich kann auch hier keine abschließende Aussage über den Grad der Übereinstimmung von Theorie und Experiment formuliert werden.

Literatur

[1] Bikerman, J. J.: Soc. Chem. Ind. **60** (1941), 23
[2] Bister, E., Borchard, W., Rehage, G.: Kautschuk u. Gummi, Kunststoffe **29** (1976), *1*, 527
[3] Bresler, S. E., Sacharov, G. M., Kirillov, S. V.: Vysokomol. Soed. **3** (1961), *7*, 1072
[4] Bruyne, N. A. de: Aero Res. Techn. Notes, *No. 61* (1948) February
[5] Derjagin, B. V., Krotova, N. A.: "*Adgesija*", Isd. Akad. Nauk, M.-L. 1949
[6] Eyring, V., Ree, T., Hirai, N.: Proc. Nat. Acad. Sci. **44** (1958), 1213
[7] Forbes, W. G., McLeod, L. A.: Trans. Inst. Rubber Ind. **34/5** (1958), 154
[8] Flory, P. J.: "*Statistical Mechanics of Chain Molecules*", New York, 1969
[9] Doi, M., Edwards, S. F.: J. C. S. Faraday *II* **74** (1978), 1789, 1802, 1818; ibid. **75** (1979), 38
[10] Kaplunova, L. Ja., Kovarskij, A. L., Fedoseeva, T. S., Wassermann, A. M., Kuzminskij, A. S., Vojuckij, S. S.: Kolloid. Ž. **38** (1976), *6*, 1053
[11] McBain, J. W., Lee, W. B.: Ind. Eng. Chem. **19** (1927), 1005
[12] McLaren, A. D.; J. Polymer Sci. **3** (1948), 652
[13] Menges, G., Pütz, D., u. a.: Kunststoffe **66** (1976), *8*, 487

[14] NAUNTON, N.: Kaučuk i Rezina (1938), *2*, 22
[15] PORECKAJA, A. W.: Kolloid. Ž. **6** (1940), 153
[16] RAEVSKY, V. G.: Adv. Colloid & Interf. Sci. **8** (1977), *1*, 1
[17] RAEVSKIJ, V. G., MALOŠUK, J. S., TREJGER, D. M., VOJUCKIJ, S. S.: Kaučuk i Rezina (1966), *2*, 23
[18] RAEVSKIJ, V. G., VOJUCKIJ, S. S. u. a.: Kaučuk i Rezina (1968), *3*, 15
[19] ŠAPOVALOVA, A. I., VOJUCKIJ, S. S., PISARENKO, A. P.: Kolloid. Ž. **18** (1956), *4*, 485
[20] JELENIC, J., KIRSTE, R. G., SCHMITT, B. J., SCHMITT-STECHER, S.: Makromol. Chem. **180** (1979), 2057
[21] SOGOLOVA, T. I., BESSONOVA, N. P.: Vysokomol. Soed. **B 18** (1976), *7*, 538
[22] VETTEGREN', V. J., ČMEL', A.: Vysokomol. Soed. **B 18** (1976), *7*, 521
[23] VAKULA, V. L., CHE JUN'-CZUJ, GUL', V. E., VOJUCKIJ, S. S.: Vysokomol. Soed. **2** (1960), *5*, 636
[24] RICE, F. P., GILMORE, P. T., THOMAS, E. L., LAURENCE, R. L.: J. Polymer Sci. Symp. **63** (1978), 33
[25] VASENIN, R. M.: Vysokomol. Soed. **2** (1960), *6*, 857
[26] VASENIN, R. M.: Vysokomol. Soed. **3** (1961), *5*, 679
[27] VOJUCKIJ, S. S.: "*Autohesion and Adhesion of High Polymers*", Intersci. Publ., New York/London/Sydney 1963
[28] VOJUCKIJ, S. S.: Vysokomol. Soed. **1** (1959), *2*, 230
[29] VOJUCKIJ, S. S.: Lechkaya prom. (1953), *1*, 42
[30] VOJUCKIJ, S. S., KISELEV, V. JA., MALOŠUK, JU, S.: Kolloid. Ž. **38** (1976), *6*, 1048
[31] VOJUCKIJ, S. S., MARGOLINA, JU. L.: Usp. chim. **15** (1949), 449
[32] VOJUCKIJ, S. S., RAEVSKIJ, V. G., JAGNJATINSKAJA, S. M.: Dokl. AN SSSR **150** (1963), *6*, 1296
[33] VOJUCKIJ, S. S., SAMASIJ, V. M.: Dokl. AN SSSR **81** (1951), *1*, 63
[34] VOJUCKIJ, S. S., SAMASIJ, V. M.: Kolloid. Ž. **15** (1953), *6*, 407
[35] VOJUCKIJ, S. S., ŠAPOVALOVA, A. I.: PISARENKO, A. P.: Kolloid. Ž. **19** (1957), *3*, 274
[36] VOJUCKIJ, S. S., ŠTARCH, B. V.: Dokl. AN SSSR **90** (1953), *4*, 573
[37] VOJUCKIJ, S. S., VAKULA, V. L.: Vysokomol. Soed. **2** (1960), *1*, 51
[38] KLEIN, J., BRISCOE, B. J.: Polymer **17** (1976), 482
[39] GILMORE, P. T., FALABELLA, R., LAURENCE, R. L.: Macromolecules **13** (1980), 880
[40] BUECHE, F., CASHIN, W. N., DEBYE, P.: J. Chem. Phys. **20** (1952), 1956
[41] DE GENNES, P. G.: Macromolecules **5** (1971), 572
[42] DE GENNES, P. G.: Macromolecules **9** (1976), 954

9. Elektrische Doppelschicht und Adhäsion

Berühren zwei feste Körper einander, so strebt das neu entstandene System nach dem thermodynamischen Gleichgewicht, welches schließlich in der Gleichheit der chemischen Potentiale in den beiden Phasen zum Ausdruck kommt. Die vor dem Kontakt also zwischen den beiden verschiedenartigen Körpern vorhandene thermodynamische Potentialdifferenz wird auf dem Wege zum Gleichgewicht durch Energie- und Stofftransport abgebaut. Hieran beteiligten sich auch bewegliche Ladungsträger, falls sie in den Phasen existieren. Durch ihre Diffusion in einen der beiden Körper stören sie die lokale elektrische Neutralität des Systems und bilden eine elektrische Doppelschicht am Kontakt, welche aus einer positiven und einer negativen Raumladung besteht, die sich jeweils in einer der beiden Phasen befinden. Im Experiment spiegeln sich diese Verhältnisse in den kontaktelektrischen Erscheinungen wider, die in Metallen und Halbleitern seit langem bekannt sind und zum elektrischen Kontaktpotential führen. Die innige Berührung zwischen leitenden Materialien und Isolatoren beziehungsweise zwischen Isolatoren hat gleichfalls elektrische Aufladungen zur Folge. Die Behandlung dieser Kontaktphänomene bringt jedoch mehrere spezifische Schwierigkeiten mit sich. Wegen der extrem geringen elektrischen Leitfähigkeit von Isolatoren werden direkte experimentelle Untersuchungen am Kontakt in situ praktisch vereitelt. Man ist also auf die Trennung der Berührungsstelle durch Bruch und die anschließende Analyse der auf den freigesetzten Oberflächen verbliebenen elektrischen Ladungen angewiesen. Dieses Vorgehen bietet unkontrollierten äußeren Einflüssen breiten Raum, die in der Vergangenheit für zum Teil widersprüchliche experimentelle Resultate sorgten. Eine weitere, bisher kaum konsequent betrachtete Problematik theoretischer Art birgt in diesem Zusammenhang auch der irreversible Charakter der Trennvorgänge und der häufig vorangegangenen Reibung zwischen den Phasen.

Das Wissen um die Wirkung dieser Vorgänge auf die räumliche und die energetische Verteilung der Ladungsträger in der elektrischen Doppelschicht bildet aber gewiß einen wesentlichen Teil des Fundamentes, das zur Ableitung von Aussagen über die Ladungsverteilung am ungestörten Kontakt zwischen

Polymer und Metall oder zwischen zwei Polymeren aus solchen Experimenten vorhanden sein muß. Zu einer derartigen Basis rechnen ferner realistische Vorstellungen von der Art der beweglichen Ladungsträger, von der räumlichen und energetischen Verteilung der diesen Ladungsträgern zugänglichen Energiezustände in den am Verbund beteiligten Phasen und von der Natur des Ladungstransportes. Kenntnisse über die Bedeutung der Oberfläche beziehungsweise der Grenzfläche für die erwähnten Fragen stellen notwendige Feinheiten für die quantitative Beschreibung dar. In diesem Zusammenhang verdient das Verständnis der Austrittsarbeit von Ladungsträgern besondere Erwähnung. Die vorgestellte Aufzählung wichtiger Einflüsse beweist einmal mehr, daß häufig bereits bei der Betrachtung von Detailproblemen der Adhäsion zahlreiche, oft verschiedenartige Wissensgebiete heranzuziehen sind. Auf den folgenden Seiten wird zunächst versucht, die gegenwärtigen Resultate zu den hier formulierten Problemen zu umreißen. Besonderes Gewicht liegt dabei in Richtung der Polymere, die bekanntlich große Bedeutung als Adhäsive besitzen. Für kristalline Festkörper kann man an dieser Stelle vermerken, daß sowohl zur elektronischen Struktur als auch zum Mechanismus des Transportes elektrischer Ladungen gut entwickelte theoretische Vorstellungen existieren. Das bekannte Bändermodell führt auf delokalisierte Elektronen als Ladungsträger, die sich im schwachen elektrischen Feld gemäß dem OHMschen Gesetz bewegen. Da die erwähnten Folgen der Irreversibilität nach unserer Kenntnis zur Zeit günstigenfalls begonnen werden zu diskutieren, können wir dieser Frage nicht die ihr zukommende Aufmerksamkeit schenken, sondern müssen ihre Lösung künftigen Forschungen anheimstellen.

Um die Beurteilung der Wirkung kontaktelektrischer Erscheinungen auf die Adhäsion haben sich in der Literatur besonders DERJAGIN u. Mitarb. bemüht, wovon neben zahlreichen Aufsätzen insbesondere zwei Monografien zeugen [1, 2]. Von SKINNER et al. und anderen Autoren stammen gleichfalls frühe Arbeiten zu dieser Problematik, wobei sich die anfangs genannten Verfasser erstmals um die Schaffung eines physikalischen Modells der Erscheinung bemühten (vgl. [3···8]). In jüngerer Zeit erscheinen verstärkt Arbeiten, die spezifische Eigenschaften der Polymere in Betracht ziehen. Hierzu zählen beispielsweise die Veröffentlichungen zu den kontaktelektrischen Erscheinungen in Polymer-Metall- und Polymer-Polymer-Systemen (s. z. B. [9···22]).

Deshalb wird die Darstellung fortgesetzt mit den gegenwärtig in der Literatur vorhandenen Versuchen zur Korrelation der elektrostatischen Wechselwirkungen in der elektrischen Doppelschicht mit der Adhäsion des Verbundes. Den Abschluß des Kapitels bildet der Versuch einer Übersicht über die wesentlichen experimentellen Ergebnisse auf dem Gebiet der elektrostatischen Adhäsionserscheinungen zwischen einem Polymer und einem zweiten festen Körper.

9.1. Elektronische Struktur und Ladungstransport in Polymeren

Durch die weite Verbreitung des amorphen Zustandes in Polymeren entsteht für die Erörterung ihres elektronischen Zustandes eine neue Ausgangssituation, die eine direkte Übernahme des Bändermodelles nicht gestattet. Überdies unterscheiden sich organische Polymere von Kristallen dadurch, daß sie aus endlich langen Molekülketten bestehen, deren Ausdehnung wesentlich kleiner ist als die des festen Körpers selbst. In den Ketten herrscht eine mindestens eindimensionale Nahordnung.

Eine Aussage über die Elektronenstruktur des polymeren festen Körpers in der für die Behandlung der kontaktelektrischen Erscheinungen notwendigen Breite läßt sich gegenwärtig nur unter Zuhilfenahme von Hypothesen konstruieren, da sich die Quantenchemie den äußerst diffizilen Berechnungen gerade erst zuwendet.

Der überwiegende Teil der Arbeiten bezieht sich auf die ideale makromolekulare Kette (z. B. [23···26]), unter der man ein lineares, gestrecktes, unendlich langes Molekül mit fehlerlosem Bau versteht. Als Resultat kann man vermerken, daß in Polymeren eine Bandstruktur vom Isolatortyp existiert, wobei der sehr breite gap auffällt; die quantitative Übereinstimmung der Erebnisse von verschiedenen Modellansätzen ist nicht sehr gut. In wenigen Publikationen findet man Überlegungen zur Einbeziehung von Störungen der beschriebenen Regularität der Polymerkette (z. B. [27···32]). Als vorläufige Ergebnisse wären zu konstatieren, daß infolge der strukturellen und kompositionellen Unordnung delokalisierte Elektronenzustände der Bänder umgewandelt werden in lokalisierte Niveaus, die in der Nähe der Bandkanten liegen und als „Schwänze" (engl.: tails) in den gap reichen. Ein lokalisierter Zustand ist dadurch gekennzeichnet, daß er ein Elektron an seinem geometrischen Ort festhält. Im Polymer gibt es ferner eine Reihe unterschiedlicher Defekte, zu denen Kettenenden, Kettenbrüche, lokale Unregelmäßigkeiten in der chemischen Zusammensetzung etc. zählen. Durch den Produktionsprozeß oder infolge von Umwelteinflüssen treten fast stets auch niedermolekulare Verunreinigungen auf. All das sollte sich in Form von tief im gap liegenden lokalisierten Zuständen auf die Elektronenstruktur auswirken.

Diese Gedanken legen die Vermutung nahe, daß die elektronische Struktur qualitativ den Verhältnissen in amorphen Halbleitern entspricht, für die Beiträge von Gubanov [33], Cohen, Fritzsche und Ovshinsky [34, 35] sowie Mott u. Mitarb. (s. z. B. [36···43]) wesentliche theoretische Ergebnisse brachten. In Anlehnung daran soll davon ausgegangen werden, daß im Polymer an die Ränder der Bänder delokalisierter Zustände Bereiche angrenzen, die aus energetisch recht dicht liegenden lokalisierten Niveaus bestehen. Außerdem gibt es durch Defekte und Verunreinigungen erzeugte lokalisierte Niveaus tiefer im gap, die bei höheren Konzentrationen Bänder formieren können. Abb. 9.1. faßt diese Vorstellungen schematisch zusammen.

Alle bisherigen Ausführungen zur elektronischen Struktur fester Stoffe bezogen sich auf das Volumen bzw. in exakter Formulierung auf den unendlich ausgedehnten Körper. Gerade bei der Untersuchung von Phänomenen der Phasengrenze, wie den kontaktelektrischen Erscheinungen, muß man aber die Frage nach den Folgen der Begrenzung der räumlichen Ausdehnung des Systems stellen. Die an einem solchen Ort lokalisierten Atome sollten einen Zu-

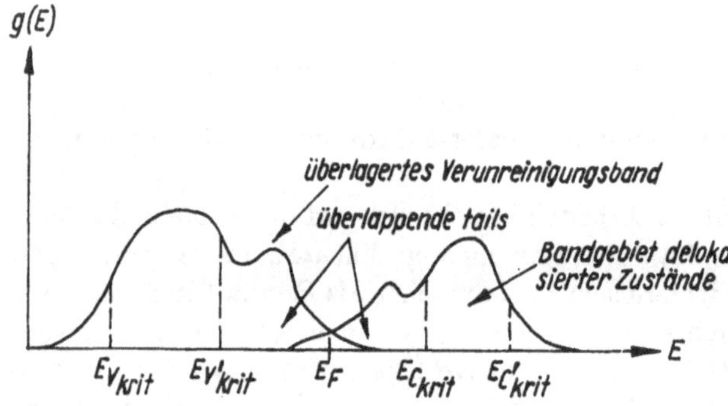

Abb. 9.1.: Hypothetische Darstellung der Zustandsdichte $g(E)$ von Valenz- und Leitungsband im Polymer.

$E_{V'_{kri}}$ und $E_{V_{krit}}$ markieren den Übergang von lokalisierten zu delokalisierten Zuständen im Valenzband. $E_{C_{krit}}$ ind $E_{C'_{krit}}$ bezeichnen die entsprechenden Stellen im Leitungsband. E_F steht für die Fermi-Energie.

stand einnehmen, der zwischen dem des Körperinneren und dem des isolierten Teilchens liegt. Aussagen über die Modifizierung der elektronischen Struktur liefert diese pauschale Feststellung natürlich nicht. Es soll hier auf die Bedeutung der Oberfläche für die Elektronenstruktur der Kristalle nicht näher eingegangen und lediglich festgestellt werden, daß zahlreiche Modifikationen auftreten können.

Für Polymere mit ihrem vergleichsweise regellosen Bau kann man erwarten, daß die Bildung einer Oberfläche keine so schwerwiegenden Folgen für die elektronische Struktur hat, da sie sich morphologisch im wesentlichen in Konformationsänderungen niederschlägt. Ein komplizierender Aspekt besteht aber in der häufigen Erscheinung der Anreicherung von in Polymeren enthaltenen Verunreinigungen an Phasengrenzen, die durch die in der Regel schlechte Verträglichkeit verursacht wird. Im Prinzip sind mit den experimentellen Methoden der Oberflächenphysik und den theoretischen Verfahren von Quantenchemie und Festkörperphysik die Ausgangspositionen für die Beantwortung der aufgeworfenen Fragen gegeben. Man muß sich mit der Aussicht begnügen, daß dieses Ziel nach einer sehr umfangreichen und komplizierten Arbeit erreicht werden wird.

Da die Elektronenstruktur das Polymer als einen ausgeprägten Isolator ausweist, kann der Transport von Elektronen nicht über die delokalisierten Zustände erfolgen. Es bleibt zu untersuchen, wie sich die lokalisierten Niveaus verhalten. Auf den ersten Blick scheint es, als hätten sie keine Bedeutung für die elektrische Leitfähigkeit. Jedoch besitzen die in solchen Niveaus festgehaltenen Elektronen über Tunnelprozesse oder Phononenabsorption die Möglichkeit zur Bewegung durch den Körper. Der erstere Mechanismus liefert nur dann einen wesentlichen Beitrag zum Strom, wenn die Lokalisierung der Niveaus nicht zu stark ausgeprägt ist, was in der Größe des Überlappungsintegrals der Wellenfunktionen der Zustände zum Ausdruck kommt. Bei höheren Temperaturen und hohem Grad der Lokalisierung dominiert die thermische Aktivierung der lokalisierten Elektronen durch Absorption von Phononen, welche die Ladungsträger in die Lage versetzt, die Energiebarriere zu einem benachbarten lokalisierten Niveau zu überwinden und damit ihren Aufenthaltsort zu verändern. Für den beschriebenen Prozeß hat sich seine ursprüngliche englische Bezeichnung „hopping"-Bewegung auch im Deutschen eingebürgert. Er stellt die Grundlage für neuartige Formen des Ladungstransportes dar. Seit einem reichlichen Jahrzehnt arbeitet man an der Formulierung der adäquaten Theorie. Die Lösung der Probleme erfordert aber ein bedeutend komplizierteres theoretisches Instrumentarium als das bei der Bandleitung der Fall war. Einen Eindruck vom Erfolg der Bemühungen gewinnt der Leser beispielsweise aus dem Studium der Arbeiten von Böttger und Bryksin [44], die überdies den Zugang zu der speziellen Literatur geben. In Hinblick auf die später folgenden Betrachtungen, ist an dieser Stelle die Ausführung einiger Grundgedanken und Resultate der Theorie des hopping-Transportes im äußeren elektrischen Feld angebracht. Wir beschränken uns der Verständlichkeit wegen auf ein qualitatives Niveau der Darstellung und verzichten auf den Beweis der Feststellungen.

Für die Konstruktion des Hamilton-Operators $\hat{H}$ des ungeordneten Festkörpers zieht man in [44] den stochastischen Charakter des Elektronensubsystems, das Phononensystem und die Elektron-Phonon-Wechselwirkung in Betracht. Der Einfachheit halber wird das Phononensystem als geordnet angenommen, womit man auf die Behandlung der Rolle lokalisierter Phononenmoden verzichtet. Folgenschwerere Einschränkungen stellen die Beschreibung der Elektron-Elektron-Wechselwirkung durch ein self consistent field und die Ein-Band-Näherung dar, durch die zum einen Korrelationseffekte, wie z. B. das gekoppelte hopping mehrerer Elektronen, und zum anderen Interbandübergänge, wie sie in Gegenwart hoher äußerer Feldstärken denkbar sind, vernachlässigt werden. Zur Beschreibung der Lokalisierung findet die tight-binding-Approximation Anwendung, die bewirkt, daß jedes Atom nur ein lokalisiertes Niveau erzeugt, für das die Atomwellenfunktion gilt. Unter den angegebenen Voraussetzungen werden die Elektronendichtematrix des ungeordneten festen Körpers konstruiert und ihre Bewegungsgleichung abgeleitet. Letztere erlaubt durch die Wahl entsprechender Anfangsbedingungen die Untersuchungen sowohl markowscher als auch nichtmarkowscher Prozesse. Die Untersuchung der Eigenschaften der Elektronendichtematrix zeigt, daß ihre Nichtdiagonalelemente im wesentlichen Tunnelvorgänge erfassen, und daß die Diagonalelemente den hopping-Transport beschreiben. Bei starker Lokalisierung verschwinden also die Nichtdiagonalelemente. Wir bemerken an dieser Stelle, daß diese Voraussetzung die weiteren Resultate wesentlich beeinflußt.

Mit der Bewegungsgleichung der Diagonalelemente der Elektronendichtematrix läßt sich die hopping-Stromdichte in allgemeiner Form aufschreiben:

$$\vec{j}(t) = \frac{e_0}{\Omega} \sum_m \vec{R}_m \frac{d}{dt} \varrho_m(t) \qquad (9.1.)$$

$\vec{j}(t)$ = zeitabhängige Stromdichte
e_0 = Elementarladung
Ω = Probenvolumen
$\vec{R}_m$ = Ortsvektor des m-ten lokalisierten Niveaus
$\varrho_m(t)$ = Diagonalelement der Elektronendichtematrix

Die Summation läuft über alle lokalisierten Zustände. In der weiteren Auswertung des Ausdruckes (9.1.) kann man sich auf schwache äußere elektrische Felder beschränken. Im Ergebnis der damit möglichen Linearisierung zeigen Böttger und Bryksin, daß die hopping-Stromdichte als Summe zweier Terme existiert

$$\vec{j}(\omega) = \vec{j}_1(\omega) + \vec{j}_2(\omega), \qquad (9.2.)$$

ω = Kreisfrequenz des äußeren Feldes

die für einen durch das äußere Feld erzeugten Anteil $\vec{j}_1(\omega)$ und für einen Beitrag der Rückdiffusion von Ladungsträgern $\vec{j}_2(\omega)$ stehen. Die Struktur der Formel (9.2.) macht deutlich, daß der hopping-Strom im allgemeinen nicht dem Ohmschen Gesetz gehorcht. Für hohe Frequenzen verschwindet $\vec{j}_2(\omega)$ allerdings, was einleuchtet, wenn man bedenkt, daß die Diffusion eine endliche Zeitkonstante besitzt.

Zur genaueren Untersuchung der Verhältnisse bei zeitunabhängigem äußeren

Feld schränkt man die Allgemeinheit dahingehend ein, daß das Elektronensystem nicht entartet sein möge. Diese Voraussetzung ist nicht ganz neu, da sie von BÖTTGER und BRYKSIN bereits im Zusammenhang mit der Bestimmung von $\frac{d}{dt}\,\varrho_m(t)$ benutzt wurde, wodurch die Gültigkeit von (9.2.) für FERMI-Ionen nicht streng bewiesen ist. Im Falle des nichtentarteten Elektronensystems gilt die EINSTEIN-Beziehung

$$\sigma_{xx} = \frac{e_0^2}{kT}\, n D_{xx} \tag{9.3.}$$

für die elektrische Leitfähigkeit σ_{xx}. Dabei bedeutet n die Elektronenkonzentration. Der Diffusionskoeffizient D_{xx} läßt sich im Rahmen des KUBO-Formalismus [45] sowohl für markowsche als auch für nichtmarkowsche Prozesse darstellen. BÖTTGER und BRYKSIN zeigen ferner, daß die auf (9.3.) basierende Stromdichte im Gleichstromfall der Formel (9.2.) äquivalent ist. Die Theorie des hopping-Transportes liefert also unter den sehr speziellen Umständen der Nichtentartung des Systems lokalisierter Elektronen und der Konstanz des schwachen äußeren elektrischen Feldes eine dem OHMschen Gesetz

$$\vec{j} = \vec{\vec{\sigma}}\, \vec{E} \tag{9.4.}$$

gehorchende hopping-Stromdichte mit einer elektrischen Leitfähigkeit

$$\sigma = e_0 n \mu_h \tag{9.5.}$$

μ_h = hopping-Beweglichkeit

von der gleichen Struktur, wie sie bei Bandleitung gilt.

Damit stehen die Aussagen der Transporttheorie zur Verfügung, die zur qualitativen Betrachtung der elektrischen Erscheinungen am Polymer-Metall-Kontakt erforderlich sind. Es ist notwendig zu betonen, daß Theorie und Experiment heute den Ladungstransport in Polymeren noch nicht eindeutig charakterisieren können. Insofern sollte der Leser die hier gegebene Darstellung als einen Versuch auffassen, dem Charakter des Polymers als ungeordnetes System in qualitativer Weise Rechnung zu tragen. Keinesfalls wird der Anspruch auf strenge Gültigkeit erhoben. Vielmehr sind die Autoren der Ansicht, daß die Erfüllung einer derartigen Forderung erst nach weiteren wesentlichen Erkenntnisfortschritten in den Bereich des Möglichen rückt.

9.2. Elektronenaustrittsarbeit und Kontaktpotential

Die nach Aussagen über die Elektronenstruktur und über den Charakter des Ladungstransportes notwendige dritte Voraussetzung für die Beschreibung der elektrischen Doppelschicht am Kontakt zweier fester Körper besteht in der Beantwortung der Frage, wie die beweglichen Ladungsträger eine Oberfläche und eine Phasengrenze „fühlen".

Zu Anfang muß man ein Koordinatensystem für die Energie einführen und vereinbart zu diesem Zweck, daß ein ruhendes Elektron, das sich im Vakuum in unendlicher Entfernung vom festen Körper befindet, die Energie Null habe. Elektronen im festen Körper sind immer einem anziehenden elektrischen Feld ausgesetzt, das die Atomrümpfe aufbauen. Ihre potentielle Energie und folglich ihre Gesamtenergie sind deshalb kleiner als Null. Es kostet also Arbeit, ein geladenes Teilchen aus dem Festkörper zu entfernen. Führt man dies in thermodynamisch umkehrbarer Weise aus, so nennt man die aufgewendete Energie Austrittsarbeit [46]. Sie ist immer positiv und wegen der vorausgesetzten reversiblen Prozeßführung gleich dem Betrag des chemischen Potentials des entfernten Teilchens. Man kann die Austrittsarbeit auf die Elementarladung beziehen und erhält so das Ablösepotential, dessen Vorzeichen dem der abgetrennten Ladung entspricht. Zur Berechnung dieses Ablösepotentials betrachten wir die mikroskopische Raumladungsverteilung $\varrho(x)$ im halbunendlichen Festkörper in Richtung seiner Oberflächennormale. Es gilt die Poisson-Gleichung

$$\frac{d^2}{dx^2}\varphi = -\frac{\varrho(x)}{\varepsilon_0} \tag{9.6.}$$

wobei der Bereich des festen Körpers $x < 0$ entspricht und φ das elektrische Potential der Raumladung sowie ε_0 die absolute Dielektrizitätskonstante bezeichnen. Das erste Integral von (9.6.) lautet

$$\frac{d}{dx}\varphi(x) = -\frac{1}{\varepsilon_0}\int_{-\infty}^{x}\varrho(x)\,dx$$

Das elektrische Potential selbst folgt nach partieller Integration

$$\varphi(x) - \varphi(-\infty) = -\frac{1}{\varepsilon_0}\,x\int_{-\infty}^{x}\varrho(x)\,dx + \frac{1}{\varepsilon_0}\int_{-\infty}^{x}x\varrho(x)\,dx$$

Wegen der makroskopischen Neutralität des festen Körpers strebt das Integral $\int_{-\infty}^{x} \varrho(x)\, dx$ für $x \to \infty$ sehr schnell gegen Null. Für das Ablösepotential können wir deshalb

$$\varphi(\infty) - \varphi(-\infty) = \frac{1}{\varepsilon_0} \int_{-\infty}^{x} x\,\varrho(x)\, dx \tag{9.7.}$$

schreiben. Inhomogenitäten der Ladungsverteilung im Inneren des Festkörpers heben sich entlang des Integrationsweges wegen der Neutralitätsbedingung auf. In der Nähe der Oberfläche muß das aber wegen möglicher morphologischer Strukturänderungen, aufgebrochener chemischer Bindungen, elektrischer Bildkräfte, substantieller Verunreinigungen u. a. m. nicht der Fall sein. Man hat es also im allgemeinen mit einer Dipolschicht vom Moment $x\varrho(x)$ an der Oberfläche zu tun. Die Bestimmung ihrer Struktur ist nicht allgemein möglich, weil dazu die Kenntnis aller Einflüsse der erwähnten Art nötig wäre. Das verursacht wiederum eine so gewaltige experimentelle und theoretische Vorarbeit, daß die direkte Messung der Austrittsarbeit vorzuziehen ist, obwohl man darauf hinweisen muß, daß auch dabei beträchtliche Schwierigkeiten auftreten können. Bei der Interpretation von Gl. (9.7.) ist weiterhin daran zu erinnern, daß die den festen Körper verlassenden Ladungen nicht aus dem Inneren, sondern aus der Oberflächenschicht stammen müssen. Insofern reichen die Grenzen des Integrals in (9.7.) weiter, als es die Physik der Erscheinung erfordert. Als weitere Konsequenz folgt, daß die Austrittsarbeit dem Betrag des chemischen Potentials der zu entfernenden Ladung in der Oberflächenschicht entspricht.

Im Rahmen der hier gegebenen allgemeinen Darstellung ist evident, daß die physikalische Adsorption fremder Stoffe an der Festkörperoberfläche zur Verringerung der Austrittsarbeit führen muß, weil die elektrische Polarisation der adsorbierten Teilchen durch die Oberflächendipolschicht diese selbst teilweise kompensiert. Chemisorption basiert hingegen auf der Bindung von Einzelelektronen oder Elektronenclustern. Die Folge besteht in einer Absenkung des chemischen Potentials in der Oberflächenschicht, was einer Erhöhung der Elektronenaustrittsarbeit gleichkommt.

Berühren sich zwei Körper, die bewegliche Ladungen enthalten, so gehen Ladungen aus dem Körper mit der kleineren Austrittsarbeit in den Körper mit der größeren Austrittsarbeit über. Die damit verbundene Störung der Neutralität spiegelt sich im Aufbau einer elektrischen Potentialdifferenz wider, die den weiteren Ladungstransport unterbindet. Hat das System das thermodynamische Gleichgewicht erreicht, dann gilt für diese sogenannte Kontaktpotentialdifferenz zwischen den Körpern A und B die Beziehung

$$|\varphi_{AB}| = \left| \frac{W_A - W_B}{e_0} \right|, \qquad (9.8.)$$

die die Korrelation mit den Austrittsarbeiten herstellt. (Für den theoretischen Beweis dieser Feststellung vgl. [46].) Es bleibt darauf zu verweisen, daß unter gewissen Umständen die Ladungsträgerinjektion nicht zum thermodynamischen Gleichgewicht führt (s. Abschn. 9.3.). Die Kontaktpotentialdifferenz läßt sich dann nicht gemäß Gl. (9.8.) mit den thermodynamischen Größen korrelieren und erreicht nur geringere Werte. Nicht nur in diesem Falle wären überdies Aussagen über die mikroskopischen Prozesse der Injektion von Bedeutung. Hier existieren allerdings noch erhebliche Lücken im physikalischen Bild.

Nunmehr verfügt man über die Voraussetzung, um den Versuch einer Betrachtung der elektrischen Doppelschicht am Kontakt zweier fester Körper zu unternehmen.

9.3. Zum physikalischen Modell der elektrischen Doppelschicht am Kontakt zwischen Polymer und festem Körper

Neben den physikalischen Prozessen, die zur Ausbildung einer elektrischen Doppelschicht führen, setzen die geometrische Form und die physikalischen Eigenschaften der in Kontakt befindlichen Materialien sowie die Kontaktdauer im Vergleich zu den Einstellzeiten der ablaufenden Vorgänge die Randbedingungen des theoretischen Vorgehens fest. Wenn im folgenden versucht wird, die elektrische Doppelschicht auf der Grundlage der bisherigen Überlegungen zu charakterisieren, so übernimmt man die dort formulierten Voraussetzungen, deren wichtigste nochmals genannt seien:

a) Das System befindet sich im thermodynamischen Gleichgewicht.
b) Die auftretenden elektrischen Felder sind so schwach, daß das Ohmsche Gesetz gilt.
c) Die Elektronen im Polymer lassen sich wie ein nichtentartetes Gas durch die Boltzmann-Statistik beschreiben.

Neben der Voraussetzung von Temperaturkonstanz im System nehmen wir zur Vereinfachung der Rechnung an, daß die benötigten Stoffparameter Isotropie aufweisen. Die Berechnung bezieht sich schließlich auf den Kontakt zweier halbunendlicher Phasen. Weil der feste Körper dem Polymer Ladungen injizieren soll, besitzt er die kleinere Austrittsarbeit W_{A1} und demzufolge das größere chemische Potential ζ_1 für Elektronen. Da nach der Herstellung des thermodynamischen Gleichgewichtes das chemische Potential einen konstanten

Wert annimmt, hat das elektrische Kontaktpotential ($\varphi_1 - \varphi_2$) die in Abb. 9.2. gezeigte Form und erfüllt überdies die Bedingungen

$$\varphi_1 - \varphi_2 = \frac{W_{A1} - W_{A2}}{-e_0} = \frac{\zeta_1 - \zeta_2}{e_0} \quad .$$

$$\varphi_1 = -\frac{W_{A1}}{e_0} = \frac{\zeta_1}{e_0} \qquad (9.9.)$$

$$\varphi_2 = -\frac{W_{A2}}{e_0} = \frac{\zeta_2}{e_0}$$

falls der Aufbau der Differenz der chemischen Potentiale nur über den Transport von Elektronen erfolgt.

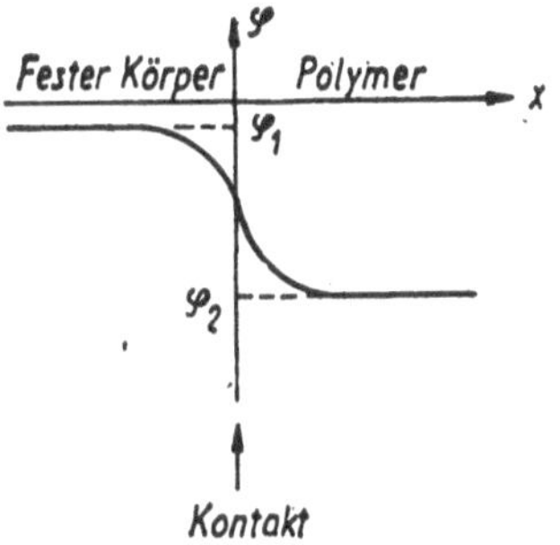

Abb. 9.2.: Der Verlauf des elektrischen Kontaktpotentials am Kontakt zwischen Elektronen injizierendem festem Körper und Polymer.

An den Symbolen stehen der Index 1 für den festen Körper und der Index 2 für das Polymer. Die in Gl. (9.9.) formulierten Beziehungen und der in Abb. 9.2. aufgezeichnete stetige Verlauf des elektrischen Potentials implizieren als weitere vereinfachende Voraussetzung, daß von den erwähnten Modifikationen der Elektronenstruktur durch Oberflächen und Phasengrenzen abgesehen werden darf und nur die Eigenschaften des Volumens in Betracht zu ziehen sind.

Die elektrische Doppelschicht im thermodynamischen Gleichgewicht läßt sich als ein stationärer Zustand auffassen, der durch die Gleichheit der Beträge von Diffusionsstrom der Elektronen in das Polymer und ihrem durch das innere elektrische Feld erzeugten Rückstrom aus dem Polymer gekennzeichnet ist. Der Diffusionsstrom unterliege dem ersten Fickschen Gesetz

$$\vec{j}_{\text{Diff}} = e_0 \vec{\vec{D}}_n \nabla n(\vec{r}) \qquad (9.10.)$$

$\vec{j}_{\text{Diff}}$ = Dichte des Diffusionsstromes
$\vec{\vec{D}}_n$ = Tensor des Diffusionskoeffizienten für Elektronen
$n(\vec{r})$ = Elektronenkonzentration

Die negative Raumladung im Polymer erzeugt gemeinsam mit der positiven Raumladung im Metall das innere elektrische Feld $\vec{E}$ der Doppelschicht, das einen zu $\vec{j}_{\text{Diff}}$ entgegengesetzten Driftstrom bewirkt, der gemäß den Voraussetzungen durch das OHMsche Gesetz

$$\vec{j}_{\text{Drift}} = \vec{\vec{\sigma}}_n \vec{E} \tag{9.11.}$$

$\vec{\vec{\sigma}}_n$ = Tensor der Leitfähigkeit für Elektronen

beschrieben wird. In diesem Rahmen gelten ferner wegen (9.5.) die Beziehungen

$$\vec{\vec{\sigma}} = e_0 n \vec{\vec{\mu}} \tag{9.12.}$$

sowie

$$\sigma_{n_{xx}} = \frac{e_0^2}{kT} n D_{n_{xx}}$$

Die Kontinuitätsgleichung erhält mit diesen Ausdrücken die Form

$$\vec{\vec{D}}_n \nabla n + \vec{\vec{\mu}} n \vec{E} = 0 \tag{9.13.}$$

Einige Bemerkungen zu den Tensoren $\vec{\vec{D}}_n$ und $\vec{\vec{\mu}}_n$: Die Ansätze (9.10.), (9.11.), (9.12.) enthalten die Bedingung, daß weder $\vec{\vec{D}}_n$ noch $\vec{\vec{\mu}}_n$ explizit von Ort, Zeit oder dem ∇n abhängen. Das ist die Folge der linearen Struktur der Gesetze, die phänomenologisch für nicht zu große Abweichungen vom Gleichgewicht bestätigt und in der Theorie durch die lineare Thermodynamik irreversibler Prozesse aufgegriffen werden. Sowohl $\vec{\vec{D}}_n$ als auch $\vec{\vec{\mu}}_n$ hängen allgemein von der Temperatur und der Elektronenkonzentration ab. Diese Faktoren kommen im Rahmen der benutzten Vereinfachungen nicht zur Geltung. Die Tensoren reduzieren sich auf einen einzigen skalaren Wert. Mit der Beziehung

$$\vec{E} = -\nabla \varphi \tag{9.14.}$$

φ = Potential des elektrischen Feldes

und dem in Abb. 9.2. festgelegten Koordinatensystem hat Gl. (9.13.) für das betrachtete System die Form

$$D_n \frac{d}{dx} n(x) - \mu_n n(x) \frac{d}{dx} \varphi(x) = 0,$$

die unter Beachtung von (9.3.) übergeht in die Relation

$$n'(x) - \frac{e_0}{kT} n(x) \varphi'(x) = 0 \tag{9.13.a}$$

Die Beziehung zwischen Raumladung ϱ und elektrischem Potential φ stellt die Poisson-Gleichung

$$\varphi''(x) = -\frac{\varrho(x)}{\varepsilon_0 \varepsilon_r} \tag{9.15.}$$

ε_0 = absolute Dielektrizitätskonstante
ε_r = relative Dielektrizitätskonstante

her, die für die beiden Raumladungsgebiete am Kontakt übergeht in

$$\varphi''(x) = -\frac{\varrho_+(x)}{\varepsilon_0 \varepsilon_{r1}} \qquad \forall x \in (-\infty, 0] \tag{9.15.a}$$

$$\varphi''(x) = -\frac{\varrho_-(x)}{\varepsilon_0 \varepsilon_{r2}} \qquad \forall x \in [0, \infty) \tag{9.15.b}$$

Weil die positive Raumladung im festen Körper 1 infolge der Injektion aus der Verringerung der ursprünglichen Dichte beweglicher Elektronen hervorgeht, können wir

$$\varrho_+ = e_0[n_1 - n(x)] \qquad \forall x \leqq 0 \tag{9.16.a}$$

$n(x)$ = tatsächlich im Körper 1 vorhandene Elektronendichte
n_1 = Elektronendichte im ungestörten festen Körper 1

schreiben. Entsprechend gilt für die durch Injektion im Polymer entstandene negative Raumladung

$$\varrho_-(x) = -e_0 n(x) \qquad \forall x \geqq 0 \tag{9.16.b}$$

Bevor die Berechnung des Potentialverlaufes dargelegt wird, sind noch die Randbedingungen der Aufgabe zu formulieren. Weil das elektrische Potential nur bis auf eine additive Konstante bestimmbar ist, kann man den Nullpunkt willkürlich festlegen und wählt hier $\varphi_1 = 0$. Damit gelten nun

$$\begin{gathered} \varphi(-d_1) = 0; \qquad \varphi(d_2) = -\varphi_d = -\frac{\zeta_1 - \zeta_2}{e_0} \\ \varphi'(-d_1) = 0; \quad \varphi'(d_2) = 0, \end{gathered} \tag{9.17.}$$

wobei $-d_1$ und d_2 die zunächst nicht näher spezifizierten Grenzen der elektrischen Doppelschicht bezeichnen und den Orten entsprechen, an denen die thermodynamischen Verhältnisse denjenigen vor dem Kontakt gleichen.

Durch Integration von Gl. (9.13.a) erhält man

$$n(x) = n_1 \exp \frac{e_0\varphi(x)}{kT} \qquad \forall\ x \leqq 0 \quad \text{und}$$

$$n(x) = n_{g2} \quad \exp \left[\frac{e_0}{kT}(\varphi_g + \varphi)\right] = n_0 \quad \exp \frac{e_0\varphi(x)}{kT} \qquad \forall x \geqq 0 \tag{9.18.}$$

n_{g2} = Elektronendichte im Polymer am Ort $x = 0$
$\varphi_g \;= \varphi(0)$

und kann die Poisson-Gleichungen (9.15.a, b) umformen:

$$\varphi''(x) = -\frac{e_0 n_0}{\varepsilon_0\varepsilon_{r1}}\left(1 - \exp \frac{e_0\varphi}{kT}\right) \qquad \forall x \leqq 0 \tag{9.19.a}$$

$$\varphi''(x) = \frac{e_0 n_0}{\varepsilon_0\varepsilon_{r2}} \exp \frac{e_0\varphi}{kT} \qquad \forall x \leqq 0 \tag{9.19.b}$$

Für die exakte Rechnung wäre zunächst die Lösung der Differentialgleichung (9.19.a) erforderlich, weil nur auf diese Weise die Randwerte für Gl. (9.19.b) an der Stelle $x = 0$

$$\varphi(0) = -\varphi_g; \quad \varphi'(0) = -E_g \tag{9.20.}$$

ermittelt werden können. Die Ausführung bereitet jedoch mathematische Schwierigkeiten. Deshalb wird hier nur die Lösung von (9.19.b) mit den Randbedingungen als Parameter aufgesucht und diskutiert. Man erhält folgende Resultate für das Gebiet $x \geqq 0$:

$$\varphi(x) = -\varphi_d + \frac{kT}{e_0} \ln \left[\tan^2 \left(\arctan \sqrt{\exp\left[\frac{e_0}{kT}(\varphi_d - \varphi_g)\right] - 1} - \right.\right.$$
$$\left.\left. + \sqrt{\frac{e_0^2 n_0}{2\varepsilon_0\varepsilon_{r2}kT}} \exp\left(-\frac{e_0\varphi_d}{kT}\right) x\right) + 1\right] \tag{9.21.}$$

$$E(x) = \sqrt{\frac{2n_0kT}{\varepsilon_0\varepsilon_{r2}} \exp\left(-\frac{e_0\varphi_d}{kT}\right)} \tan \left[\arctan \sqrt{\exp\left[\frac{e_0}{kT}(\varphi_d - \varphi_g)\right] - 1} - \right.$$
$$\left. + \sqrt{\frac{e_0^2 n_0}{2\varepsilon_0\varepsilon_{r2}kT} \exp\left(-\frac{e_0\varphi_d}{kT}\right)}\, x\right] \tag{9.22.}$$

$$n(x) = n_0 \exp\left(-\frac{e_0\varphi_d}{kT}\right) \left[\tan^2 \left(\arctan \sqrt{\exp\left[\frac{e_0}{kT}(\varphi_d - \varphi_g)\right] - 1} - \right.\right.$$
$$\left.\left. + \sqrt{\frac{e_0^2 n_0}{2\varepsilon_0\varepsilon_{r2}\, kT} \exp\left(-\frac{e_0\varphi_d}{kT}\right)}\, x\right) + 1\right] \tag{9.23.}$$

$$E_g = \sqrt{\frac{2n_0kT}{\varepsilon_0\varepsilon_{r2}}\left[\exp\left(-\frac{e_0\varphi_g}{kT}\right) - \exp\left(-\frac{e_0\varphi_d}{kT}\right)\right]} \tag{9.24.}$$

$$d_2 = \sqrt{\frac{2\varepsilon_0\varepsilon_{r2}kT}{e_0^2n_0}\exp\frac{e_0\varphi_d}{kT}}\arctan\sqrt{\exp\left[\frac{e_0}{kT}(\varphi_d - \varphi_g)\right] - 1} \tag{9.25.}$$

Den Verlauf der Funktionen (9.21.), (9.22.), (9.23.) gibt Abb. 9.3. wieder. Aus den bereits erwähnten thermodynamischen Gründen beschränkt sich der Gültigkeitsbereich auf das Intervall $x \in [0, d_2]$. Außerhalb dieses Gebietes be-

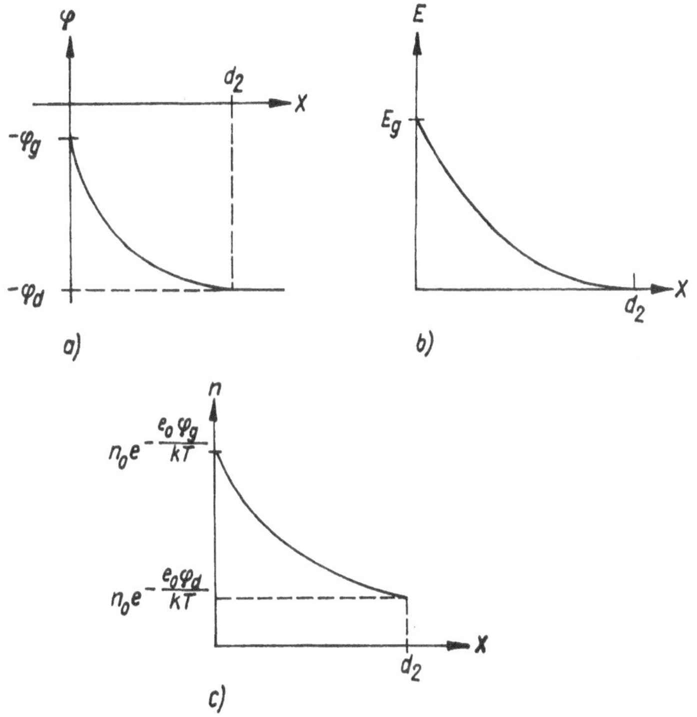

Abb. 9.3.: Darstellung des Verlaufes von elektrischem Potential (*a*), elektrischer Feldstärke (*b*) und Elektronendichte (*c*) der negativen Raumladung im Polymer.

findet man sich entweder im injizierenden festen Körper 1 ($x \leqq 0$) oder erreicht das Innere des Polymers, das von den Kontakterscheinungen nicht mehr beeinflußt wird und deshalb sein ursprüngliches chemisches Potential beibehält ($x \geqq d_2$). Damit folgt, daß die negative Raumladung im Polymer eine endliche Dicke d_2 besitzt.

Während in üblichen Halbleitern die Forderung nach Nichtentartung für die Konzentration der beweglichen Ladungsträger im allgemeinen erfüllt ist, muß man den Anwendungsbereich der erhaltenen Lösungen für den Polymer-Metall-Kontakt weiter spezifizieren, da die Leitungselektronen im Metall entartet sind. Im Metall lassen sich nur die Elektronen oberhalb einer Mindestenergie $E_{\min}$ als nichtentartet auffassen, für die gilt

$$\exp \frac{E_{\min} - \zeta_M}{kT} \gg 1$$

ζ_M = chemisches Potential der Metallelektronen

Wie man sich leicht überzeugen kann, ist diese Bedingung schon für $(E_{\min} - \zeta_M) = 5kT$ gut erfüllt. Für das hier diskutierte Modell der elektrischen Doppelschicht bedeutet das, daß die Energiezustände des Polymers, in die das Metall Elektronen injiziert, um den Energiebetrag $E_{\min}$ höher als das chemische Potential des Metalls liegen müssen. Mit anderen Worten: der Betrag der Elektronenaffinität des Polymers ist kleiner als der Betrag der Elektronenaustrittsarbeit des Metalls. Wegen des für Polymere charakteristischen breiten gap sind die beschriebenen Verhältnisse denkbar und werden durch Abb. 9.4. veranschaulicht. Daß die in der Nähe von $E_{\min}$ im Polymer existierenden Elektronenzustände lokalisiert sein sollten, geht aus der Erörterung der elektronischen Struktur hervor. Das Polymer wird in Abb. 9.4. als idealer Isolator aufgefaßt, in dem elektrischer Strom nur von injizierten Elektronen getragen wird. Für Polymere mit der Elektronenstruktur nach Abb. 9.1. lassen sich die vorgestellten Rechnungen im Falle des Kontaktes mit einem Metall nicht benutzen, weil hier die Nichtentartung wegen $E_{\min} \doteq 0$ nicht erfüllt wird. Am Polymer-Halbleiter-Kontakt können die Energieverhältnisse die Anwendung des Modells gestatten. Falls Polymere eine Elektronenstruktur gemäß der Abb. 9.1. haben, kann auch Injektion von Elektronen aus den Zuständen im gap des Polymers in den festen Körpern auftreten, wenn $\zeta_M < \zeta_P$ erfüllt ist.

Im Rahmen der Voraussetzungen für die durchgeführten Rechnungen sind auch Anwendungen auf Polymer-Polymer-Kontakte denkbar. Bei den bisherigen Überlegungen setzten wir implizit voraus, daß die Dichte erlaubter elektronischer Zustände so groß ist, daß die an der Stelle $x = 0$ injizierte Menge von Elektronen tatsächlich Platz findet. Für diese Annahme besteht jedoch kein zwingender Grund. Falls am Kontakt mehr Elektronen angeboten werden als Zustände existieren, muß man zunächst eine Polymerschicht erwarten, in der alle Zustände besetzt sind und die deshalb eine ortsunabhängige Raumladung enthält. An dieses Gebiet schließt sich in Richtung des Polymerinneren die Raumladung mit dem berechneten Verlauf nach Gl. (9.23.) an. In allen Fällen setzt die Behandlung derartiger Systeme natürlich konkrete Kenntnisse

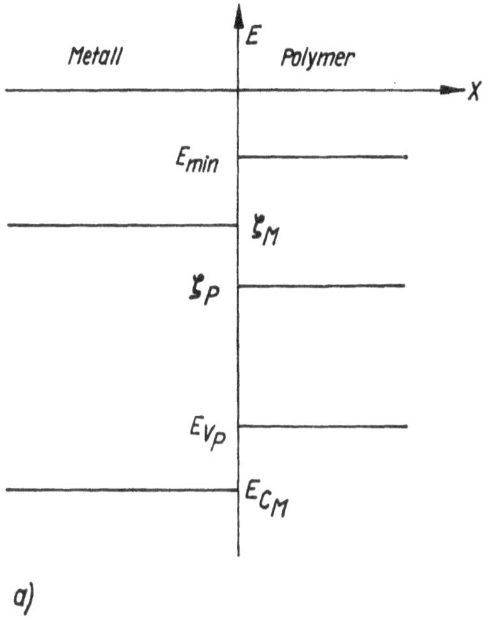

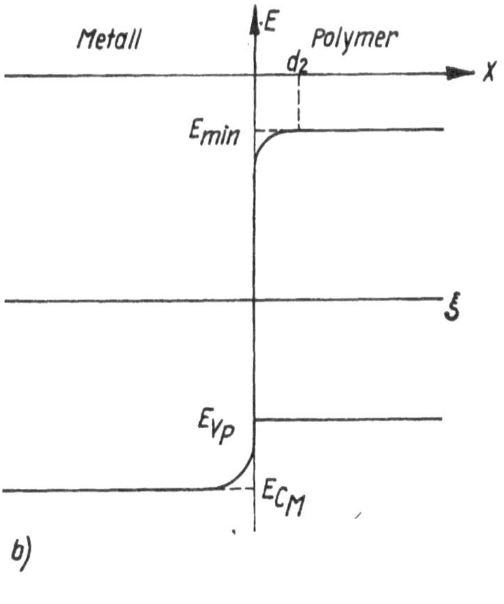

Abb. 9.4.: Darstellung der prinzipiellen energetischen Verhältnisse am Kontakt zwischen Metall und Polymer, auf die die beschriebenen Modellrechnungen anwendbar sind.

Es ist dabei ohne Bedeutung, ob $Ec_M > Ev_P$ oder $Ec_M < Ev_P$ gilt.

9.4.a) zeigt den Zustand vor dem Kontakt.
9.4.b) stellt das thermodynamische Gleichgewicht dar.
ζ_M, ζ_P ≙ chemisches Potential von Metall und Polymer
Ec_M ≙ Unterkante des Leitungsbandes des Metalls
Ev_P = Oberkante des Valenzbandes im Polymer

über die elektronische Struktur beider Kontaktpartner voraus, die für die von uns diskutierte Anwendung auf den Polymer-Metall-Kontakt nicht explizit erforderlich waren, und die, wie oben bemerkt, noch nicht zur Verfügung stehen.

In der Literatur findet man Berechnungen, die auf den ersten Blick den hier angestellten stark ähneln [2···5, 47]. Sie beziehen sich aber ausschließlich auf elektrische Leitung über delokalisierte Zustände und unterliegen deshalb nicht ausdrücklich der Forderung nach nichtentarteten Ladungsträgern, wenn diese Annahme auch der Bequemlichkeit wegen gewöhnlich eingeführt wird. Mott und Gurney [47] benutzen ferner die Näherung $\varphi_d \to \infty$ und erhalten in der Folge unendlich ausgedehnte Raumladungen, was dem physikalischen Sachverhalt nicht entspricht, wie schon in [2] festgestellt wurde. Der Betrachtung von einseitig oder beidseitig kontaktierten Proben steht im Rahmen des vorgestellten Modells nichts im Wege. Zusätzliche Überlegungen machen sich nur erforderlich, wenn die Dicke der Probe in den Bereich der Eindringtiefe der injizierten Raumladung kommt.

Schließlich hat die Forderung nach thermodynamischem Gleichgewicht zwei Konsequenzen für die Interpretation von Experimenten mit Polymeren im Rahmen der entwickelten Vorstellungen. Wegen der für Polymere charakteristischen langen Einstellzeiten aller physikalischen Prozesse muß geprüft werden, ob die Voraussetzung durch den Ablauf des Experimentes erfüllt wird. Anderenfalls verkörpern die aus dem Modell gefolgerten Größen obere Grenzwerte. Weiterhin lassen sich Experimente natürlich nicht mit halbunendlichen Proben ausführen. Demzufolge besteht die Möglichkeit, daß die gesamte Anzahl der für die Elektroneninjektion energetisch zugänglichen Zustände nicht ausreicht, um die Differenz der chemischen Potentiale von Polymer und festem Körper auszugleichen. In beiden Fällen sind die Messungen nicht geeignet für Folgerungen über die thermodynamischen Parameter des Systems.

9.4. Der Einfluß der elektrischen Doppelschicht auf die Adhäsion

Die Frage nach der Wechselwirkung, welche die elektrische Doppelschicht an der Phasengrenze zwischen zwei festen Körpern erzeugt, läßt sich im Prinzip sofort beantworten, weil sie der Verringerung der potentiellen Energie des Systems infolge der Anziehungskraft zwischen den elektrischen Ladungen der beiden Raumladungsgebiete entspricht. Es ist einzusehen, daß der Energiebeitrag schon relativ geringer Ladungskonzentrationen ins Gewicht fällt, wenn man bedenkt, daß die Anziehungskräfte zwischen elektrischen Ladungen wegen ihrer im Vergleich zu den übrigen intermolekularen Kräften (vgl. Kap. 6.) schwachen Ortsabhängigkeit eine große Reichweite besitzen. Auf diesen für die Bedeutung der elektrischen Komponente der Adhäsion wesentlichen Umstand haben DERJAGIN et al. in ihren Arbeiten mehrfach nachdrücklich verwiesen (vgl. auch [1, 2]). Die korrekte Berechnung von Wechselwirkungsenergie und -kraft läuft auf die Summation über alle beteiligten Ladungen hinaus, was man für die Kraft pro Flächeneinheit durch die Formel

$$\vec{f} = e_0 \sum_{i,k} \vec{E}(\vec{r}_i, \vec{r}_k) \tag{9.26.}$$

erfaßt, wenn unter $\vec{E}(\vec{r}_i, \vec{r}_k)$ das elektrische Feld verstanden wird, das alle übrigen Ladungen der elektrischen Doppelschicht am Ort $\vec{r}_i$ der i-ten Ladung aufbauen. In der Summe läuft i über alle Ladungen einer Raumladung der Doppelschicht pro Flächeneinheit. Gl. (9.26.) läßt sich natürlich nur bei Kenntnis der räumlichen Ladungsverteilung in der elektrischen Doppelschicht auswerten. In der Literatur wird diese Schwierigkeit in der Regel umgangen durch den Einsatz von Näherungen, die auf der Vernachlässigung der diskreten Struktur der beiden Raumladungen der elektrischen Doppelschicht basieren. Besonders rigorose Anwendung findet der Gedanke in der bereits von DERJAGIN et al. [1] vertretenen Auffassung der elektrischen Doppelschicht als Kondensator, dessen Platten eine Flächenladung σ tragen, die der über die Eindringtiefe d gemittelten Raumladung ϱ entspricht. Weil diese Variante häufig benutzt wird, wollen wir sie näher erläutern. Für die in Abschn. 9.3. behandelte ebene Geometrie kann

$$\sigma = \int_0^d \varrho(x)\, dx \tag{9.27.}$$

geschrieben und die Anziehungskraft pro Flächeneinheit zwischen den Kondensatorplatten nach der bekannten Formel

$$f = \frac{\sigma^2}{2\varepsilon_0} \tag{9.28.}$$

berechnet werden. Für die Energiedichte im Kondensator gilt

$$w = \frac{\sigma^2}{2\varepsilon_0\varepsilon_r}. \tag{9.29.}$$

Die sofort auftretende Frage nach der hier zu verwendenden relativen Dielektrizitätskonstante stellt gewissermaßen einen äußeren Ausdruck der Näherung dar. Vom theoretischen Standpunkt können Gln. (9.28.), (9.29.) nicht exakt gelten, weil sie die ihnen implizite Voraussetzung nicht erfüllen, daß der Abstand zwischen den Ladungen innerhalb der Raumladungen klein ist gegen die Entfernung beider voneinander. Die mit der hier angegebenen Abschätzung ermittelten Werte fallen zu klein aus, weil die Mittlung die an der Phasengrenze benachbarten Ladungen verschiedenen Vorzeichens zu gering wichtet.

9.5. Übersicht der wichtigen experimentellen Fakten bezüglich der kontaktelektrischen Komponente der Adhäsion

Untersuchungen zur Bedeutung der elektrischen Prozesse an Festkörperkontakten für die Adhäsion sowie auch eine Reihe von Versuchen zur Messung des elektrischen Kontaktpotentials sind mit der Trennung der Phasengrenze und der Entstehung zweier neuer Oberflächen verbunden. In der Konsequenz müssen eine Vielzahl von Begleiterscheinungen beobachtet und in die Ableitung derjenigen Kenngrößen einbezogen werden, welche die ursprüngliche elektrische Doppelschicht beschreiben sollen. Man kann feststellen, daß gegenwärtig zumindest für Systeme, die Polymere enthalten, keine Methode existiert, die die notwendigen Daten auf einem direkteren Wege bereitstellt. Wie im weiteren sichtbar wird, hat dieser Umstand beträchtliche Schwierigkeiten bei der Interpretation der Experimente zur Folge, die die quantitative Aussagefähigkeit beeinträchtigen.

Zweifellos hat sich zuerst eine Arbeitsgruppe um Derjagin der experimentellen Bearbeitung der Problematik auf die erwähnte Weise zugewandt [1]. In diesem Abschnitt wird weitgehend auf die Quellen [1] und [2] Bezug genommen, was die experimentellen Fakten betrifft. Nach unserer Auffassung ergibt sich daraus nicht die Gefahr einer einseitigen Behandlung, weil sich die wesentlichen in der Literatur beschriebenen Resultate zur Rolle elektrischer Erscheinungen in der Adhäsion dort wiederfinden. Insofern wird in der vorliegenden Beschreibung der Übersichtlichkeit der Darstellung der Vorzug gegeben und hinsichtlich detaillierter Aussagen auf [1] und [2] verwiesen. Ferner erfolgt die Einschränkung zur Wahrung des Zusammenhanges mit den theoretischen Vorstellungen der vorangegangenen Abschnitte auf Kontakte großer Ausdehnung. Eine Rechtfertigung dafür besteht in der Tatsache, daß Experimente mit kleinen Partikeln (z. B. Polymerpulver auf Metall) schließlich keine neuen oder qualitativ besseren Informationen erbringen, da die Interpretationsprobleme nicht verschwinden, sondern nur von anderer Art sind.

Als ein qualitatives Anzeichen für die Existenz der elektrischen Doppelschicht läßt sich die Anwesenheit von elektrischen Ladungen entgegengesetzter Polarität auf den Trennflächen der festen Körper deuten, falls der Bruch adhäsiven oder wenigstens gemischten Charakter trug. Diese Beobachtung kann man tatsächlich in allen Systemen machen, falls die Trenngeschwindigkeit ausreicht, um die vollständige Rekombination der Ladungen zu vermeiden. Die zur Trennung aufzuwendende Arbeit hängt in unterschiedlicher Weise von der Trenngeschwindigkeit ab; je nach dem, ob die Messung bei normalen Drücken des gasförmigen Umgebungsmediums oder im Ultrahochvakuum ausgeführt wird (vgl. Abb. 9.5.). Das allgemeine Absinken der Schälarbeit in Richtung $v \to 0$ sollte auf einen konstanten Wert führen, der mit der Adhäsion aufgrund intermolekularer Kräfte in Zusammenhang steht. Die elektrische Doppelschicht spielt hier im Grenzfall $v = 0$ keine Rolle, da sie während des Trennens durch Rekombinationsmechanismen, wie Oberflächenleitfähigkeit und Exoelektronenemission, abgebaut wird. In der Folge bildet sich im entstehenden Spalt kein

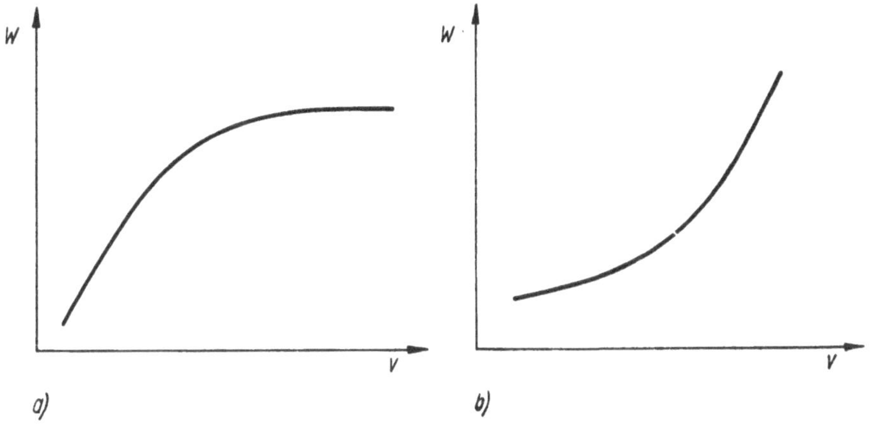

Abb. 9.5.: Schematische Abhängigkeit der im Schälversuch gemessenen Arbeit W zur Trennung des Verbundes Polymerfilm-Substrat von der Schälgeschwindigkeit v.

a) Normaldruck des umgebenden Gases.
b) Ultrahochvakuum.

elektrisches Feld, welches Energie speichert. Bei hinreichend hoher Trenngeschwindigkeit des Verbundes verhindern die Zeitkonstanten der Rekombinationsprozesse diesen Ladungsabbau, die Reversibilität ist nicht mehr gewährleistet. Die Vergrößerung des Abstandes der beiden Raumladungen während des adhäsiven Bruches wird von der Speicherung eines Teils der aufgewendeten Arbeit im elektrischen Feld begleitet. In einfachster Näherung läßt sich der Vorgang mit einem Plattenkondensator vergleichen, dessen Platten sich auseinanderbewegen. Der Leser wird den qualitativen Charakter dieses Vergleiches sofort erkennen, wenn er sich beispielsweise die Form des Spaltes beim Abschälen unter einem Winkel von 180° vor Augen führt. All diese Feinheiten sind aber eine Frage der Ansprüche, die man an die quantitative Interpretation stellt. Sie beeinflussen nicht die Physik des Prozesses. Entscheidend ist vielmehr, daß die elektrische Feldenergie offensichtlich dissipiert wird, weil sonst der Trennvorgang reversibel wäre. Zur Beantwortung der Frage nach der Art und Weise der Energiedissipation muß man zwischen den beiden in Abb. 9.5. angedeuteten Fällen unterscheiden.

Beim Abschälen in einem gasförmigen Umgebungsmedium erreicht die Trennarbeit mit anwachsender Trenngeschwindigkeit ein Plateau. Der in Abb. 9.5.*a*) dafür angedeutete konstante Wert verkörpert des Resultat einer Mittelung. Im Experiment zeigt sich eine Oszillation des Meßwertes um dieses Niveau in Abhängigkeit von der abgeschälten Strecke. Die beobachteten Erscheinungen finden eine gemeinsame Erklärung durch die Annahme, daß die Stärke des durch die Raumladungen der elektrischen Doppelschicht erzeugten elektrischen Feldes ausreicht, um den Durchschlag in Form einer Gasentladung in Gang zu setzen. Diese Entladung kann nur impulsartig auftreten, weil nach der Neutralisierung der Raumladungen an den Rändern des Spaltes das elektrische Feld verschwunden ist und erst durch die fortschreitende Trennung neu aufgebaut wird. Man findet zwei Begleiterscheinungen des Experimentes, die diese Hypothese stützen. Als erste wären elektromagnetische Wellen anzuführen, die von der Umgebung der Trenngrenze impulsartig abgestrahlt werden und einen weiten Frequenzbereich überstreichen. Eine derartige elektromagnetische Strahlung stellt eine Eigenschaft von Gasentladungsplasmen dar. In einigen Systemen stellt man bei geringeren Gasdrücken weiterhin Leuchterscheinungen fest, die teils als Eigenheit des Entladungsplasmas teils als durch schnelle Elektronen angeregte Lumineszenz einer der beiden Festkörper erklärt werden können.

Bekanntlich hängt die Intensität der Lawinenentladung in einem Gas von der Dichte der ursprünglich vorhandenen freien Ladungsträger ab. Letztere steigt unter der Wirkung ionisierender Strahlung an. DERJAGIN u. Mitarb. beobachteten tatsächlich eine Abnahme der Trennarbeit bei hohen Schälgeschwindigkeiten, wenn sie zusätzliche Ionen in die Trenngrenze einbrachten oder sie ionisierender Strahlung aussetzten.

Zur weiteren Erörterung des auf diese Weise identifizierten dissipativen Prozesses benutzten DERJAGIN u. Mitarb. neben dem Modell des ebenen Kondensators für die elektrische Doppelschicht das Gesetz von PASCHEN (vgl. [48, 49])

$$U_z = \frac{apd}{b + \ln pd} \tag{9.30.}$$

U_z = Zündspannung der Gasentladung
p = Gasdruck
d = Entladungsabstand
a, b = von der Natur des Gases und der Elektroden abhängende Konstanten

zur Beschreibung der Gasentladung. Bezüglich der Verwendung dieses Gesetzes bleibt anzumerken, daß das Experiment es für ein homogenes elektrisches Feld zwischen Metallelektroden in der durch Gl. (9.30.) gegebenen Form bestätigt. Fest steht für davon abweichende Feldstrukturen nur, daß die Zündspannung weiter vom Produkt aus Gasdruck p und Entladungsabstand d abhängt. Die Folgen des Auftretens von Isolatoren als Elektroden sind kaum bekannt. Das Gesetz von PASCHEN hat über einen gewissen Druckbereich Gültigkeit, dessen obere Grenze durch den Wert $pd \approx 1{,}3 \cdot 10^3$ Pa · m abgeschätzt werden kann [48]. Jenseits davon erreicht die Zündspannung nicht mehr die von Gl. (9.30.) vorhergesagte Größe. Nach kleinen Drücken hin wird die Anwendbarkeit des Gesetzes von PASCHEN durch den Umstand beschränkt, daß die Gasmoleküle nicht mehr ausreichen für eine Lawinenentladung. Eine weitere Eigenschaft der Lawinenentladung ist bei hohen Trenngeschwindigkeiten in Betracht zu ziehen. Da für die Auslösung der TOWNSEND-Entladung eine zeitliche Verzögerung gegenüber der anliegenden Spannung existiert, können in diesem Fall scheinbar höhere Zündspannungen auftreten, als das nach der Formel (9.30.) zu erwarten ist. Die Funktion (9.30.) durchläuft ein Minimum. Also muß eine Mindestspannung erreicht werden, um die Gasentladung überhaupt zu zünden. Über die Gleichungen des Plattenkondensators kann man daraus eine Mindestflächenladungsdichte

$$\sigma_{\min} = \varepsilon_0 \varepsilon_r \frac{U_{\min}}{d_{\min}} \qquad (9.31.)$$

ε_r = relative Dielektrizitätskonstante des Gases
$d_{\min}$ = zur Mindestspannung gehörender Entladungsabstand

berechnen, die jede der beiden Raumladungen der elektrischen Doppelschicht bei gegebenem Gasdruck erzeugen muß. Luft hat zum Beispiel die Werte $U_{\min} = 330$ V und $p \cdot d = 6{,}65 \cdot 10^{-1}$ Pa · m, so daß für Normaldruck $p \approx 101$ kPa eine mindestens notwendige Flächenladungsdichte von $4{,}44 \cdot 10^{-4}$ Asm^{-2} folgt.

Bestimmt man nun experimentell die Schälarbeit pro Flächeneinheit W, die mit der Ladung des Kondensators wegen (9.29.) über den Ausdruck

$$W = \frac{\sigma^2}{2\varepsilon_0 \varepsilon_r} d = \frac{\varepsilon_0 \varepsilon_r}{2} \frac{U^2}{d} \qquad (9.32.)$$

verknüpft ist, so lassen sich für einen gegebenen Gasdruck aus dem Schnittpunkt der aus (9.32.) folgenden Funktion

$$U = \sqrt{\frac{2Wd}{\varepsilon_0 \varepsilon_r}}$$

und der geltenden PASCHEN-Kurve Zündspannung und Zündabstand ablesen, mit deren Hilfe man die ursprüngliche Flächenladungsdichte nach (9.31.) bestimmen kann. DERJAGIN u. Mitarb. erhalten auf diese Weise für Polymer-Isolator-Systeme Flächenladungsdichten von 10^{-3} bis 10^{-1} Asm^{-2}. Dabei betragen die zugehörigen Fehler mehrere hundert Prozent (vgl. z. B. [2], S. 38, Tab. 2).

Im Ultrahochvakuum entstehen zwei neue Begleiterscheinungen des Trennvorganges eines adhäsiven Verbundes. Man kann während des Bruches impulsförmig emittierte, sehr schnelle Elektronen finden, die aus dem Spalt stammen. Diese Elektronen erreichen Energien von 10^3 bis 10^4 eV [2]. Daher kann es nicht verwundern, daß in der Umgebung der Spitze des Bruchspaltes eine durchdringende Strahlung nachgewiesen werden kann, die in [50] als RÖNTGEN-Bremsstrahlung der schnellen Elektronen in einem der beiden am Verbund beteiligten festen Körper identifiziert wurde. Stoppt man die Trennung der Phasen, so dauert die Elektronenemission noch eine Weile an, wobei die Intensität I dieser sogenannten Nachemission nach dem Potenzgesetz

$$I(t) = \alpha t^{-\beta} \tag{9.33.}$$

$\alpha, \beta = \text{const}$

abfällt [2]. Das Experiment weist die Abnahme des Koeffizienten β mit ansteigendem spezifischem Widerstand der Festkörper aus. DERJAGIN u. Mitarb. gehen zur Erklärung der Beobachtungen davon aus, daß als dissipativer Prozeß im Ultrahochvakuum die Feldemission von Elektronen im Spalt auftritt. Sie ziehen zur Beschreibung der Stromdichte j den aus der Theorie der Feldemission der Metalle bekannten Ausdruck

$$j \sim E^2 \exp\left(-\frac{\gamma}{E}\right) \tag{9.34.}$$

$\gamma = \text{const}$
E = elektrische Feldstärke

heran [51], durch den deutlich wird, daß die Emissionsstromdichte bei hohen elektrischen Feldstärken im wesentlichen proportional E^2 ist. Das Problem der Anwendbarkeit von Gl. (9.34.) auf Polymere muß als ungeklärt bezeichnet werden, da zur Ableitung der Formel die Vorstellung vom freien Elektronengas benutzt wurde [51]. Immerhin gibt es einige experimentelle Fakten, die die qualitative Richtigkeit des Konzeptes bestätigen. Zunächst erwartet man wegen der für den Plattenkondensator gültigen Formel der Schälarbeit pro

Flächeneinheit

$$W = \frac{\sigma^2}{2\varepsilon_0\varepsilon_r} d = \frac{\varepsilon_0\varepsilon_r}{2} E^2 d \qquad (9.35.)$$

d = Plattenabstand

daß Emissionsstromdichte und spezifische Schälarbeit sich in gleicher Weise mit dem elektrischen Feld beziehungsweise mit der Flächenladungsdichte auf den Bruchoberflächen der festen Körper verändern. Experimente mit verschiedenartigen Polymeren auf einem Substrat erwiesen die Richtigkeit dieser Folgerung [2]. Aus der Literatur geht ferner hervor, daß Feldstärken in der Größenordnung von 10^9 Vm^{-1} an der Metalloberfläche herrschen müssen, damit die Emissionsstromdichte merkliche Größen erreichen kann. Diese Aussage ist konsistent mit den für die emittierten Elektronen gemessenen Energien, welche bei den geringen Werten für die Spaltbreite d nur durch so starke elektrische Felder erreicht werden können.

Wählt man die für den Plattenkondensator gültige Beziehung zwischen Oberflächenladungsdichte σ und Feldstärke E

$$\sigma = \varepsilon_0\varepsilon_r E, \qquad (9.36.)$$

so stimmt der Wert mit der aus den Experimenten in Gasen abgeleiteten Größenordnung überein. Auch in diesem Falle ist eine qualitative Übereinstimmung zwischen Experiment und physikalischer Erklärung feststellbar.

Im Zusammenhang mit den Untersuchungen zur Kontaktelektrifizierung von Polymeren mit Metallen fällt allerdings eine große Diskrepanz zwischen den dabei bestimmten Oberflächenladungsdichten und den auf den beschriebenen Wegen ermittelten Werten ins Auge. Durch Berührung überträgt das Metall dem Polymer Ladungsmengen, die um zwei bis vier Größenordnungen niedriger liegen, als es aus dem Schälversuch folgt. Zur Begründung sind zwei Varianten denkbar, zwischen denen man zur Zeit aber noch keine Entscheidung treffen kann. Erstens ist die Auffassung möglich, daß während des Kontaktexperimentes die wahre Kontaktfläche bedeutend geringer ist als die geometrische Kontaktfläche, und daß überdies die Dauer des Kontaktes nicht ausreicht zur Einstellung des thermodynamischen Gleichgewichtes. Folglich bleibt die übertragene Ladungsmenge unter dem möglichen Gleichgewichtswert. Zum zweiten läßt sich annehmen, daß während des Bruches, der stets einen stark irreversiblen Vorgang darstellt, Ladungen generiert werden, die einen über dem Gleichgewicht liegenden Meßwert hervorrufen. Diese Variante der Interpretation befindet sich in Übereinstimmung mit der in [52] unternommenen Abschätzung der Elektronenaustrittsarbeit frisch abgeschälter Polymeroberflächen, die Werte von einigen Zehntel eV ergab. Bezieht man dieses Resultat auf die Elektronenstruktur der Polymere, so kommt man zu dem Schluß, daß die Niveaus, die nach der Trennung des Verbundes Elektronen emittieren, in der Nähe der Vakuumenergie liegen müssen. Solche Zustände sind aber im Rahmen der vorhandenen Kenntnisse für Injektionsprozesse aus anderen Festkörpern nicht zugänglich. Sie können also nur besetzt sein, wenn eine nachträgliche Anregung der Elektronen in der Polymeroberflächenschicht erfolgte, was beispielsweise während des Bruches geschehen kann. Die korrekte Beantwortung der aufgeworfenen Fragen, die in die Zukunft verwiesen werden muß, hat große Bedeutung für das Verständnis der elektrischen Vorgänge am Kontakt fester Körper und während der Zerstörung des Verbundes.

Zum Abschluß des Kapitels sollen noch einige Versuche zur äußeren Beeinflussung der elektrischen Doppelschicht Erwähnung finden.

Die Folgen des Beschusses eines Verbundes mit ionisierenden Strahlen wurden bereits in [1] beschrieben. Während in Polymer-Metall-Systemen kein Einfluß festgestellt werden konnte, erhöhte die Bestrahlung die Haftung in Isolator-Isolator-Systemen, falls die Einwirkungsdauer nicht zu groß war. Der Effekt verschwand nach längerer Zeit wieder. Zu hohe Strahlungsdosen verminderten die Schälarbeit, was mit Abbauerscheinungen in den Dielektrika erklärt werden kann.

Wie in [2] erwähnt wurde, steigern nach [53] starke äußere elektrische Felder dauerhaft die Haftung in Polymer-Metall-Verbunden.

Die Wirkung äußerer Magnetfelder auf Polymer-Metall-Systeme wird in [54, 55] an einigen Beispielen diskutiert. Die bis zu $2 \cdot 10^7$ Am^{-1} starken Felder wirken während der Herstellung eines Polymerüberzuges auf dem Metall aus der Schmelze ein. Im Ergebnis zeigen sich um ca. 50% höhere Schälarbeiten und Flächenladungsdichten der elektrischen Doppelschicht. Über die Stabilität des Effektes werden keine Aussagen gemacht.

Zusammenfassend wird festgestellt, daß die kontakt-elektrischen Erscheinungen bei der Betrachtung der Adhäsion Berücksichtigung finden müssen. Die zahlreichen Unsicherheiten und Lücken im Wissen um die physikalischen Prozesse, die bei der Formierung der elektrischen Doppelschicht und bei der Haftfestigkeitsmessung ablaufen, fordern zur weiteren Bearbeitung des Gebietes heraus.

Literatur

[1] Derjagin, B. V., Krotova, N. A.: „*Adgezija — issledovanija v oblasti prilipanija klejaščich svojstv*", Izdvo. AN SSSR, Moskva, 1949

[2] Derjagin, B. V., Krotova, N. A., Smilga, V. P.: „*Adgezija tverdych tel*", Izdvo. „Nauka", Moskva, 1973

[3] SKINNER, S. M., SAVAGE, R. L., RUTZLER, jr., J. E.: J. Appl. Phys. **24** (1953), 438
[4] SKINNER, S. M., SAVAGE, R. L., RUTZLER, jr., J. E.: J. Appl. Phys. **25** (1954), 1055
[5] SKINNER, S. M.: J. Appl. Phys. **26** (1955), 498
[6] SKINNER, S. M.: J. Appl. Phys. **26** (1955), 509
[7] WEST, D. C.: J. Appl. Phys. **25** (1954), 1054
[8] MORANT, M, J.,: J. Appl. Phys. **25** (1954), 1053
[9] FABISH, T. J., SALTSBURG, H. M., HAIR, M. L.: J. Appl. Phys. **47** (1976), 930
[10] FABISH, T. J., SALTSBURG, H. M., HAIR, M. L.: J. Appl. Phys. **47** (1976), 940
[11] FABISH, T. J., DUKE, C. B.: J. Appl. Phys. **48** (1977), 4256
[12] FABISH, T. J., DUKE, C. B. in CLARK, D. T., FEAST, W. J. (eds.): "*Polymer Surfaces*", Wiley, Chichester/New York/Brisbane/Toronto, 1978
[13] FABISH, T. J.: CRC Crit. Rev. in Sol. State and Mat. Sci. 8 (1979), 383
[14] FABISH, T. J., HAIR, M. L., SALTSBURG, H. M.: J. Appl. Phys. **51** (1980), 1247
[15] DUKE, C. B., FABISH, T. J.: Phys. Rev. Let. **37** (1976), 1075
[16] DUKE, C. B., FABISH, T. J., PATON, A.: Chem. Phys. Let. **49** (1977), 133
[17] DUKE, C. B., FABISH, T. J.: J. Appl. Phys. **49** (1978), 315
[18] DUKE, C. B.: Surf. Sci. **70** (1978), 674
[19] DAVIES, D. K.: J. Phys. D: Appl. Phys. **2** (1969), 1533
[20] GARTON, C. G.: J. Phys. D: Appl. Phys. **7** (1974), 1814
[21] COTTRELL, G. A., LOWELL, J., ROSE-INNES, A. C.: J. Appl. Phys. **50** (1979), 374
[22] FABISH, T. J., DUKE, C. B., HAIR, M. L., SALTSBURG, H. M.: J. Appl. Phys. **51** (1980), 1247
[23] ANDRÉ, J.-M., DELHALLE, J., in ANDRÉ, J.-M. et al. (eds.): "*Quantum Theory of Polymers*", D. Reidel Publ. Co., Dordrecht (Holland), 1978
[24] KERTSZ, M., KOLLER, J., AZMAN, A., in ANDRÉ, J.-M. et al. (eds.): "*Recent Advances in the Quantum Theory of Polymers*", Springer-Verlag, Berlin/Heidelberg/New York, 1980
[25] PEETERS, D., LERORY, G., ROSOUX-CLARISSE, F.: Ebenda
[26] KARPFEN, A.: Ebenda
[27] MCCUBBIN, W. L. in ANDRÉ, J.-M. et al. (eds.): "*Quantum Theory of Polymers*", D. Reidel Publ. Co., Dordrecht (Holland), 1978
[28] MARTINO, F.: Ebenda
[29] MARTINO, F., in ANDRÉ, J.-M. et al. (eds.): "*Recent Advances in the Quantum Theory of Polymers*", Springer-Verlag, Berlin/Heidelberg/New York, 1980
[30] SEEL, M.: Ebenda
[31] GASPARD, J. P.: Ebenda
[32] ANDRÉ, J.-M.: Ebenda
[33] GUBANOV, A. I.: „*Kvantovoelektronnaja teorija amorfnych i židkich poluprovodnikov*", Izd. AN SSSR, Leningrad/Moskau, 1963
[34] COHEN, M. H.: J. Non-Cryst. Solids **4** (1970), 400
[35] OVSHINSKY, S. R., FRITZSCHE, H.: IEEE Trans. ED **20** (1973), 91
[36] MOTT, N. F., ALLGAIER, R. S.: phys. stat. sol. **21** (1967), 343
[37] MOTT, N. F.: Adv. Phys. **16** (1967), *No. 61*, 49
[38] MOTT, N, F.: Phil. Mag. **17** (1968), 1259
[39] MOTT, N. F.: J. Non-Cryst. Solids **1** (1969), 1

[40] MOTT, N. F.: Phil. Mag. **22** (1970), 7
[41] DAVIS, E. A., MOTT, N. F.: Phil. Mag. **22** (1970), 903
[42] MOTT, N. F., DAVIS, E. A., STREET, R. A.: Phil. Mag. **32** (1975), 961
[43] STREET, R. A., MOTT, N. F.: Phys. Rev. Lett. **35** (1975), 1293
[44] BÖTTGER, H., BRYKSIN, V. V.: phys. stat. sol. **b 78** (1976), 9ff. und 415ff.
[45] KUBO, R.: J. Phys. Soc. Japan **12** (1957), 570
[46] LANDAU, L. D., LIFSCHITZ, E. M.: „*Lehrbuch der theoretischen Physik*", Akademie-Verlag, Berlin, 1963, Bd. VIII, S. 119–121
[47] MOTT, N. F., GURNEY, R. W.: "*Electronic processes in Ionic Crystals*", Oxford at the Clarendon Pr., Oxford 1953, 2nd. ed., pp. 168–176
[48] PHILLIPPOW, E. (ed.): „*Taschenbuch Elektrotechnik*", Bd. 1, VEB Verlag Technik, Berlin, 1963
[49] LANDHOLT-BÖRNSTEIN: „*Zahlenwerte und Funktionen aus Physik, Chemie, Astronomie, Geophysik und Technik*", Bd. IV, 3. Teil, Springer-Verlag, Berlin/Göttingen/Heidelberg, 1957
[50] ANISIMOVA, V. I., DERJAGIN, B. V., KLJUEV, V. A., VLADYKINA, T. N., KROTOVA, N. A.: Mater. 5 ogo Vses. Simp. Mechanoemiss. Mechanochim. Tverd. Tel, 1975, edited by DERJAGIN, B. V., Akad. Nauk Est. SSR, Tallin, 1977, p. 98
[51] FLÜGGE, S. (ed.): „*Handbuch der Physik*", Bd. XXI, Springer-Verlag, Berlin/Göttingen/Heidelberg, 1956
[52] KLJUEV, V. A., ANISIMOVA, V. M., TOPOROV, JU. P., KROTOVA, N. A., DERJAGIN, B. V.: Koll. Ž. **40** (1978), 244
[53] EVDOKIMOV, JU. M.: „Referaty dokladov naučno – techničeskoj konferenzii Moskovskogo Lesotechničeskogo instituta", Sekzija Chimii, Moskva, 1967
[54] NEGMATOV, S. S., USMANOV, D. I.: Mater. 5. Vses. Simp. Mekhanoemiss. Mekhanokhim. Tverd. Tel, 1975, edited by DERJAGIN, B. V., Akad. Nauk Est, SSR, Tallin 1977, p. 145
[55] USMANOV, D. I., NEGMATOV, S. S., KROTOVA, N. A.: Ebenda, S. 150

10. Chemische Bindungen bei Adhäsionsvorgängen

Die in den vorangegangenen Kapiteln beschriebenen Modelle der Adhäsionsphänomene gingen vor allem von der Verantwortlichkeit der zwischenmolekularen physikalischen Kräfte bzw. der mechanischen Verankerung für die Adhäsion aus. In diesem Kapitel sollen die bestehenden Vorstellungen über das Entstehen und Wirken chemischer Bindungen zwischen Adhäsiv und Adhärens diskutiert werden.

Die Theorie der chemischen Adhäsion basiert auf der Vorstellung, das Wirken starker atomarer und molekularer Bindungskräfte, insbesondere chemischer Bindungen, als das entscheidende Kriterium für die Adhäsion zu betrachten. Von diesem bindungsenergetischen Standpunkt aus müßten Hauptvalenzbindungen zwischen Adhärens und Adhäsiv zu hohen Haftfestigkeiten führen (vgl. Kap. 3.). Die Wasserstoffbrückenbindungen stellen vom bindungsenergetischen Standpunkt einen Zwischenzustand zwischen den physikalischen und chemischen Bindungen dar. Da sie mit Bindungsenergien von 8···40 kJ/mol, in speziellen Fällen sogar $>$ 50 kJ/mol, in das Gebiet der chemischen Bindungen hineinreichen, sollen sie in diesem Kapitel mit betrachtet werden. Auch die Bildungswärmen von Molekülkomplexen [1], den sogenannten Elektronendonator-Akzeptor-Komplexen, liegen in der Größenordnung von einigen kJ/mol.

Als begründeter Hinweis auf das Entstehen von Hauptvalenzbindungen sind die experimentellen Ergebnisse bei der Chemisorption anzusehen. Hauptsächlich auf dem Gebiet der heterogenen Katalyse konnte die Existenz chemischer Bindungen verschiedener Art zwischen (meist niedermolekularem) Adsorptiv und fester Adsorbensoberfläche nachgewiesen werden [2]. Dagegen sind derartige Ergebnisse mit makromolekularen Adsorptiven weniger zahlreich.

Der von manchen Autoren [3, 4] oftmals wegen Fehlens geeigneter Methoden beschrittene Weg des Vergleiches der theoretisch abgeschätzten mit den gemessenen Haftfestigkeiten scheint nicht ganz schlüssig für die Annahme von Hauptvalenzbindungen an der Phasengrenze zu sein.

In diesem Kapitel sollen wichtige Beispiele der chemischen Bindung niedermolekularer bzw. oligomerer und polymerer Stoffe an Festkörperoberflächen betrachtet und — soweit möglich — deren Auswirkung auf die Adhäsionsfestigkeit und mechanischen Eigenschaften des Verbundes diskutiert werden.

10.1. Chemische Bindungstypen

Die Bindungsenergien der drei Hauptformen der chemischen Bindung liegen im Bereich von 60···1000 kJ/mol. Sie unterscheiden sich gegenüber anderen Bindungsarten durch ihre geringe Reichweite von 0,1···0,2 nm. Die drei Grenztypen der Hauptvalenzbindungen sind wie folgt charakterisiert:

— Bei der homöopolaren, kovalenten oder Atombindung entsteht ein gemeinsames Elektronenpaar, dessen Aufenthaltswahrscheinlichkeit etwa in der Mitte zwischen den beiden an der Bindung beteiligten Atomen am größten ist. Man unterscheidet zwischen der rotationssymmetrischen σ-Bindung und der flächensymmetrischen, energiereichen, starren π-Bindung. Wird das gemeinsame Elektronenpaar von einem Bindungspartner geliefert, spricht man von koordinativer Bindung (Sulfat-, Phosphation). Nicht in jedem Falle befindet sich das gemeinsame Elektronenpaar symmetrisch zwischen beiden Bindungspartnern, was zu polarisierten Atombindungen (Beispiel Carbonylgruppe) führt, die den Übergang zur Ionenbindung bilden. Ein

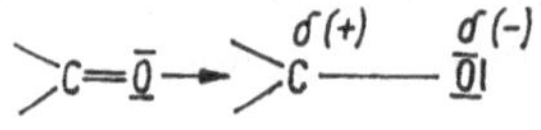

Beitrag der homöopolaren Bindung zur Adhäsion ist denkbar, da Beispiele für eine Bildung dieser Bindungen bei der Chemisorption von niedermolekularen Stoffen an Festkörperoberflächen bekannt sind (s. Abschn. 10.2.). Der theoretische Wert der Festigkeit auf Basis der Bindungsenergien liegt aber stets wesentlich über den gemessenen Verbundfestigkeiten, was nicht die Existenz der chemischen Bindung an der Phasengrenze generell in Frage stellt, sondern ein Hinweis für die geringe Zahl dieser Bindungen pro Flächeneinheit sein kann.

— Die heteropolare oder Ionenbindung zeichnet sich durch die Konzentration der Aufenthaltswahrscheinlichkeit der Bindungselektronen in der Nähe eines an der Bindung beteiligten Atoms aus. In der Folge hat das Molekül Dipolcharakter bzw. es entsteht ein Ionengitter. Dieser Bindungstyp, der bei vielen Stoffen der anorganischen Chemie vorherrschend ist, soll nach MICHEL [5] für das Adhäsionsverhalten organischer polymerer Klebstoffe ohne Bedeutung sein.

— Die Bindung in Metallen wird als Gitter von positiv geladenen Rümpfen der Metallatome verstanden, zwischen denen ein „Gas" freier Elektronen, das der FERMI-DIRAC-Statistik gehorcht, den Zusammenhalt schafft. Die Bindungskräfte sind räumlich nicht gerichtet. Im Gegensatz dazu ist bei der Atom- und Ionenbindung eine räumliche Vorzugsrichtung vorhanden. Nach MICHEL [5] liegt die exakte quantenmechanische Behandlung der praktisch für den Verbund von Metall und Polymer wichtigen Kombination von homöopolarer und metallischer Bindung noch nicht vor, so daß die Existenz chemischer Bindungen zwischen Metall und polymerem Klebstoff in Frage gestellt werden muß. Der spezielle Fall der Chemisorption wird von MOESTA [6] behandelt.

In vielen Fällen sind die tatsächlich vorkommenden Bindungen Übergänge zwischen den genannten Grenztypen der chemischen Hauptvalenzbindungen einerseits und den Nebenvalenzbindungen andererseits. Deshalb sei in diesem Zusammenhang noch auf die Wasserstoffbrückenbindungen hingewiesen, die aus der Wechselwirkung einer Protonendonatorgruppe X—H und einer Protonenakzeptorgruppe Y resultieren (X—H···Y). Der Bindungsabstand zwischen X und Y liegt im Bereich von 0,24···0,27 nm, wobei mittlere Bindungsenergien von 10···30 kJ/mol gemessen wurden. Im Hydrogendifluoridion FHF^- erreicht die Wasserstoffbrückenbindung mit etwa 150 kJ/mol den Wert chemischer Bindungen. Bei vielen Adsorptionsvorgängen an Festkörpern mit Oberflächenhydroxylgruppen stellt die Wasserstoffbrückenbindung den ersten Schritt zu einem Protonenübergang dar.

Bei den Elektronendonator-Akzeptor-Komplexen [1] handelt es sich um Molekülkomplexe, bei denen der eine Partner eine geringe Ionisierungsenergie und der andere eine große Elektronenaffinität besitzt. Ersterer gibt leicht Elektronen ab und letzterer nimmt sie auf. Neben zahlreichen Molekülkomplexen [7] organischer Verbindungen (π-Komplexe, wie Chinhydron u. a.) lassen sich auch anorganische Partner in diese Systematik einbeziehen, so daß an Grenzflächen auch mit Wechselwirkungen dieser Art zu rechnen ist.

10.2. Beispiele für chemische Bindungen an Grenzflächen

Erst mit den im letzten Jahrzehnt verfügbaren modernen Methoden der Elektronenbeugung und Elektronenspektroskopie wurde es möglich, die Bindung adsorbierter Moleküle an Festkörpern mit relativ kleiner spezifischer Oberfläche ($< 1\ m^2/g$) zu untersuchen.

SOMORJAI [2] betont, daß Oberflächenatome eine geringere Symmetrie besitzen als Atome im Volumen, was zu einer Oberflächenrekonstruktion, d. h. Einnahme neuer Gleichgewichtslagen führen, kann. Das Ausmaß der Symmetrieabweichung der Oberflächenatome von Metallen sowie die Art und Häufigkeit der Oberflächenfehler beeinflussen die chemische Reaktivität. Aus dem LEED-

Experiment (LEED = *l*ow *e*nergy *e*lectron *d*iffraction) von Atomen (O, S, Se, Te, Na, J, N) und niederen Kohlenwasserstoffen (C_2H_2 und C_2H_4) auf Metalleinkristallflächen folgert SOMORJAI [2] aus der ermittelten Bindungslänge, daß die Bindung kovalenten Charakter hat. Jedoch treten auch andere, nicht so einfach interpretierbare Bindungsformen auf. Bei der Chemisorption niedermolekularer Kohlenwasserstoffe (C_2H_2 auf Pt 111) findet SOMORJAI [2] Clusterstrukturen in Form dreikerniger Alkin-Metall-Komplexe mit π-Bindungen zwischen Alkin und Metall. Unter Clustern versteht man Teilchengruppen, die miteinander nicht in Wechselbeziehung stehen. Allgemein kann die Bindung an Metalloberflächen als lokalisiert zwischen dem adsorbierten Teilchen und den nächstbenachbarten Oberflächenatomen aufgefaßt werden. SOMORJAI erwartet gute Korrelationen zwischen der Chemie mehrkerniger Cluster und chemisorbierten Spezies [2].

HAMANN u. Mitarb. [8···10] ersetzten oberflächenständige Silanolgruppen im Aerosil 200 durch Phenyl-, Nitrophenyl- und Aminophenylgruppen. Die Darstellung des aminophenylierten SiO_2 erfolgte zum Beispiel in den Reaktionsstufen

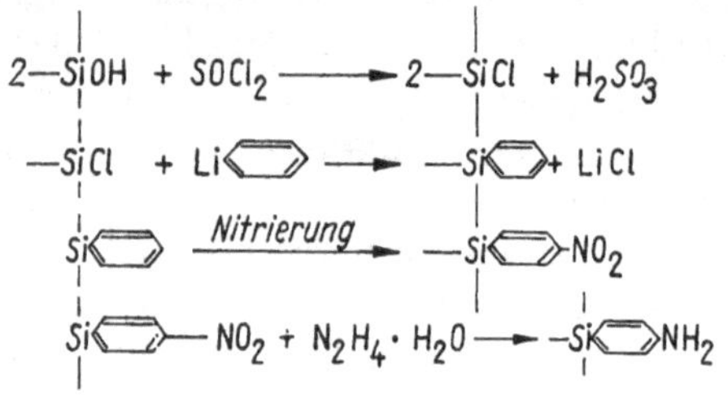

(10.1.a)
(10.1.b)
(10.1.c)
(10.1.d)

Die kovalente Bindung des organischen Moleküls an der Oberfläche des SiO_2 konnte IR-spektroskopisch nachgewiesen werden. Durch Diazotierung wurden chemisch gebundene Initiatoren des Diazotyps erhalten. Bei ihrer thermischen Zersetzung bilden sie Phenylradikale, die Polyreaktionen an der Feststoffoberfläche ermöglichen. Bei Polymerisation in Substanz enthalten die Pfropfprodukte bis zu 80 Masse-% kovalent gebundenes Polymer.

Nach den Untersuchungen von FRIEDRICH, GÄHDE u. a. [11] ist bei Wahl geeigneter Gasentladungsplasmen eine Modifizierung von Feststoffoberflächen mit funktionellen, haftvermittelnden Gruppen möglich. Eine Vorbehandlung von Kohlenstoff- und Glasfasern im NH_3-Plasma erbrachte eine wesentliche Steigerung der Biegefestigkeit entsprechender Verbunde mit Epoxidharz, was auf die Bildung und Chemisorption von NH_2-, NH- und CN-Gruppen an der Faseroberfläche und deren Reaktionsfähigkeit mit der Epoxidgruppe zurückgeführt wird. Der eindeutige Nachweis des Einbaus von Stickstoff im NH_3-Plasma in die PETP-Oberfläche konnte durch Photoelektronenspektroskopie (ESCA) erbracht werden [12]. Der in Abb. 10.1. mit einer Bindungsenergie von

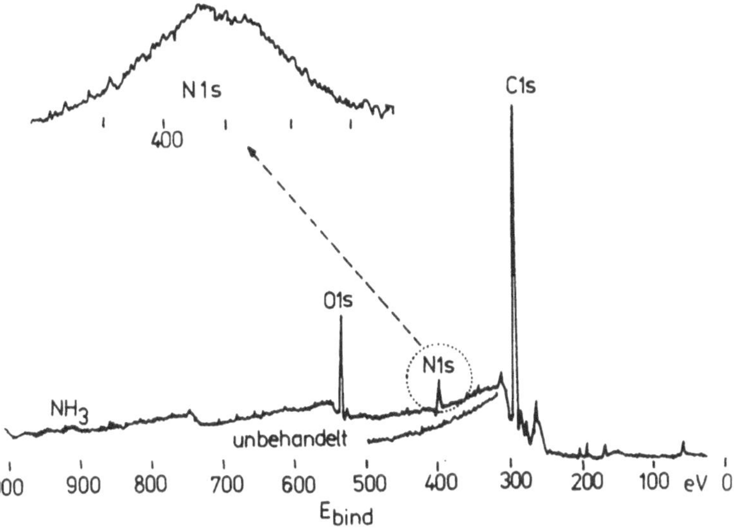

Abb. 10.1.: Photoelektronenspektrum von PETP (Fa. Kalle/BRD), das im NH_3-Plasma behandelt wurde.

$t = 1$ h, $N = 70$ W, $p = 13$ P

399,6 eV ($E_{\text{kin}} = 848{,}0$ eV) liegende N 1*s*-Peak besitzt Schultern, was für verschieden kovalent gebundenen Stickstoff spricht.

Nach Michel [5] wird bei PUR-Klebstoffen häufig eine Reaktion der Isocyanatgruppe mit einer Hydroxylgruppe des festen Adhärens (z. B. Holz, Duroplaste) nach dem Schema (10.2.)

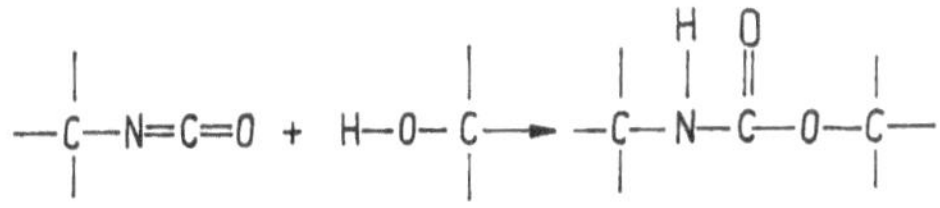

(10.2.)

angenommen. IR-spektroskopische Untersuchungen von Eley u. Mitarb. [13] lassen die Reaktion von Ethylisocyanat mit Silanolgruppen im Aerosil 200 erkennen. Mit zunehmender Wasserbeladung des Aerosils steigt die Ausbeute an 1.3-Diethylharnstoff. Kulik u. Mitarb. [14] diskutieren hierbei das Reaktionsschema (10.3.)

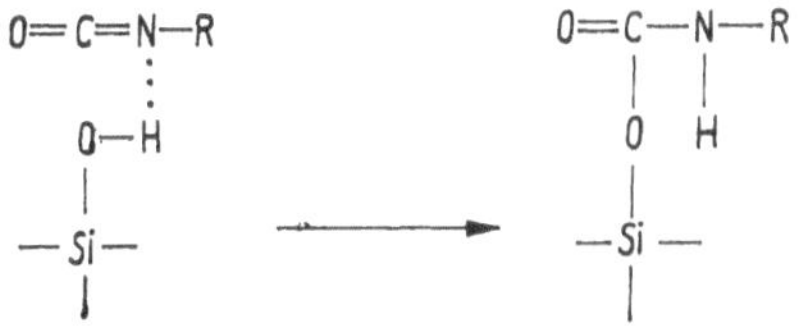

(10.3.)

wobei Butylisocyanat erst nach physikalischer Sorption am Aerosil chemisorbiert wird.

Auch bei der Holzverleimung mit Amino- oder Phenolharzen können möglicherweise die OH-Gruppen der Zellulose mit Methylolgruppen des Harzes reagieren.

Wesentliche Impulse erhielt die chemische Adhäsionstheorie aus Untersuchungen über die Wirksamkeit von Haftvermittlern, auf die am Beispiel der glasfaserverstärkten Polymere näher eingegangen werden soll.

Die Entwicklung von Haftvermittlern zur Verbesserung mechanischer Eigenschaften der durch Glasfasern, in neuerer Zeit aber auch durch andere faserförmige und/oder partikuläre Stoffe [15, 16] verstärkten Polymere erfolgte nach der Konzeption, ein chemisches Brückenglied zwischen Einlagerungskomponente und der Polymermatrix zu schaffen. Wirksame Haftvermittler sollten somit bifunktionelle Verbindungen sein, die eine chemische Reaktion sowohl mit funktionellen Gruppen der Festkörperoberfläche als auch mit reaktionsfähigen Gruppen im Harz oder Polymer ermöglichen. Die größte Bedeutung haben in diesem Zusammenhang siliciumorganische Verbindungen der allgemeinen Struktur

$$\begin{matrix} R'O \\ R'O \\ R'O \end{matrix} \Big> Si - R$$

erlangt. Bei R' handelt es sich meist um einen Alkylrest (vorzugsweise Methyl und Ethyl), während R den harzspezifischen organofunktionellen Teil des Moleküls mit reaktionsfähigen Gruppen, wie z. B. Vinyl, Methacryl, Epoxi, Mercapto, Amino, bildet. In Tab. 3 ist am Beispiel eines glasfaserverstärkten Polyesterharzes die festigkeitserhöhende Wirkung einiger Silane dargestellt, die vor der Verbundbildung auf das Glasgewebe aufgebracht wurden [17, 18].

Weitere Ergebnisse dazu von PLUEDDEMANN u. Mitarb. [19] unterstreichen den chemischen Aspekt bei der Haftvermittlung. Der im Zeitraum 1950 bis 1970 bei der Entwicklung von Haftvermittlern erreichte Stand wurde von CASSIDY, YAGER [20] und PLUEDDEMANN [21] zusammenfassend ausgewertet. Danach ist an der Grenzfläche Silan-Silicat mit Reaktionen zu rechnen, bei denen das Silan entweder direkt über kovalente Bindungen an die hydratisierte Glasoberfläche angelagert wird entsprechend der Gl. (10.4.)

$$H_2C{=}CH{-}SiCl_3 + HO{-}\underset{\wr}{\overset{\wr}{Si}}\sim \longrightarrow H_2C{=}CH{-}\underset{Cl}{\overset{Cl}{Si}}{-}O{-}\underset{\wr}{\overset{\wr}{Si}}\sim + HCl \qquad (10.4.)$$

oder die Reaktion über den Zwischenschritt der Silanol- und Oligomerbildung abläuft, die in Gl. (10.5.) im Prinzip dargestellt wird [16].

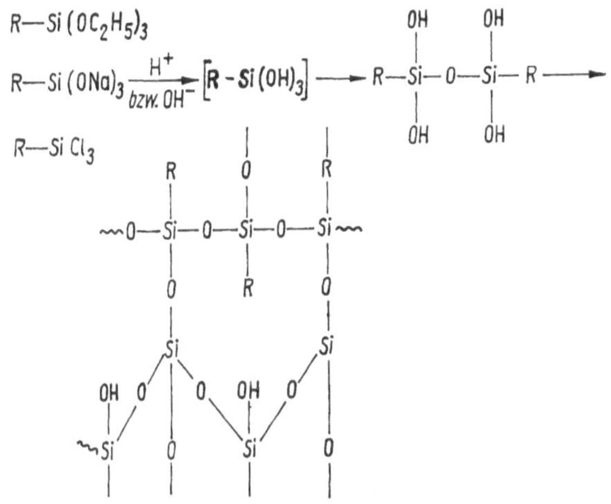

(10.5.)

Tabelle 3: Wirkung von Silanen auf die Biegefestigkeit von Polyesterharz-Laminaten
Polyesterharz-Buna G
E-Glasseidengewebe, Interglas 91145, thermisch entschlichtet
Glasgehalt 60 Masse-%

Silan	Trocken	Biegefestigkeit Pa · 10^3 Nach 4 h Kochen in H_2O
Thermisch entschlichtet	38	10
Vinyltriethoxysilan	41	25
Ethyltriethoxysilan	29	12
γ-Methacryloxypropyl-trimethoxysilan (MPS)	49	40
Bromiertes MPS	25	13

In den nachfolgend zitierten Arbeiten wird der Versuch unternommen, diese Reaktionsmöglichkeiten experimentell nachzuweisen. Runge u. Mitarb. [22] setzten Vinyltrichlorsilan mit Silanolgruppen an der Oberfläche von Kieselsäuregelen um und schlossen auf kovalent an den Feststoff gebundene Vinylgruppen. White [23] beobachtete im IR-Spektrum eine Intensitätsabnahme der SiOH-Bande (3745 cm^{-1}) in gefällter Kieselsäure nach Einwirkung von gasförmigen Methylchlorsilanen bei 300 °C oder deren Lösungen in Tetrachlorkohlenstoff bei Raumtemperatur und nachfolgendem Trocknen bei 120—150 °C.

Auch das Tetraethoxysilan reagiert mit Silanolgruppen im Aerosil oberhalb 100 °C unter Ethanolabspaltung und Siloxanbildung, was Duffy und Erickson [24, 25] aus IR-spektroskopischen und gaschromatographischen Daten folgerten. Mit der Raman-Spektroskopie und der IR-Fourier-Transform-Spektroskopie konnten Koenig u. Mitarb. [26···28] erstmals auch die Bildung kovalenter Bindungen zwischen E-Glasfasern und Vinylsilanen als einem für die Praxis wichtigen System nachweisen. Da Glas die Raman-Strahlung nur schwach streut, ist mit dieser Technik der eindeutigste Beweis für die chemische Bindung von Silanen über Si—O—Si-Bindungen an das Glas zu erhalten [29]. Außerdem konnte auch die Reversibilität der Silanol-Siloxan-Reaktion an der Grenzfläche gezeigt werden. Das Vinyltriethoxysilan liegt nach dem Raman-Spektrum als Vinylpolysiloxan vor. Die Anzahl der restlichen SiOH-Gruppen hängt von den Trocknungsbedingungen ab. An der Glasoberfläche adsorbierte benachbarte Silanmoleküle bilden untereinander schneller Si—O—Si-Bindungen als mit dem Glas, so daß sich letzten Endes an der Glasoberfläche eine Schicht eines dreidimensional vernetzten Vinylpolysiloxans bildet [29]. Amine katalysieren diese Kondensationsreaktion der Silanole [30, 31].

Die Theorie der chemischen Bindungen bei der Adhäsion geht aber nicht nur von der in den zitierten Arbeiten bewiesenen chemischen Bindung zwischen Silan und Silikatoberfläche, sondern auch von einer chemischen Reaktion zwischen dem chemisorbierten Silan und dem Polymer aus. Bei der Bildung der glasfaserverstärkten Polyester wird das polymerisationsfähige dünnflüssige Harz mit dem silanimprägnierten Glasfasermaterial in Kontakt gebracht und ausgehärtet. Polymerisationsfähige Silanverbindungen, wie Vinyl- und Methacrylatsilane, sollten unter den Härtungsbedingungen über eine Copolymerisation mit dem Harz reagieren. Clark und Plueddemann [32] konnten in Abwesenheit von Glas das γ-Methacryloxypropyltrimethoxysilan (MPS) mit Styren copolymerisieren, während das Vinyltrimethoxysilan (VS) unter den gewählten Bedingungen keine Reaktionsfähigkeit besaß. Koenig und Shih [26] wiesen mit der Laser-Raman-Spektroskopie die Copolymerisation des an E-Glasfasern chemisorbierten MPS und VS mit Styren nach. Allerdings ist die Reaktionsfähigkeit des MPS mit Styren wesentlich größer als die des VS. Letzteres ist nur in Gegenwart von Kohlenstoffradikalen bei Temperaturen oberhalb 100 °C zur Copolymerisation befähigt [33, 34]. Diese Bedingungen liegen bei der peroxidisch initiierten Styrenpolymerisation nur in untergeordnetem Maße vor. Mit der Fourier-Transform-IR-Spektroskopie bestätigten Ishida und Koenig [35], daß der größte Teil des an E-Glasfasern chemisorbierten VS mit Styren nicht copolymerisiert. Dagegen zeigt an Aerosil adsorbiertes VS eine stärkere Polymerisationsfähigkeit. Die unterschiedlichen mechanischen Eigenschaften der Polyesterlaminate bei Behandlung der Glasfasern mit MPS oder VS werden von den Verfechtern der chemischen Adhäsionstheorie auf die unterschiedliche Reaktivität der beiden organofunktionellen Gruppen im Silan zurückgeführt.

Zusammenfassend wurde von ROSEN [36] auf Silananwendungen bei der Füllung von Polymeren mit dispersen mineralischen Stoffen hingewiesen, wobei deren Wirksamkeit auch in Relation zu den Reaktionsmöglichkeiten diskutiert wird.

Weitere Ergebnisse zum Chemismus von Haftvermittlern liegen mit Chromkomplexverbindungen vor [37, 38]. Als Beispiel sei die in zwei Schritten ablaufende Reaktion des Chrommethacrylatchlorid/Chromoxychlorid-Komplexes mit der hydratisierten SiO_2-Oberfläche angegeben:

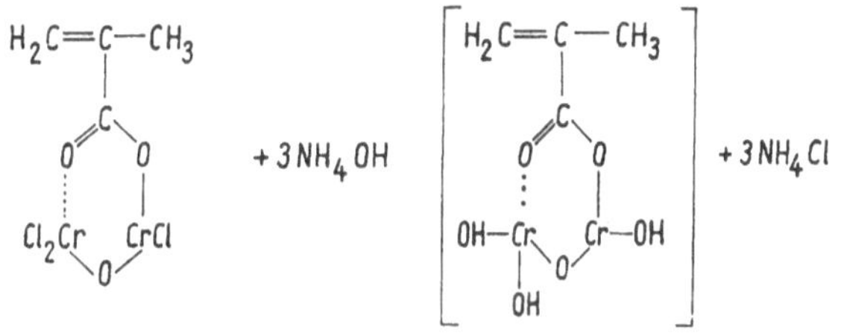

(10.6.)

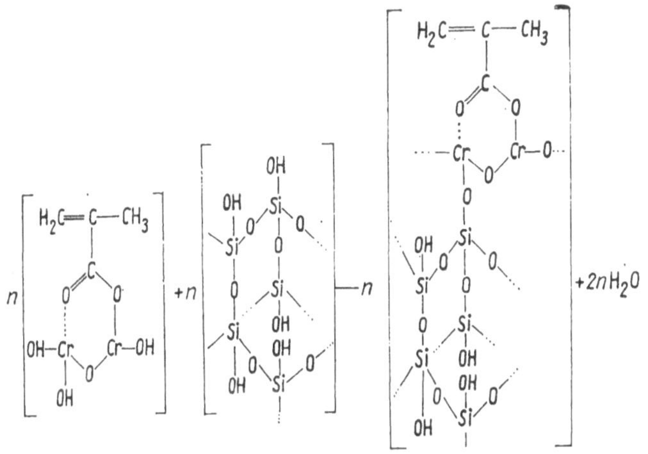

(10.7.)

Die Methacrylatgruppe steht wieder für Copolymerisationen mit Doppelbindungen im Polyesterharz zur Verfügung [38].

EDWARDS und FISCHER [40] versuchen, ein vulkanisierbares Kautschuk/Füllstoff-System aufzubauen, in dem die Anzahl der chemischen Bindungen zwischen Polymer und Füllstoff regulierbar ist. Dazu behandelten sie aktive Kieselsäure mit Aminopropyltriethoxysilan und setzten die chemisorbierte primäre Aminogruppe durch Methylierung zur tertiären Aminogruppe um:

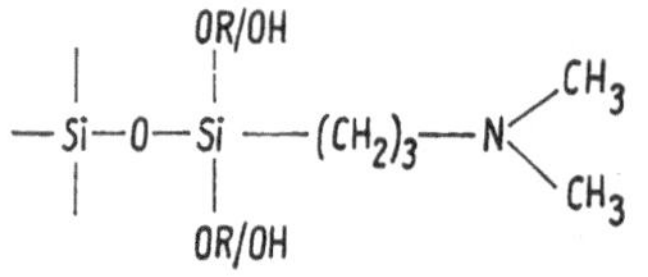

(10.8.)

Letztere kann mit α, ω-bromiertem Polybutadien unter Bildung quaternärer Ammoniumsalzbrücken nach Schema (10.9.) reagieren:

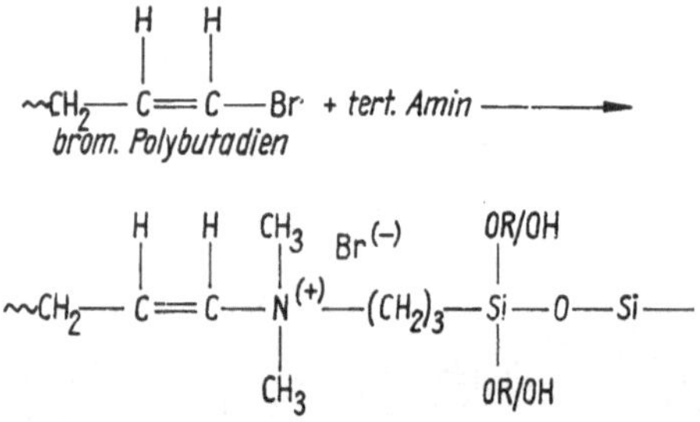

(10.9.)

Damit liegen Ergebnisse vor, die auf die Bildung heteropolarer Bindungen an der Grenzfläche hinweisen.

Auch die Oxidschicht der Metalle bietet weitere Ansatzpunkte für die Diskussion chemischer Bindungsmechanismen bei der Adhäsion. STERMAN [40, 41] deutet den Wirkungsmechanismus von Organosilanen, Titanaten und Chromaten als Haftvermittler in Metall-Polymer-Verbunden vom Standpunkt der Bildung chemischer Bindungen. GETTINGS und KINLOCH [42] ziehen aus Sekundärionen-Massenspektrometrie (SIMS)-Untersuchungen die Schlußfolgerung, daß kovalente Bindungen vom Typ —Fe—O—Si=, gebildet aus Eisenoxid und Vinylsilanol bzw. Alkoxysilan, für die verbesserte Naßfestigkeit der Adhäsionsverbindung verantwortlich sind. Diese stark vereinfachte Bindungstheorie setzt eine monomolekulare Silanbedeckung der Festkörperoberfläche voraus, die in praxi nicht gegeben ist. Nach BOERIO u. Mitarb. [43] bildet γ-Aminopropyltriethoxysilan, aus 1%iger wäßriger Lösung auf mechanisch poliertes Eisen aufgebracht, eine lockere, mehrere 10 nm dicke Adsorptionsschicht, die sich leicht abwaschen läßt. Darunter befindet sich eine 6 nm dicke, unvollständig hydrolysierte und stark gebundene Schicht, die im ATR-Spektrum NH_3^+-Gruppen erkennen läßt. SUNG und LEE [44, 45] stellten auf Al_2O_3-Einkristalloberflächen mit der FOURIER-Transform-IR-Transmissions- und Reflexionstechnik die Bildung von Polysiloxan-Netzwerken fest. Die Verschiebung der NH_2-Bande von 1610 cm^{-1} nach kleineren Wellenlängen ist für die Autoren Anlaß, ionische oder heteropolare Bindungen zwischen der Saphiroberfläche und dem NH_3^+-Gruppen enthaltenden Aminosilanfilm anzunehmen. Ob außerdem noch kovalente Bindungen vorliegen, kann aus diesen Daten nicht abgeleitet werden.

BROCKMANN [46···49] kommt aufgrund seiner zur Untersuchung des Einflusses der Metalloberfläche auf die Haftfähigkeit von Polymeren ausgeführten Sorptionsmessungen zu der Folgerung, daß chemische Bindungen die Haftung bestimmen. Die Bildung von Phenolaten läßt sich beim Kleben von Aluminium mit Phenolharzen nachweisen [50]. Das Altern der Verbunde wird auf eine hydrolytische Spaltbarkeit dieser Bindungen zurückgeführt. Die chemische Bindung des an behandelten Al-Oberflächen adsorbierten Resols ist mittels Remissionsphotometrie aus der Verschiebung des Extinktionspeaks erkennbar. Allerdings erbringen gebeizte Al-Oberflächen, bei denen nachweisbar keine chemische Reaktion stattgefunden hat, etwa gleiches Festigkeitsverhalten der Klebverbindung, obwohl man erhebliche Unterschiede erwarten sollte. BROCKMANN u. Mitarb. [51] kommen deshalb in einer kritischen Wertung der bisherigen Ergebnisse zu der Auffassung, daß sich die Haftung zwischen Metallen und Polymeren nicht einfach durch chemische Reaktionen beschreiben läßt. Vielmehr müssen die chemischen und physikalischen Wechselwirkungen sowie eine mechanische Verankerung zwischen den Verbundkomponenten im Zusammenhang betrachtet und die aus der Wechselwirkung resultierenden strukturellen Veränderungen in dem polymeren Grenzschichtbereich berücksichtigt werden.

Auch bei der Aufvulkanisation von Gummi auf Messing werden chemische Bindungen als Ursache der Haftung angesehen. Über den Reaktionsmechanismus gibt es noch unterschiedliche Ansichten.

Die ESCA-Untersuchungen von VAN OOIJ [52, 53] lassen über den Vulkanisationsprozeß folgende Schlüsse zu:

- Das Metall wird während der Vulkanisation durch den Schwefel korrodiert, wobei ein zweischichtiger Film entsteht, der auf der Messingseite aus ZnS und auf der Gummiseite aus $Cu(I)_xS$ besteht.
- Unter anderem spielen die Metallzusammensetzung und die Endgruppen des Gummis eine Rolle für die Stärke des Angriffs durch Schwefel.
- Die gebildete Menge $Cu(I)_xS$ ist für die Stärke der Adhäsion verantwortlich, die durch einen katalytischen Einfluß des $Cu(I)_xS$ auf den Gummi hervorgerufen wird.
- Wasser zerstört die Bindung, indem der ZnS/CuS-Film in einen ZnO/CuS-Film umgewandelt wird.

WEENING [54] betont, daß keine chemische Bindung von Messing an Gummi über metallorganische Verbindungen erfolgt, sondern nur eine physikalische Wechselwirkung zwischen Gummi und dem gebildeten $Cu(I)_xS$ stattfindet. Letzteres beeinflußt katalytisch den Vulkanisationsprozeß und führt zu einem höheren Vernetzungsgrad und Spannungswert der angrenzenden Gummischicht, was sich auf die Adhäsion auswirkt.

Rutz betrachtet in seinen Arbeiten [55···58] den Einfluß der Messingzusammensetzung und von Cobaltverbindungen auf die Haftfestigkeit von Naturkautschukvulkanisaten. Auch hier sollen chemische Bindungen über Schwefelbrücken mit einem durch Komplexbildung aktivierten Schwefel entscheidend für die Haftung sein, wobei das Reaktionsschema nicht vollständig bewiesen werden kann.

Die Möglichkeit der chemischen Bindung zwischen Metall und Polymer tritt vor allem bei der Betrachtung der Wirkung von Grundierungen, Korrosionsschutzmitteln, Waschprimern u. ä. in den Vordergrund. Beispielsweise hält Hamann, wie von Brockmann in [49] berichtet wurde, den Aufbau von Valenzbindungen kovalenter und heteropolarer Art im diskutierten System über artfremde Zwischenschichten (z. B. organische Säuren, deren aliphatische Ketten in die Polymerisation einbezogen werden, oder auch direkte Polymerisation an der Festkörperoberfläche) für möglich.

Bolger [59] stellte mittels IR-Spektroskopie eine hydratisierte Metalloxidschicht an der Oberfläche fest, die entsprechend ihrer Acidität bzw. Basizität unterschiedlich mit Wasser reagiert. Dabei entstehen durch Dipolwirkung positive oder negative Ladungen, die mit polaren organischen Verbindungen unter Bildung ionischer, Wasserstoffbrücken- und Dipol-Bindungen in Wechselwirkung treten. Nach Seeger [60] haftet Polyethylen an oxidierten Kupferschichten nur deshalb so gut, weil das Kupferoxid bei den Preßtemperaturen das Polymer in der Grenzschicht oxidiert und so zur Bildung polarer Gruppen beiträgt. Ob diese in chemische Wechselwirkung mit Metallionen an der Oberfläche treten, konnte nicht nachgewiesen werden.

Bolger und Molvar [61] führen die adhäsionsverbessernde Wirkung stickstoffhaltiger Verbindungen im System Kupfer-Epoxidharz auf einen Protonen-Donator-Mechanismus zurück. Geeignete Stickstoffverbindungen, wie Dicyandiamid und Melamin, enthalten mindestens zwei aktive Wasserstoffatome, die zu einer Ionenbindung mit der Kupferoxidoberfläche befähigt sind und mit Epoxidgruppen des Polymers kovalente Bindungen eingehen können. Azole enthalten nur ein Proton und sind deshalb ungeeignet.

Nach Saubstre [62] sollen durch Oxidation doppelbindungshaltiger Molekülgruppen im ABS (Acrylnitril-Butadien-Styren)-Polymer sauerstoffhaltige, insbesondere Carboxylgruppen, an der Polymeroberfläche entstehen, die die Ausbildung heteropolarer Bindungen mit Metallionen an der Metalloberfläche ermöglichen. Auf das Vorliegen dieser Bindungen wird indirekt aus dem Verbleib einer 2,5 μm starken Polymerschicht am Metall nach dem Schältest geschlossen. Auch Orth [63] fand, daß mit oxidierenden Säuren gebeizte ABS-Oberflächen als Ionenaustauscher wirken und radioaktiv markierte Palladiumionen heteropolar binden.

10.3. Zusammenfassende Einschätzung

Mit modernen spektroskopischen Methoden gelang für ausgewählte Systeme der direkte Nachweis chemischer Bindungen zwischen Substrat und Adhäsiv. Das System organische Verbindung/Metall ist bindungstheoretisch noch nicht ausreichend untersucht. Ungeachtet des Nachweises chemischer Bindungen ist die chemische Adhäsionstheorie umstritten, da die Erscheinung der „Adhäsion" nicht allein mit dem Vorhandensein spezifischer Bindungskräfte erklärt werden kann. Auch bei den Silanhaftvermittlern für glasfaserverstärkte Plaste konnten PLUEDDEMANN u. Mitarb. [64] am Beispiel von Methacrylatsilanen mit unterschiedlicher Kettenlänge der organofunktionellen Gruppe zeigen, daß nicht allein die Reaktions- und Copolymerisationsfähigkeit der Methacrylatgruppe das entscheidende Kriterium für die mechanischen Eigenschaften des verstärkten Polymere ist, sondern auch Struktur und Eigenschaften der aus diesen Reaktionen resultierenden polymeren Zwischenschicht mit beachtet werden müssen [18]. Silane, die keine mit dem Harz reaktionsfähige Gruppe enthalten, können trotzdem wirksame Haftvermittler sein [38, 65].

Die Adhäsion resultiert aus einem Komplex sich überlappender mechanischer physikalischer und chemischer Wirkungen, was in der Existenz der verschiedenen Adhäsionstheorien zum Ausdruck kommt. Nur in wenigen Systemen kann die Haftung hinreichend mit der Existenz chemischer Bindungen zwischen den Phasen erklärt werden. Die praktischen Konsequenzen, die sich aus der chemischen Adhäsionstheorie für die Klebstoff- und Haftvermittlerentwicklung ergeben, sind beachtlich und werden noch an Bedeutung gewinnen, wenn die Bindungs-Problematik in Zusammenhang mit dem festkörpermechanischen Verhalten der entstehenden Grenzschicht betrachtet wird. Zur vertieften wissenschaftlichen Durchdringung der bei der Adhäsion ablaufenden Prozesse an der Grenzfläche ist der Entwicklung noch aussagefähigerer Methoden zur Charakterisierung der Bindungsverhältnisse und der Struktur bzw. Eigenschaften der Grenzschicht eine besondere Aufmerksamkeit zu widmen.

Literatur

[1] STAAB, H. A.: „*Einführung in die theoretische organische Chemie*", Verlag Chemie, Weinheim/Bergstraße, 1962
[2] SOMORJAI, G. A.: Angew. Chem. **89** (1977), 94
[3] BROCKMANN, W.: Adhäsion **19** (1975), *1*, 4
[4] DUNKEN, H.: Plaste und Kautschuk **9** (1962), *7*, 314
[5] MICHEL, M.: „*Adhäsion und Klebtechnik*", Carl-Hanser-Verlag, München, 1969
[6] MOESTA, H.: „*Chemisorption und Ionisation in Metall-Metall-Systemen*", Springer-Verlag, Berlin/Heidelberg/New York, 1968

[7] Pfeiffer, P.: „*Organische Molekülverbindungen*", 2. Aufl., Stuttgart, 1927
[8] Nollen, K., Keden, V., Hamann, K.: Angew. Makromol. Chemie **6** (1969), *50*, 1
[9] Kroker, R., Hamann, K.: Angew. Makromol. Chemie **13** (1970), *159*, 1
[10] Fery, N., Leible, R., Hamann, K.: Angew. Makromol. Chemie **34** (1973), *494*, 81
[11] Friedrich, J., Gähde, J., Frommelt, H., Wittrich, H.: Faserforschung u. Textiltechnik, Zeitschr. f. Polymerforschung **27** (1976), *11*, 604
[12] Friedrich, J., Kühn, G., Gähde, J.: Acta Polymerica **30** (1979), *8*, 470
[13] Eley, D. D., Kiwanuka, G. M., Rochester, C. H.: J. Chem. Soc., Faraday Transaction **69** (1973), *12*, 2062
[14] Kulik, N. V., Negievich, L. A., Kurgan, N. P., Kachan, A. A.: Ukrainsky chimiceskij Zurnal XXXVI (1970) *9*, 904
[15] Wende, A., Moebes, W., Marten, H.: „*Glasfaserverstärkte Plaste*", 2. Aufl., VEB Deutscher Verlag für Grundstoffindustrie, Leipzig, 1969
[16] Selden, H.: „*Glasfaserverstärkte Kunststoffe*", Springer-Verlag, Berlin, 1967
[17] Gähde, J.: Preprints II. Int. Tagung über glasfaserverstärkte Kunststoffe und Gießharze, Berlin, März 1967, Vortrag D 13
[18] Gähde, J.: Plaste und Kautschuk **22** (1975), *8*, 626
[19] Plueddemann, E. P., Clark, H. A., Nelson, L. E., Hoffmann, K. R.: Modern Plastics **39** (1962), 136
[20] Cassidy, P. E., Yager, B. J.: J. Macromol. Sci. – Revs. Polymer Technol. *D1* (*1*) (1971), 1
[21] Plueddemann, E. P.: "*Composite Materials*", Vol. 6, "*Interfaces in Polymer Matrix Composites*", Academic Press, New York/London, 1974
[22] Runge, F., Ehrhardt, H., Penndorf, G.: Makromol. Chem. **81** (1965), 68
[23] White, T. E.: Proceedings of the 20th Annual Conf. of the Soc. Plastics Ind. (1965) Sect. 3-D
[24] Duffy, J. V.: J. Appl. Chem. **17** (1967), 35
[25] Duffy, J. V., Erickson, P. W.: II. Int. Tagung über glasfaserverstärkte Kunststoffe und Gießharze, Berlin 1967, Vortrag D 12
[26] Koenig, J. L., Shih, P. T. K.: J. Colloid Interface Sci. **36** (1971), 247
[27] Ishida, H., Koenig, J. L.: J. Colloid Interface Sci. **64** (1978), 555
[28] Ishida, H., Koenig, J. L.: J. Colloid Interface Sci. **64** (1978), 565
[29] Koenig, J. L., Ishida, H.: Proceedings 31st Annual Conf. of the Soc. Plastics Ind. (1976) Sect. 6C
[30] Kaas, R. L., Kardos, J. L.: Polymer Eng. Sci. **11** (1971), *1*, 11
[31] Koenig, J. L., Shih, P. T. K.: Mater. Sci. Eng. **20** (1975), 127
[32] Clark, H. A., Plueddemann, E. P.: Modern Plastics **40** (1971), 133
[33] Gähde, J., Müller, V., Schlosser, E., Schulz, G.: Faserf. u. Textiltechnik, Zeitschr. f. Polymerforschung **25** (1974), *8*, 342
[34] Samojlow, S. M., Monaskyrski, V. N.: Vysokomol. Soed. *B 14* (1972), *8*, 595
[35] Ishida, H., Koenig, J. L.: J. Polym. Sci., Polym. Phys. Ed. **17** (1979), 615
[36] Rosen, R. M.: J. of Coatings Technology **50** (1978), *644*, 70
[37] Gorbatkina, J. A.: Plaste und Kautschuk **13** (1966), *3*, 145
[38] Wende, A., Moebes, W.: Plaste und Kautschuk **7** (1960), *7*, 338

[39] Edwards, D. C., Fischer, E.: Kautschuk u. Gummi, Kunststoffe **26** (1973), *2*, 46
[40] Sterman, S., Marsden, J. O.: Ind. and Eng. Chem. **58** (1966), 33
[41] Plueddemann, E. P.: J. Adhesion **2** (1970), 184
[42] Gettings, M., Kinloch, A. J.: J. of Mat. Sci. **12** (1977), 2511
[43] Boerio, F. J., Schoenlein, L. H., Greivenkamp, J. E.: J. of Appl. Polym. Sci. **22** (1978), 203
[44] Paik Sung, C. S., Lee, S. H.: Polymer Preprints **19** (1978), *2*, 788
[45] Paik Sung, C. S., Lee, S. H.: "*Adhesion and Adsorption of Polymers*", Part B, Plenum Publishing Corporation, New York, 1980
[46] Brockmann, W.: Adhäsion **13** (1969), *9*, 335
[47] Brockmann, W.: Adhäsion **13** (1969), *11*, 448
[48] Brockmann, W.: Adhäsion **14** (1970), *2*, 52
[49] Brockmann, W.: Adhäsion **16** (1972), *5*, 148
[50] Brockmann, W.: Kollek, H.: Defazet **33** (1979), *4*, 166
[51] Brockmann, W., Hennemann, O.-D., Kollek, H.: Farbe und Lack **86** (1980), *5*, 420
[52] Ooij, W. J. van: Kautschuk u. Gummi, Kunststoffe **30** (1977), *10*, 739
[53] Ooij, W. J. van: Kautschuk u. Gummi, Kunststoffe **30** (1977), *11*, 833
[54] Weening, W. E.: Kautschuk u. Gummi, Kunststoffe **31** (1978), *4*, 227
[55] Rutz, G.: Plaste und Kautschuk **17** (1970), *12*, 909
[56] Rutz, G.: Plaste und Kautschuk **20** (1973), *1*, 33
[57] Rutz, G.: Plaste und Kautschuk **23** (1976), *10*, 742
[58] Rutz, G.: Plaste und Kautschuk **24** (1977), *10*, 705
[59] Bolger, J. C.: SPIJ 30th Ann. Techn. Conf. III, 15. 5.—18. 5. 1972, Teil I, S. 402
[60] Seeger, S. G.: SPIJ 30th Ann. Techn. Conf. III, 15. 5.—18. 5. 1972, Teil I, S. 413
[61] Bolger, J. C., Molvar, H. E.: SPIJ 30th Ann. Techn. Conf. III, 15. 5.—18. 5. 1972, Teil I, S. 408
[62] Saubestre, E. B., Durney, L. J., Haidu, J., Bastenbeck, E.: Plating **52** (1965), 982
[63] Orth, H., Kleinheins, P.: Angew. Makromol. Chemie **18** (1971), 99
[64] Plueddemann, E. P., Clark, H. A., Nelson, L. E., Hoffmann, K. R.: Proceedings 17th Ann. Conf. of the Soc. Plastics Ind., 1962, Sect. 14 A
[65] Bascom, W. D.: Composite Materials, *Vol. 6* (1974), 79 Academic Press, New York

11. Experimentelle Methoden zur Untersuchung der Adhäsion zwischen kondensierten Phasen

In den vorangegangenen Kapiteln wurde versucht, die wichtigsten theoretischen Modellvorstellungen über Adhäsionsvorgänge an Grenzflächen kondensierter Phasen hinsichtlich ihrer Aussage und Wertigkeit zu erläutern. Daraus kann abgeleitet werden, daß sich fast alle Ursachen für die Erscheinung der Adhäsion auf die physikalisch und chemisch bedingten intermolekularen Wechselwirkungen in der Grenzfläche bzw. Grenzflächenschicht reduzieren lassen. Gleichzeitig ist sicher auch der äußerst komplexe Charakter der Adhäsionserscheinungen deutlich geworden.

In diesem Kapitel sollen die wichtigsten experimentellen Methoden zur Untersuchung der Adhäsion behandelt werden. In dem Zusammenhang muß noch einmal auf die im Kap. 2. gegebene Definition der Adhäsion und Haftfestigkeit hingewiesen werden. Danach ist ihre exakte quantitative Erfassung durch experimentelle Untersuchungen gegenwärtig noch behindert durch den Mangel an einwandfreien und exakten Meßmethoden, die unabhängig von dem zu untersuchenden Verbundsystem eine absolute Beurteilung der Phasengrenzen fest/fest zulassen. Es gibt unseres Wissens bis heute keine Prüfmethode, die direkt und ausschließlich die Haftfestigkeit an einer Grenzfläche zwischen kondensierten Phasen zu messen imstande wäre. Schon die Messung der Verbundfestigkeit stellt so hohe Anforderungen an die Prüfkörperherstellung und die Prüfbedingungen, daß weitgehend objektive, vergleichbare Informationen kaum erhalten werden. Deshalb bleibt bisher für den Experimentator nur der Weg, über eine schrittweise Charakterisierung und quantitative Erfassung der Haupteinflußfaktoren auf die Adhäsion mit Hilfe indirekter Untersuchungsmethoden die theoretischen Modelle im einzelnen bzw. das komplexe Zusammenwirken mehrerer Wirkungsmechanismen in der Grenzfläche zu bestätigen. Dies stellt in der Zukunft hohe Anforderungen an den experimentellen Aufwand und die Experimentierkunst der auf diesem Gebiet tätigen Wissenschaftler.

Gegenwärtig sind bei der experimentellen Erforschung der Adhäsionsphänomene drei große Aufgabengebiete erkennbar.

Das *erste Aufgabengebiet* umfaßt die Analyse und Charakterisierung der physikalischen und chemischen Struktur der *Oberflächen* bzw. *Oberflächenschichten* der adhärierenden kondensierten Phasen. Der Zustand und die Eigenschaften der Oberflächenschicht des Adhärens stellen ein entscheidendes Adhäsionskriterium dar. Durch sie werden maßgeblich die Qualität und die Gebrauchseigenschaften eines Werkstoffes oder Werkstoffverbundes beeinflußt.

Das *zweite Aufgabengebiet* erstreckt sich auf den experimentellen Nachweis und die Charakterisierung der sich zwischen zwei in Kontakt tretenden kondensierten Phasen mehr oder weniger stark ausbildenden Grenzflächenschicht.

Die Grenzflächenschicht ist das an adhäsiven Wechselwirkungen beteiligte Volumen an der Grenze zweier kondensierter Phasen. Sie unterscheidet sich hinsichtlich ihrer Struktur von den Volumenphasen der beteiligten Partner und hat in Abhängigkeit von deren molekularer Struktur eine Ausdehnung von wenigen Atom- oder Molekülschichten. Im Falle zweier polymerer Festkörper kann die Grenzflächenschicht durch Diffusion von Makromolekül-Segmenten größere Dimensionen einnehmen (vgl. Kap. 8.2.).

Die in der Grenzflächenschicht wirkenden atomaren und molekularen Kräfte stellen den Hauptanteil der Haftfestigkeit. Deshalb gewinnt die quantitative Beschreibung der Kräfte und ihrer Wirkungsweise eine besondere Bedeutung bei den experimentellen Untersuchungen. Welchen Einfluß elektrische oder molekulare Transportprozesse im Festkörper auf die Haftfestigkeit ausüben, ist experimentell noch nicht direkt bewiesen (vgl. Kap. 8.2. und 9.).

Das *dritte Aufgabengebiet* betrifft die *Entwicklung und Weiterentwicklung von zerstörenden und zerstörungsfreien Prüfmethoden* bzw. -verfahren zur Bestimmung der Verbundfestigkeit in einem Verbund kondensierter Phasen.

Die in der Gegenwart übliche Anwendung derartiger Prüfverfahren führt zwar zu ausreichenden Informationen und Kennwerten für die Beurteilung der technischen Eignung eines Verbundes, stellt jedoch nach dem heutigen Niveau noch keine ausreichende experimentelle Basis für direkte Aussagen über die Adhäsion dar. Durch systematische Untersuchungen, gekoppelt mit den experimentellen Ergebnissen aus den beiden erstgenannten Aufgabengebieten, sollten Korrelationen zwischen den gemessenen Verbundfestigkeiten und den Haftfestigkeiten ableitbar sein. Voraussetzungen dafür sind hochentwickelte präzis arbeitende Prüfgeräte, die Einhaltung definierter Prüfbedingungen und reproduzierbar hergestellte Prüfkörper.

In den folgenden Abschnitten werden die wichtigsten Erkenntnisse und experimentellen Erfahrungen auf den drei genannten Aufgabengebieten dargestellt.

11.1. Methoden zur Charakterisierung des Zustandes von Atomen und Molekülen an Festkörperoberflächen

Für den an der Adhäsion Interessierten besitzen die experimentellen Verfahren zur Analyse fester Oberflächen und die damit erzielten Resultate aus zwei Gründen Bedeutung. Zum einen nimmt an der Formierung eines adhäsiven Kontaktes wenigstens eine Festkörperoberfläche teil, deren Zustand hinsichtlich des makroskopischen Profils, der Kristallstruktur mit ihren Defekten, der chemischen Zusammensetzung und der Anwesenheit fremder Substanzen große Auswirkungen auf die Qualität der erzielten Verbindung hat. Andererseits verfügt das noch junge Instrumentarium der Oberflächenphysik unseres Erachtens über einige Potenzen, die die Erweiterung seines Einsatzbereiches auf Probleme zur Charakterisierung des Zustandes der Grenze zwischen zwei festen Phasen als möglich erscheinen lassen. Unter anderem liefern die Arbeiten [2···7] Ansatzpunkte zur Bestätigung einer solchen Auffassung. Diese Frage der Meßmethodik erweist sich aber derzeit als eine zentrale, wenn es um die Aufklärung der Adhäsionsphänomene geht. Die bisher vorwiegend übliche Verfahrensweise der zerstörenden Prüfung muß als nicht ausreichend angesehen werden, weil einerseits der dabei vor sich gehende Bruch ein stark irreversibler Prozeß ist, dessen Rolle bei der Interpretation der Messungen wohl nicht hinreichend erfaßt wird, und weil andererseits die oft mit großem experimentellen Aufwand gewonnenen Parameter nicht genügen, um beispielsweise die Entstehung des Kontaktes zu beschreiben.

Wenn man die Vielfalt der für die Entwicklung von Modellvorstellungen zur Adhäsion herangezogenen physikalischen und chemischen Erscheinungen berücksichtigt, wird man nicht erwarten, daß die Physik der Oberfläche fester Körper auf alle noch offenen Fragen Antwort geben kann. Die Feststellung ihrer Möglichkeiten aber ist notwendig, weil dies einen Schritt zur Lösung der schwierigen Problematik einer Untersuchung des Zustandes der Phasengrenze zwischen festen Körpern in situ darstellt.

In den folgenden Abschnitten wird ein Überblick über die derzeit üblichen experimentellen Methoden zur Untersuchung von Festkörperoberflächen gegeben. Auf die Erwähnung der gewonnenen Erkentnisse muß im Hinblick auf das Anliegen des Kapitels verzichtet werden. Sie sind außer in den zahlreichen Einzelarbeiten, die [2, 3] referieren, beispielsweise in der Monografie [1] zu finden. Die Meßverfahren weisen häufig endliche Eindringtiefen in den Festkörper auf, woraus sich die Notwendigkeit zur Prüfung ergibt, inwiefern vermessenes Volumen und Oberflächenschicht übereinstimmen. Jedenfalls kann man die Meßaufgabe allgemein so formulieren, daß es darauf ankommt, die Eigenschaften weniger, der Oberflächenschicht zugehöriger Teilchen in Gegenwart der sehr zahlreichen Partikel des Körperinneren zu ermitteln. Unmittelbaren Ausdruck findet die Schwierigkeit dieses Problems in den mitunter beträchtlichen Kosten, der experimentellen Raffinesse und den teilweise hohen theoretischen Anforderungen an die Auswertung, welche den Verfahren eigentümlich sind.

Durch die Darstellung der physikalischen Funktionsprinzipien der Untersuchungsmethoden soll dem Leser die Möglichkeit zur Einschätzung gegeben werden, welche Aussagen er erwarten kann, wo sich Ansätze zur Weiterentwicklung in die erwähnte Richtung der Messung an Grenzen zwischen festen Phasen ergeben. Der besseren Übersichtlichkeit wegen wird abschließend versucht, die beschriebenen experimentellen Verfahren nach der Art ihrer Aussage zu gruppieren.

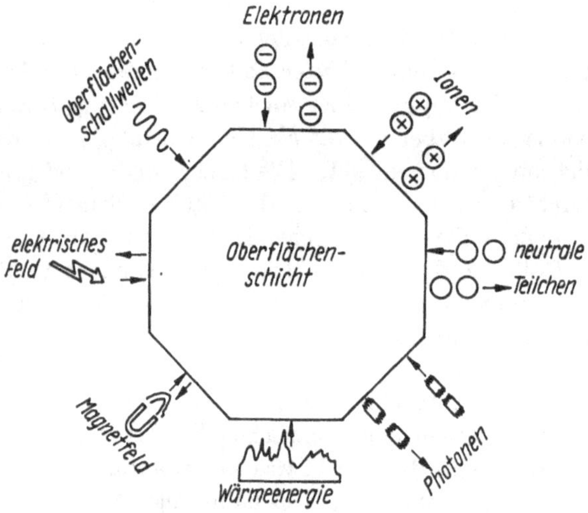

Abb. 11.1.1.: Graphische Darstellung der Oberflächenanalyse von festen Körpern.
Die verschiedenen Kombinationen von Einwirkung (gekennzeichnet durch auf die Oberflächenschicht gerichteten Pfeil) und Meßsignal (durch von der Oberflächenschicht wegweisenden Pfeil symbolisiert) charakterisieren die Untersuchungsmethoden.

Die nach einer Idee von LICHTMAN [8] entwickelte Abb. 11.1.1.[1]) veranschaulicht auf einen Blick die zur Erfassung von Oberflächeneigenschaften benutzten physikalischen Einwirkungen und die Art der erhaltenen Meßsignale. Falls letztere aus Partikeln bestehen, so lassen sich diese hinsichtlich ihrer Art und Anzahl, ihrer räumlichen Verteilung sowie ihres Energiespektrums untersuchen. Mittels theoretischer Vorstellungen über die bei der Messung ablaufenden Pro-

---

[1]) Verwendung von Abb. 11.1.1. in Anlehnung an [8] erfolgt mit freundlicher Genehmigung des Verlages Elsevier Scientific Publishing Company.

zesse kann man mit diesen Informationen auf verschiedene Eigenschaften der Oberflächenschicht schließen. Die im folgenden gelegentlich angegebenen Bestwerte von Parametern der einzelnen Meßmethoden hängen von zahlreichen Umständen ab und lassen sich in der Regel nicht gleichzeitig erreichen.

11.1.1. Einstrahlung von Elektronen auf den Festkörper

Da Elektronen einen von ihrer Geschwindigkeit abhängigen Wirkungsquerschnitt mit der Materie haben, läßt sich ihre Eindringtiefe in den Festkörper über die Energie regeln. Die Abhängigkeit der mittleren freien Weglänge der Elektronen im Festkörper von der Energie gibt eine universelle Kurve (s. Abb. 11.1.2.) wieder, die zumindest für Metalle in guter Näherung gilt. Offensichtlich kann man dem zu einem Energiebereich zwischen 10 und 500 eV gehörenden Intervall von 0,4···1 nm der Eindringtiefe eine Oberflächenschicht zuordnen, die aus den ersten Atomlagen besteht und daher diese Elektronenstrahlen als oberflächenempfindlich bezeichnen.

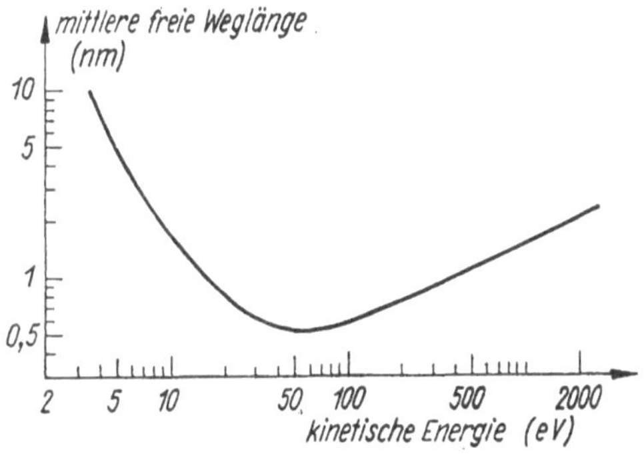

Abb. 11.1.2.: Die mittlere freie Weglänge der Elektronen als Funktion der kinetischen Energie ist näherungsweise unabhängig von der Art des Metalles.

Abb. 11.1.3., die wie die noch folgenden Abbildungen 11.1.4. und 11.1.6. nach einer Idee von Lichtman [8] gestaltet wurde[2]), enthält alle durch Elektronenstrahlen hervorgerufenen physikalischen Formen des Meßsignals nebst einer Auswahl der auf dieser Basis arbeitenden Verfahren.

---

[2]) Verwendung der Idee mit freundlicher Genehmigung des Verlages Elsevier Scientific Publishing Company.

Eine weitere gemeinsame Eigenschaft aller mit Elektronenstrahlen arbeitenden Methoden bildet die Möglichkeit der elektrischen Aufladung des Untersuchungsobjektes, falls dieses nur eine geringe Leitfähigkeit besitzt. Die dadurch auftretenden Effekte müssen bei der Interpretation der Resultate zumindest Berücksichtigung finden, wenn sie nicht gar die Messungen verhindern. Diese Bemerkung trifft natürlich stets zu, wenn bei dem angewendeten Verfahren geladene Partikel eingesetzt oder erzeugt werden.

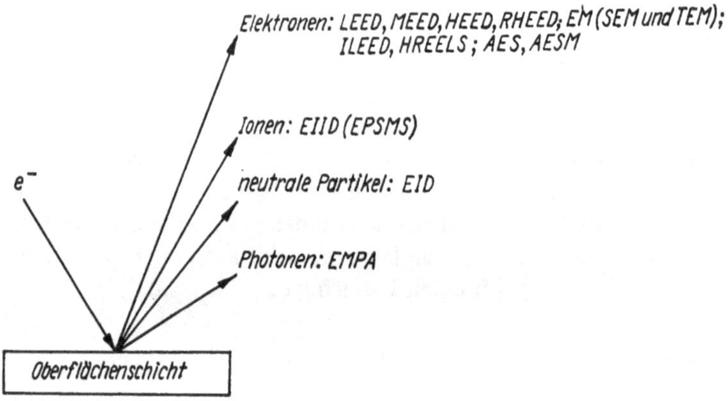

Abb. 11.1.3.: Möglichkeiten der Partikelemission bei Bestrahlung des Festkörpers mit Elektronen.

Die Abkürzungen der ausgewählten Methoden bedeuten im einzelnen:

LEED = low energy electron diffraction
MEED = medium energy electron diffraction
HEED = high energy electron diffraction
RHEED = reflected HEED
EM = electron microscopy
SEM = scanning electron microscopy
TEM = transmission electron microscopy
ILEED = inelastic LEED
HREELS = high-resolution electron energy loss spectroscopy
AES = Auger electron spectroscopy
AESM = Auger electron scanning microscopy
EIID = electron impact ion desorption
EPSMS = electron probe surface mass spectrometer
EID = electron induced desorption
EMPA = electron microprobe analysis

Die Elektronenbeugungsexperimente LEED, MEED und HEED gleichen sich in ihrer Arbeitsweise, sie unterscheiden sich aber hinsichtlich der Energie des primären Elektronenstrahls. Da es sich um Beugungsexperimente handelt, ist eine in ihren Abmessungen wenigstens der Kohärenzlänge des Primärstrahls äquivalente geordnete Struktur in der Probe Voraussetzung. Der monochromatische, auf die Probe nahezu senkrecht einfallende Meßstrahl (oder Primärstrahl) aus Elektronen liegt bei LEED im Energiebereich von 10···500 eV mit einer energetischen Auflösung von ca. 0,2 eV. HEED dagegen überstreicht ein Intervall von ungefähr 1···10 keV, und MEED nimmt eine Mittelstellung ein. In gleicher Weise variieren natürlich die Eindringtiefen gemäß Abb. 11.1.2. von etwa 0,5···1 nm bei LEED bis ≈ 2···10 nm für HEED. Etwa 1···5% der einfallenden Elektronen werden an der Probe elastisch gestreut und erreichen danach einen Fluoreszenzschirm, auf dem sie ein Beugungsbild erzeugen, aus welchem sich die periodische Struktur des untersuchten Oberflächenbereiches errechnen läßt. Man unterscheidet zwischen „zweidimensionaler" Auswertung, die nur die Geometrie des Beugungsbildes verwendet, und „dreidimensionaler" Auswertung, die außerdem die Intensität der Interferenzpunkte erfaßt. Gegenüber den anderen beiden Verfahren ist LEED sehr häufig angewendet worden. Man erhält bei der „dreidimensionalen" Auswertung zusätzlich zur Größe und Orientierung der Einheitszelle der Kristallstruktur in der Oberflächenschicht Aussagen über die dreidimensionale innere Struktur der Einheitszelle. Hierzu wird die Abhängigkeit der Intensität der Beugungspunkte von der Primärstrahlenergie ausgewertet. Überdies lassen sich natürlich auch die Zustände von Adsorbatschichten untersuchen und Kristallstufen nachweisen. Der Untergrund des Beugungsbildes enthält Informationen über Baufehler der Oberfläche. Die chemische Zusammensetzung läßt sich nicht bestimmen. Die Experimente erfolgen unter Hochvakuum (HV) bis Ultrahochvakuum (UHV), das heißt bei $\approx 10^{-2} \cdots 10^{-7}$ Pa.

Umfang und Qualität der mittels der Messungen gewonnenen Erkenntnisse hängen wesentlich von der Genauigkeit der Streutheorie ab, die zur Interpretation herangezogen wird. Hierbei muß man häufig einen Kompromiß zwischen Rechenaufwand und Präzision schließen. Infolgedessen existiert eine Reihe unterschiedlich komplizierter Berechnungsmethoden, die verschiedene Effekte, wie z. B. Mehrfachstreuung oder thermische Schwingungen der Partikel in der Probe, mehr oder weniger einbeziehen. Generell geht man bei der Berechnungen von Modellen der streuenden Strukturen aus und paßt diese dem Experiment an. Ein solches Vorgehen stellt natürlich mitunter gewisse Anforderungen an die Intuition des Forschers. Diese Probleme treten hauptsächlich bei der Ermittlung der inneren Struktur der Elementarzelle auf. Für MEED und HEED existieren zum Beweis der Theorien noch nicht hinreichend viele Meßdaten.

Die Anwendung eines Primärstrahles höherer Energie zur Untersuchung von Oberflächenschichten besteht in der Arbeit beim Winkel der Totalreflexion. Dadurch verringert sich die effektive Eindringtiefe der Elektronen. Gleichzeitig entstehen aber höhere Anforderungen an die Glätte der Probenoberfläche. RHEED gehört zu dieser Art des Experimentes. Nach Müller [33] läßt sich diese Methode auch auf amorphe Oberflächenschichten anwenden zur Bestimmung der radialen Verteilungsfunktion, falls die chemische Zusammensetzung bekannt ist.

Zu den Wechselwirkungen zwischen Elektronenstrahl und Probe zählen auch inelastische Streuungen. Als neue Meßgröße tritt der Energieverlust der gestreuten Elektronen auf. Seine Messung erfordert eine empfindliche Nachweistechnik mit hoher Energieauflösung. Eine Variante stellt ILEED dar. Weiterhin existiert HREELS, die, wie der Name schon sagt, auf die Messung der Energieverluste spezialisiert ist und auf die Auswertung des Beugungsbildes verzichtet. Man setzt voraus, daß die von den mit 10···20 eV einfallenden Elektronen (Abweichung von Monochromasie maximal $\pm$ 10 meV) abgegebene Energie Valenzschwingungen der gebundenen Teilchen der Oberflächenregion anregt. Diese Schwingungen liegen im Wellenzahlbereich zwischen 800 und 2400 cm^{-1}. Besonders gut eignet sich das Verfahren zum Nachweis chemisorbierter Spezies. Aussagen über Ort und Symmetrie der Adsorptionsplätze können gewonnen werden. Bereits 0,1···1% der Monoschicht sind nachweisbar. Ein besonderer Vorteil ist die Möglichkeit des Nachweises von chemisorbiertem Wasserstoff, der anderen Elektronenstrahlmethoden wegen seines geringen Wirkungsquerschnittes unzugänglich bleibt. Die Sensibilität gegenüber Wasserstoff spielt eine wichtige Rolle bei der Klärung des Verhaltens von Kohlenwasserstoffen auf Festkörpern.

Schon seit längerer Zeit wird SEM verwendet. Ein stark fokussierter Elektronenstrahl von einigen keV Beschleunigungsspannung trifft auf den zu untersuchenden Festkörper. Unter Ausnutzung der rückgestreuten Primär- oder der emittierten Sekundärelektronen kann man die Oberflächentopografie abbilden.

Da der Elektronenstrahl höchstens auf ca. 10 nm Durchmesser gebündelt werden kann, wird dadurch die maximale Auflösung gegeben. Unter der Voraussetzung, daß man geeignete Trennverfahren für die Probe besitzt, stellen SEM und auch die Transmissionselektronenmikroskopie Methoden dar, die sich zur Untersuchung fester Grenzflächenschichten eignen. Der Einsatz von TEM beschränkt sich wegen der Notwendigkeit der Durchstrahlung der Probe auf dünne Filme von höchstens einigen hundert Nanometern Stärke. Man kann also entweder nur sehr dünne Verbunde untersuchen oder muß auf Dünnschnitttechniken zurückgreifen, die Schwierigkeiten bereiten. Bei Kopplung der Mikroskopie mit einer Energieanalyse der durch die Probe gestrahlten Elektronen lassen sich auch Angaben über die chemische Zusammensetzung gewinnen.

Besitzt ein einfallendes Elektron ausreichend Energie (üblich sind einige keV), so kann es ein Elektron aus einer inneren Schale eines Substratatoms herausschlagen, und es auf diese Weise in einen angeregten Zustand versetzen. Die Lücke füllt ein aus einem energetisch höher liegenden Orbital kommendes Elektron. Wird die dabei freiwerdende Energie auf ein weiteres Elektron des Atoms übertragen, das auf Grund dessen nun seinerseits das Atom verlassen kann, so spricht man von einem Auger-Prozeß.[3]) Die freiwerdenden Elektronen lassen sich energetisch einordnen. Es entstehen für die verschiedenen Elemente charakteristische Linien. Das Auger-Spektrum ermöglicht also eine Elementaranalyse. Der Energiebereich, den Auger-Elektronen überstreichen, entspricht einer mittleren freien Weglänge von 0,5···2 nm je nach Art des Materials, wodurch auch die Dicke der in die Analyse einbezogenen Schicht gegeben ist. Auger-Elektronen geben alle Elemente außer Helium und Wasserstoff ab. Zum Nachweis ihrer geringen Zahl im breiten Emissionsspektrum der Sekundärelektronen wird das Signal differenziert. Kommerzielle Geräte weisen Elemente in Konzentrationen ab ca. 1% der Monoschicht nach. AES erfordert UHV. Sie ist heute eine weit verbreitete Methode zur chemischen Analyse von Oberflächenschichten. Wenn sich die qualitative Bestimmung der Zusammensetzung wegen der Eindeutigkeit der Lage der Spektrallinien sehr leicht ausführen läßt, so gilt das keineswegs für die quantitative Elementaranalyse. Diese kann derzeit praktisch nicht — ausgehend von den grundsätzlichen physikalischen Prozessen — betrieben werden, sondern erfordert entweder eine Eichung an äußeren Konzentrationsstandards oder die Benutzung von sogenannten Empfindlichkeitsfaktoren für die einzelnen Elemente. In beiden Fällen sind umfangreiche Voruntersuchungen erforderlich, deren Resultate dann nicht einmal ohne weiteres auf andere Geräte übertragen werden können. Die erreichbare Genauigkeit liegt bei einigen Prozent Fehler. Rückschlüsse auf chemische Verbindungen lassen sich aus Lage und Form der Auger-Linien ziehen, die sich, insbesondere für Linien der Valenzniveaus, in Abhängigkeit von der chemischen Umgebung des Atoms verändern. Dieser Umstand wirkt gleichzeitig auch bei der quantitativen Elementaranalyse.

Das Einsatzgebiet der AES ist relativ breit. Neben der chemischen Zusammensetzung von Oberflächenschichten, der Abscheidung von Spurenelementen an Oberflächen, katalytischen Reaktionen u. a. m. untersucht man mittels dieser Methode auch näher mit der Adhäsion verwandte Probleme, wie Adsorption—Desorption, Identifikation von Verunreinigungen usw. Als direkt auf die Adhäsion von Polymeren bezogene Arbeiten mit der AES wären [9] und [10] zu nennen.

Eine spezielle Variante der AES stellt die AESM dar, bei der man die Oberfläche der Probe mit dem Elektronenstrahl punktweise untersucht und mittels des Auger-Spektrums Aussagen über die laterale elementare Zusammensetzung gewinnt. Die laterale Auflösung hängt wesentlich vom Durchmesser des Primärstrahls ab ($\leq$ 300 nm) und ist um einiges größer als dieser Durchmesser.

---

[3]) Wir bemerken, daß der primäre Schritt des Herausschlagens eines inneren Elektrons auch durch andere Partikeln ausgelöst werden kann. Elektronen sind allerdings technisch gebräuchlich.

Bei unelastischen Stößen von Elektronen mit Atomen oder Molekülen können angeregte oder Ionenzustände entstehen. Die auf die Atome bzw. Moleküle übertragene kinetische Energie ist aber wegen des großen Masseunterschiedes zu den Elektronen vernachlässigbar. Die Elektronenübergänge in der Hülle der Teilchen haben jedoch einen relativ großen Wirkungsquerschnitt und erfordern nur 0···50 eV. Zur Anregung aller Übergänge genügen deshalb im Primärstrahl 50···100 eV. Adsorptive werden also durch die Primärelektronen angeregt oder ionisiert, desorbieren aber im allgemeinen nicht. Erst bei Dissoziation reicht die kinetische Energie zur Desorption. Die desorbierten ionisierten Bruchstücke werden massenspektroskopisch nach Art und Menge klassifiziert. Nach dem beschriebenen physikalischen Prozeß heißt das experimentelle Verfahren EIID bzw. wegen der Anwendung eines Massenspektrometers EPSMS. Hohe Empfindlichkeiten setzen Stromdichten des Primärstrahls von nur $1\,\mu A\ cm^{-2}$ voraus. Folglich werden nur wenige Ionen erzeugt (ca. 1 Ion pro 10^5 Elektronen) und der Nachweis erfordert ein empfindliches Massenspektrometer mit Multiplierdetektor. Da ein einfallendes Elektron trotz seiner Energie von ca. 100 eV offensichtlich nicht alle Bindungen eines Atoms oder Moleküls zur Festkörperoberfläche gleichzeitig lösen kann, obwohl 15···25 eV je Bindung nötig sind, läßt sich EIID nur für den Nachweis adsorbierter Monoschichten verwenden. Doch auch hier bleibt die Einsatzfähigkeit beschränkt, da nicht alle Adsorptive genügend starke Signale liefern. EIID kann z. B. adsorbierten Stickstoff gar nicht nachweisen. Die Messungen müssen unter UHV ausgeführt werden.

Ähnlich wie bei AES existiert auch hier eine Variante zur punktweisen Abtastung der Probe, was gewissen Aufschluß über die Flächenverteilung des Adsorbates gibt.

Das bei EIID beschriebene Prinzip der Anregung von adsorbierten Partikeln zur Dissoziation enthält neben der Möglichkeit zur Entstehung von Ionen natürlich auch die der Freisetzung neutraler Bruchstücke. Die zum Nachweis dieser neutralen Teilchen entwickelte Technik nennt sich EID und kann prinzipiell wertvolle Informationen über Adsorbatschichten erbringen. Experimentelle Probleme entstehen jedoch infolge der geringen Zahl und der Neutralität der Partikeln bei ihrem Nachweis, der nur über komplizierte Impulsverfahren möglich wird. EID hat bisher nur geringe Verbreitung erfahren.

Wenn die eingeschossenen Elektronen die Substratatome anregen, indem sie ein inneres Elektron entfernen, so muß in der Folge nicht unbedingt der oben beschriebene Auger-Prozeß ablaufen. Das angeregte Substratatom kann die überschüssige Energie auch in Form von Photonen abgeben, die als charakteristische Röntgenstrahlung nachgewiesen werden. Die auf diesem Prinzip beruhende Methode heißt EMPA und findet breite Anwendung. Wegen der vergleichsweise hohen Energie des Primärstrahls und der nicht sehr ausgeprägten

Absorption der charakteristischen Strahlung erreicht EMPA eine Untersuchungstiefe im μm-Bereich, welche sich über die Energie der Primärelektronen regeln läßt, bei einer Auflösung von etwa 10 nm [11]. Über die Energie- oder Wellenlängenanalyse der erhaltenen Röntgenstrahlung kann man die Elemente ab Bor mit Mindestkonzentrationen von ca. 0,1 at % identifizieren. Die laterale Auflösung liegt günstigenfalls im μm-Gebiet.

11.1.2. Verwendung von Ionen als Primärstrahl

Grundsätzlich treten bei den hierher gehörenden Methoden einige neue Schwierigkeiten auf, da sich ein definierter Ionenstrahl wesentlich schwerer als ein Elektronenstrahl herstellen läßt. Das günstigere Masseverhältnis zwischen Ionen und Adsorptivatomen bzw. -molekülen erleichtert jedoch Desorptionsunter-

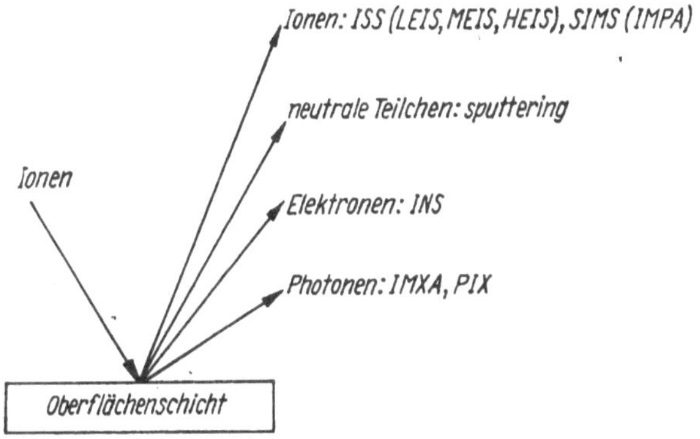

Abb. 11.1.4.: Arten des Meßsignals bei Ionenbeschuß des Festkörpers und Aufzählung entsprechender experimenteller Realisierungen.

Die Abkürzungen bedeuten:

ISS = ion scattering spectrometry
LEIS = low-energy ion scattering
MEIS = medium-energy ion scattering
HEIS = high-energy ion scattering
SIMS = secondary ion mass spectrometry
IMPA = ion microprobe analysis
INS = ion neutralization spectroscopy
IMXA = ion microprobe X-ray analysis
PIX = proton induced X-ray analysis

suchungen. Aus diesem Umstand ergibt sich auch, daß ein Ionenstrahl unter gewissen Bedingungen eine Oberfläche abträgt. Für diesen Vorgang hat sich der aus dem Englischen stammende Begriff „sputtern" eingebürgert. Man nutzt ihn beispielsweise bei der Ionenätzung aus. Die Arbeit mit Ionenstrahlen setzt UHV voraus.

Da Ionen im Vergleich zu Elektronen einen sehr großen Wirkungsquerschnitt besitzen, kann man wesentlich höhere Primärstrahlenergien verwenden, ohne die Oberflächensensitivität einzubüßen. Abb. 11.1.4. zeigt die möglichen physikalischen Prozesse und experimentelle Methoden.

Wenn man Untersuchungen mit Ionenstrahlen ausführt, muß man die größere Masse der Teilchen in Rechnung stellen und darf deshalb nicht wie bei den Elektronenbeugungsexperimenten einen elastischen Stoß annehmen. Weil eingeschossene Ionen und Festkörperatome vergleichbare Massen besitzen, werden erstere beim Stoß einen nicht mehr vernachlässigbaren Anteil ihrer kinetischen Energie abgeben. Auf der Analyse dieser Energieänderung beruhen die Ionenstreuexperimente (ISS), welche sich nach der eingesetzten Primärstrahlenenergie in LEIS (0,1···10 keV), MEIS (ca. 50···500 keV) und HEIS (0,5···3 MeV) einteilen lassen. Allen Verfahren gemeinsam sind die Verwendung eines monoenergetischen, parallelisierten Stroms positiver Ionen der Edelgase oder Alkalimetalle als Primärstrahl und die Messung der Intensität des gestreuten Strahls als Funktion der Ionenenergie. Dabei fungieren Einschuß- und Beobachtungswinkel als während der Messung fixierte Parameter.

Zur Auswertung sind die Kenntnisse über den Streuvorgang heranzuziehen. Als gut gesichert gilt, daß im erwähnten Energieintervall binäre Stöße zwischen Ion und Substratatom den wesentlichen Beitrag liefern, bei denen Wirkungen des Kristallgitters oder Elektronenübergang im Substratatom keine Bedeutung haben. Die Energie der gestreuten Ionen hängt deshalb nur von den wechselwirkenden Massen und dem Streuwinkel ab, woraus eine einfache Möglichkeit zur chemischen Identifizierung der Substratatome folgt. Schwierigkeiten bereitet allerdings die Analyse der Intensitäten der Maxima der Meßkurve, die zu Konzentrationsangaben führt. Hierzu sind Kenntnisse über das Streupotential erforderlich, die bei LEIS noch Lücken aufweisen. Höhere Ionenenergien erleichtern die Betrachtung, weil man nun von der gut bekannten RUTHERFORD-Streuung ausgehen kann. Weitere Komplikationen ergeben sich aus der stets vorhandenen Mehrfachstreuung und den thermischen Schwingungen der Atome in der Probe. Auch hier wird häufig auf Eichstandards zurückgegriffen.

Wegen des großen Wirkungsquerschnittes und der hohen Wahrscheinlichkeit einer Neutralisation im Inneren der Probe ist die Tiefe, aus der das Meßsignal Informationen liefert, sehr gering. Dies trifft insbesondere auf LEIS zu, die man als absolut oberflächenempfindlich bezeichnen kann, da bei einer Informationstiefe von 0,03···0,1 nm wirklich nur die oberste Atomlage erfaßt wird. Es lassen sich Elemente ab Lithium in Konzentrationen von $\geqq 0{,}1\%$ nachweisen bei einer lateralen Auflösung von ca. 100 μm [11]. Bei HEIS steigt die Informationstiefe bis auf einige 10^2 nm an. Elemente der Massezahl $\geqq 6$ sind nachweisbar, falls die Konzentrationen 10^{12}—10^{15} Atome pro cm^2 an der

Oberfläche bzw. 100 ppm im Inneren des Festkörpers erreichen [11]. Die gemessenen Spektren haben eine im Vergleich zu LEIS schlechtere Auflösung, weil der Untergrund infolge der häufigeren Vielfachstreuung stärker ausgeprägt ist.

Aufgrund der oben erörterten Masseverhältnisse muß man erwarten, daß hinreichend schnelle Ionen Substratteilchen ablösen können, die dann als sogenannte Sekundärionen vorliegen und mit einem Massenspektrometer identifiziert werden können. Diese Umstände nutzt die SIMS aus, die man auch IMPA nennt. Der Primärstrahl besteht aus Ionen inerter oder auch reaktiver Gase mit Energien von einigen keV und erzeugt vorwiegend einfach geladene Ionen der Substratatome oder von Di- und Trimeren der Bestandteile der Probe. Die Nachweisempfindlichkeit des Gerätes hängt einerseits ab von seinen Parametern, wie Art der Primärionen, Stromstärke und Durchmesser des Primärstrahls, Nachweisgrenze des Ionenanalysators usw., und andererseits von dem gesuchten Element selbst, der chemischen Zusammensetzung der Probe und ihrer Oberflächentopografie im µm-Bereich, welche häufig die Hauptquelle von Unsicherheiten bei der Interpretation der Messungen darstellen. Wegen der Kompliziertheit der dem Experiment zugrunde liegenden physikalischen Vorgänge hat die quantitative Analyse noch keine besondere Zuverlässigkeit erreicht. Der Hauptvorteil von SIMS liegt in der extremen Empfindlichkeit der qualitativen chemischen Analyse, die sich bis in den ppb-Bereich erstrecken kann. Die beim Einsatz von Ionenstrahlen stets gegenwärtige Materialabtragung kann mittels Reduktion von Energie und Dichte des Primärionenstrahls auf 10^{-4} Monoschichten pro Sekunde gesenkt werden, was eine praktisch zerstörungsfreie Analyse der unmittelbaren Oberfläche erlaubt. Durch Veränderung der Primärstrahldaten lassen sich aber auch Sekundärionen aus einer Oberflächenschicht von ca. 5 nm Dicke gewinnen. Damit ist gleichzeitig die Tiefenauflösung gegeben. Trägt man schrittweise das Material ab, so erhält man schließlich auch von den inneren Gebieten der Probe Aussagen über die chemische Zusammensetzung. Laterale Auflösungen von einigen µm sind möglich.

Die hier erwähnten Bestwerte schließen sich teilweise aus, weil die Nachweisempfindlichkeit vom ionisierten Probenvolumen abhängt, das wiederum von Abtragungsgeschwindigkeit und Primärstrahldurchmesser bestimmt wird. SIMS kann alle Elemente nachweisen und sogar Isotope unterscheiden. Eine verhältnismäßig neue Ausdehnung erfährt die Methode durch ihre Anwendung auf die Untersuchung adsorbierter Moleküle [32], die neben der Feststellung der Molekülmasse auch Informationen über die Struktur des Moleküls sowie über seine inneren und mit dem Adsorbens bestehenden Bindungsverhältnisse liefern kann. Bei der Untersuchung von Isolatoren muß man durch geeignete Maßnahmen der elektrischen Aufladung der Probe vorbeugen, da anderenfalls die auftretenden elektrischen Felder die Ionenausbeute unkontrolliert beeinflussen.

Die unter Ionenbeschuß gleichfalls vorhandene Emission neutraler Partikeln aus der Probe hat keine experimentelle Bedeutung erlangt, weil einerseits die Ausbeute gering ist und andererseits die Identifikation der Teilchen im Strom der Sekundärionen Probleme aufwirft. Die zu erwartenden Informationen lassen sich überdies auch aus besser beherrschbaren Experimenten gewinnen.

Fallen langsame, leichte Ionen (gewöhnlich He^+) auf die Festkörperoberfläche, so reicht ihre Energie zwar nicht zum Ablösen irgendwelcher Probenteilchen, sie können sich aber neutralisieren, indem sie der Probe ein Elektron entziehen. Die freiwerdende Energie kann ein weiteres Elektron an der Probenoberfläche aufnehmen und infolgedessen emittieren. Diese über den Zweielektronenprozeß gewonnenen Sekundärelektronen werden einer Energieanalyse unterworfen, die zur Ermittlung der Oberflächendichte besetzter Elektronenzustände zwischen FERMI-Niveau und ungefähr 10 eV darunter dient. Aus den Eigenschaften des Primärstrahls ist ersichtlich, daß diese, INS genannte Methode, auf die äußerste Atomlage reagiert. Die interessanten Aussagen über die elektronische Struktur der Probenoberfläche folgen bei INS aber erst aus recht komplizierten Berechnungen und lassen sich auf andere Weise leichter erhalten. Daher wird der INS in der experimentellen Praxis relativ wenig Aufmerksamkeit geschenkt.

Außer den bereits von Ionen hervorgerufenen Anregungsprozessen in der Probe ist natürlich ähnlich der EMPA auch die Entstehung charakteristischer RÖNTGEN-Strahlung denkbar, die zum Nachweis der Elemente ausgenutzt werden kann. Dieser Weg verursacht jedoch beträchtliche Kosten, da zur erforderlichen Ionenquelle noch die nicht geringen Aufwendungen für die Analyse der RÖNTGEN-Strahlung kommen. Da überdies die Menge der Informationen vergleichsweise beschränkt ist, greift man anstelle von IMXA oft auf andere Methoden zurück. In Laboratorien, in denen Protonenquellen zur Verfügung stehen, kann man aber PIX benutzen, die eine spezialisierte Variante von IMXA darstellt und Vorteile bietet, weil die Wechselwirkung von Protonen mit der Materie genauer untersucht worden ist als die anderer Ionen und die leichten Protonen die Probe am wenigsten beschädigen. Wegen der beträchtlichen Eindringtiefe der Protonen beziehen sich die erhaltenen Daten eher auf das Volumen als auf die Oberfläche der Probe.

11.1.3. Neutrale Teilchen zur Anregung von Festkörperoberflächen

Von den im physikalischen Sinne materiellen Partikeln bleiben noch die neutralen Teilchen in ihrer Eigenschaft als Meßsonde zu diskutieren. Hinsichtlich der Probleme, welche Erzeugung und Lenkung definierter Ströme von Atomen oder Molekülen mit sich bringen, und aufgrund der Tatsache, daß kaum zusätzliche, bei den anderen Teilchenstrahlen nicht vorhandene Wechselwirkungen und Informationen über die Probe zu erwarten sind, erscheint die experimentelle Realisierung dieses Wirkprinzips wenig reizvoll. Ein Blick auf Abb. 11.1.5. bestätigt diese Überlegung angesichts der wenigen Formen des Experimentes.

In der Atomstreuung und -brechung werden die verschiedenen Arten der Reflexion eines aus thermischen Gasatomen bestehenden, recht monochromatischen Primärstrahls untersucht. Die spiegelnde Reflexion reagiert insbesondere bei Verwendung von Heliumatomen stark auf Störungen im Ordnungszustand der Probenoberfläche. Weiterhin tritt die sogenannte Regenbogenstreuung auf, die noch klassisch beschrieben werden kann und sich durch eine zum Einfallslot unsymmetrische Verteilung von Intensitätsmaxima des gestreuten Atomstrahls über den Winkelbereich auszeichnet. Diese Art der Streuung wird von dem örtlich variablen Potential der Festkörperoberfläche erzeugt. Schließlich entsteht auch Beugung in gleicher Form wie bei Licht, wenn die de Broglie-Wellenlänge des Atomstrahls in der Größenordnung der Gitterkonstanten der Oberflächenschicht des Festkörpers liegt.

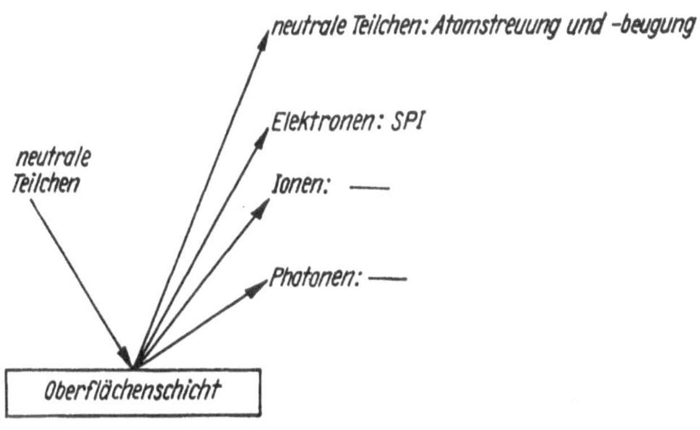

Abb. 11.1.5.: Mögliche Reaktionen der Festkörperoberfläche auf einen einfallenden Strom neutraler Teilchen (SPI = *s*urface *p*enning *i*onization).

Eine noch nicht erwähnte Form der Elektron-Elektron-Wechselwirkung liegt der SPI zugrunde. Trifft ein metastabiles Heliumatom von thermischer Energie auf eine Festkörperoberfläche, so kann ein Oberflächenelektron in das unbesetzte innere Energieniveau des Heliumatoms tunneln, wodurch das angeregte Heliumelektron die Möglichkeit zum Verlassen des Atomverbandes erhält und nachgewiesen werden kann. Man findet Verteilungen bezüglich des Winkels und der Energie, aus denen sich auf die elektronische Struktur und die

Geometrie der Oberfläche schließen läßt. Hervorzuheben ist der extreme Bezug auf die Oberfläche, denn nur die Valenzelektronen der äußersten Atome können an dem beschriebenen Tunnelprozeß teilnehmen. SPI hat damit eine noch größere Oberflächenempfindlichkeit als INS und bereitet überdies weniger Schwierigkeiten bei der Interpretation, jedoch sind auch hier kaum Anwendungen bekannt.

11.1.4. Untersuchung von Oberflächenschichten mit Photonen

Photonen liegen innerhalb eines sehr breiten Energie- beziehungsweise Wellenlängenintervalls vor, welches von der Wärmestrahlung bis zu den γ-Quanten reicht. Die Erzeugung definierter Strahlen von ausreichender Intensität gelingt nicht gleichmäßig gut im ganzen Bereich. Der Wirkungsquerschnitt von Photonen ist im Vergleich zu den übrigen, bereits besprochenen Partikelstrahlen recht gering, woraus einerseits eine meist beträchtliche Eindringtiefe

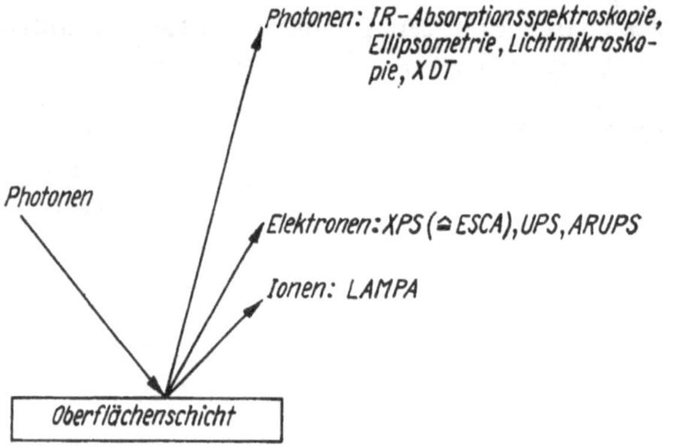

Abb. 11.1.6.: Die Formen der Meßsignale bei Einwirkung eines Photonenstrahls auf die Oberflächenschicht eines Festkörpers.

Die Abkürzungen stehen für folgende Methoden:

XPS = X-ray photoelectron spectroscopy
ESCA = electron spectroscopy for chemical analysis
UPS = ultraviolett photoelectron spectroscopy
ARUPS = angle resolved UPS
LAMPA = Laser microprobe analysis
XDT = X-ray diffraction topography

in die Probe und andererseits schwache Meßsignale bei den auf Oberflächenschichten angelegten Experimenten resultieren. Abb. 11.1.6. schematisiert die Reaktionen der Probe auf einen Photonenstrahl. Die Arbeit mit Photonen bringt Vorteile hinsichtlich der Vermeidung von elektrischen Aufladungen am untersuchten Material. Infolge ihres verhältnismäßig kleinen Impulses stören Photonen die untersuchte Struktur nur in geringem Maße.

Wird das von der Probe ausgesandte Licht analysiert, so findet man Wellen von derselben Frequenz wie im einfallenden Strahl vor und stellt lediglich Veränderungen in der Intensität (Absorption), in der Polarisation oder in der räumlichen Verteilung fest (Lumineszenz ausgenommen, die für Oberflächenanalysen bisher wenig genutzt wird).

Langwellige Photonen mit Wellenzahlen zwischen ungefähr 10 cm^{-1} und 4 000 cm^{-1} rechnet man zum sogenannten infraroten Bereich (IR). Ihre Energie entspricht derjenigen, welche die Moleküle und nichtchemische Bindungen aufnehmen bei der Anregung sowohl von Rotations- als auch von Vibrationsschwingungen. Die Absorption der eingestrahlten Photonen tritt unter der Voraussetzung ein, daß sich bei der Anregung der betreffenden Schwingung das elektrische Dipolmoment ändert, welches mit dem Vektor der elektrischen Feldstärke des Lichtes eine Wechselwirkung eingeht. Diese Absorptionen erscheinen also bei bestimmten Wellenlängen. Ihre Stärke hängt von der Konzentration des betreffenden Molekülteils und der Größe der Änderung des elektrischen Dipolmomentes ab. Man kann die Absorptionsbanden zur Berechnung der Bindungskonstanten heranziehen, viel häufiger begnügt man sich aber mit der Identifizierung bestimmter Atomgruppen im Molekül unter Verwendung von Vergleichsspektren. Die Infrarotabsorptionsspektroskopie liefert also keine Elementaranalyse, sondern erlaubt Angaben über die Bindungs- und Bewegungsverhältnisse von Atomen und Atomgruppen im Molekül, die sich hinsichtlich des Molekülbaus, der Orientierung der Moleküle und anderer Einflüsse auf den Zustand der betrachteten Bindung auswerten lassen. Die quantitative Analyse, das heißt die Ermittlung der Konzentration der nachgewiesenen Gruppen, verlangt gewöhnlich den Vergleich mit Standards, da die Gültigkeit des LAMBERT-BEERschen Gesetzes durch die Wirkung intermolekularer Kräfte, die Gitterstruktur in Festkörpern oder durch nichtlineare Reaktionen des Spektrometers eingeschränkt sein kann. Die Gewinnung derartiger Standards und auch die sinnvolle Vermessung der Intensität der Absorptionsbanden bereiten vor allem auch bei Polymeren Schwierigkeiten.

Traditionell gewinnt man die IR-Absorptionsspektren mit Hilfe von Spektrometern, in denen die von der Probe abgegebene Strahlung von einem dispersiven Element (Prisma, Gitter) in ihre Wellenlängen zerlegt und über einen gewissen Raumwinkel verteilt wird. Der Empfänger tastet diesen ab und ordnet die Strahlenintensität der entsprechenden Wellenlängen zu. Hochwertige Anordnungen erreichen dabei Auflösungen von 1 cm^{-1} bei einer absoluten Genauigkeit der Frequenzlage von 0,1 cm^{-1}. Der Nachweis von Stoffen in Konzentrationen unter 5% erfordert erhöhte Sorgfalt. In günstigen Fällen werden noch Anteile von 0,1% erfaßt. Mit der wachsenden Verfügbarkeit der Computertechnik erlebte das Prinzip der interferometrischen Aufzeichnung eine Renaissance. Hierbei entfällt die Zerlegung des polychromatischen Lichtes durch das dispersive Element. Man zeichnet gewöhnlich mittels eines MICHELSON-Interferometers das Interferogramm auf und gewinnt daraus das Absorptionsspektrum durch FOURIER-Analyse, die wegen der Breitbandigkeit des IR-Lichtes nur von einem elektronischen Rechner mit vernünftigem Aufwand ausgeführt werden kann. Prinzipiell hat die Interferometeranordnung die Vorteile der höheren Registrierungsgeschwindigkeit des Gesamtspektrums und des besseren Signal-Rausch-Verhältnisses im Vergleich zu dispersiven Geräten. Der Rechner gibt ferner die Möglichkeit zur Speicherung und Akkumulation von Spektren, woraus die verbesserte Nachweisbarkeit schwacher Banden resultiert. Man kann mit seiner Hilfe in einfacher Weise Differenzspektren erzeugen, dem Spektrum überlagerte Interferenzen eliminieren und automatisch Intensitätsveränderungen in ausgewählten Frequenzintervallen aufzeichnen. Dies sind jedoch keine prinzipiellen Vorteile der Meßanordnung, da neuerdings auch dispersive Spektrometer mit Rechnern ausgerüstet werden. Hinsichtlich Auflösung und Frequenzgenauigkeit gibt es keine Unterschiede zwischen den Varianten.

Weil die infrarote Strahlung recht tief in alle festen Körper mit Ausnahme der Metalle eindringt, ist nicht das Aufzeichnungsprinzip, sondern die Aufnahmetechnik, deren Arten wir uns nun zuwenden, von Bedeutung für die Analyse von Oberflächenschichten. Das traditionelle Transmissionsverfahren ist daher wenig geeignet, wobei allerdings Untersuchungen zur Adsorption an Metallen und zur Struktur von Oxid- und Hydroxidschichten in der Literatur existieren (vgl. TREIBMANN [6]). Man kann davon ausgehen, daß ein gutes Infrarotspektrum bei einer mittleren freien Weglänge des Lichtes von mehr als 50 nm entsteht [57]. Besonderes Gewicht liegt hier auf der Herstellung der Proben. Sowohl die Einbettung von Metallpulver in eine IR-durchlässige Matrix in einer Weise, die Streuverluste minimiert, als auch die Verwendung aufgedampfter Metallfilme von geringer Dicke weisen den Nachteil der unbekannten bzw. schwer charakterisierbaren Oberflächeneigenschaften auf.

Als eigentliche klassische Methode zur Spektroskopie von Oberflächenschichten kann man die Ausnutzung der inneren Reflexion ansehen, für die auch die Bezeichnung *a*ttenuated *t*otal *r*eflection (*ATR*) gebraucht wird. Trifft das sich im optisch dichten Medium ausbreitende infrarote Licht unter einem Winkel, der größer oder wenigstens gleich dem Winkel der Totalreflexion ist, auf eine Grenzfläche zu einer optisch dünneren Substanz, so wird es vollständig reflektiert, falls letztere nicht absorbiert. Einfallende und reflektierte Wellen bilden eine stehende Welle, deren Knoten nicht in der Grenzfläche liegt. Das Licht dringt eine gewisse Tiefe in das optisch dünnere Medium ein, wo es seinen

Wellencharakter zugunsten einer exponentiellen Abklingfunktion bezüglich des Ortes verliert, aber seine Schwingungsfrequenz beibehält. Diese eigenartige, „verschwindende Welle" genannte Erscheinung gewährleistet nun die Entstehung von Banden falls das optisch dünne Medium absorbiert, und es liegt eine Störung der Totalreflexion vor. Die erwähnte Eindringtiefe hängt von der Wellenlänge des Lichtes ab und berechnet sich nach der Formel

$$d_p = \frac{\lambda}{2\pi n_1 \left[\sin^2 \vartheta - \left(\frac{n_2}{n_1}\right)^2\right]^{1/2}}. \qquad (11.1.1.)$$

Dabei steht d_p für den Weg, den die Welle im optisch dünnen Medium 2 zurücklegt, bis ihr elektrischer Feldvektor auf den $1/e$-ten Teil abgesunken ist; λ bezeichnet die Vakuumwellenlänge des Lichtes, n die entsprechenden Brechungsindices und ϑ den Einfallwinkel, für den $\vartheta \geqq \vartheta_{\text{total}}$ gelten muß. (Weitere Ausführungen zum physikalischen Bild der Erscheinung siehe z. B. [12]). Praktisch verwendet man also ein Material hoher Brechzahl, das die zur Realisierung der Winkel erforderliche Geometrie besitzt. Auf dieses sogenannte ATR-Prisma wird der zu spektroskopierende Stoff aufgebracht, anschließend wird das Spektrum aufgenommen. Man kann so beispielsweise Adsorptionsschichten auf dem Prisma, Lösungen und die äußere Zone freier Oberflächen von weichen festen Körpern untersuchen. Die Schaffung eines definierten, reproduzierbaren Kontaktes zum Prisma spielt eine entscheidende Rolle bei quantitativen Analysen. Der Methode eigentümlich ist die Abhängigkeit von Form und Intensität der Absorptionsbanden vom gewählten Einfallswinkel bezogen auf den Winkel der Totalreflexion. Die Spektren ähneln denen der Transmission um so mehr, je stärker diese Winkel differieren. Die ATR-Technik erlaubt die absolute Messung der Brechzahl und des Absorptionskoeffizienten bei der betrachteten Wellenlänge, wenn man polarisiertes Licht bei zwei Einfallswinkeln benutzt. Die quantitative Analyse der Spektren kann natürlich wieder über die etwas problematische Methode der Standards erfolgen. Neuere Arbeiten von Kellner u. Mitarb. beschäftigen sich aber auch mit Wegen zur Umgehung dieser Schwierigkeiten [13, 14].

Trifft der einfallende Lichtstrahl auf ein optisch dichteres Medium mit glatter Oberfläche, so wird er wenigstens teilweise spiegelnd reflektiert, was heißt, daß einfallende und reflektierte Welle eine stehende Welle bilden, deren Knoten in der spiegelnden Oberfläche liegt. Für IR-Licht stellen zum Beispiel glatte Metalloberflächen sogar undurchdringliche Medien dar. Die Existenz des Knotens an der Metalloberfläche bedeutet, daß der Vektor der elektrischen Feldstärke verschwindet und auch in unmittelbarer Nähe der Oberfläche nur kleine Werte annimmt. Damit sind auch die Chancen für die Wechselwirkung mit einer auf der Metalloberfläche befindlichen Substanz gering. Die Situation bessert sich aber, wenn der Einfallswinkel des Lichtes größer als Null wird. Der beschriebene Effekt nennt sich äußere Reflexion und wird in der Reflexions-Absorptions-Spektroskopie ausgenutzt. FRANCIS und ELLISON [15] sowie GREENLER [16···18] entwickelten die notwendige Theorie der äußeren Reflexion des Lichtes bei gleichzeitiger Anwesenheit eines absorbierenden, dünnen (das heißt $d < \lambda$) Filmes, wobei GREENLER die vollständigen, ohne Einschränkung gültigen Lösungen angibt. Nur einige wesentliche Schlußfolgerungen sollen gezogen werden. Um nachweisbare Absorption zu erzielen, sollte man mit Licht arbeiten, das parallel polarisiert ist zu der aus Oberflächennormale des Substrates und Richtung des einfallenden Strahles aufgespannten Ebene. Nur die zur Oberflächennormale parallele Änderung des Dipolmomentes der absorbierenden Gruppierung ist verantwortlich für die Stärke der Absorption des Lichtes. Für die Intensität der Bande stellen der Einfallswinkel des Lichtes, die Dicke des absorbierenden Filmes und sein komplexer Brechungsindex sowie der Imaginärteil des komplexen Brechungsindexes vom Metall die signifikanten Parameter dar. Durch Anwendung der Mehrfachreflexion bei gleichzeitiger Optimierung des Einfallswinkels erhöht sich die Empfindlichkeit der Messung. Adsorbate in der Konzentration von Bruchteilen einer Monoschicht lassen sich noch spektroskopieren. Die Interpretation der Spektren erfordert gewisse Aufmerksamkeit, da sowohl der Dispersions- als auch der Absorptionstyp bzw. eine Mischung von beiden vorliegen kann. Die erwähnte Theorie wurde für isotrope Filme entwickelt. Jedoch sind davon ausgehend qualitative Schlüsse für anisotrope Schichten möglich. Weiterführende Aussagen zur Methode finden sich u. a. in [8]. Die Reflexions-Absorptions-Spektroskopie stellt ein wertvolles Mittel zur Untersuchung von Adsorbatschichten dar, das jedoch erst seit kurzer Zeit größeres Interesse findet.

Bestrahlt man ein Pulver oder eine sehr rauhe Oberfläche mit Licht, so wird dieses an den regellos orientierten Oberflächen in alle Richtungen reflektiert und gelangt nach mehrfacher Streuung schließlich an die Probenoberfläche zurück, die es unter allen möglichen Winkeln verläßt. Wir bezeichnen diese Erscheinung als diffuse Reflexion. Die durchschnittliche Eindringtiefe des Lichtes hängt dabei von Absorption und Streukoeffizient der Probe ab. Weil die diffuse Reflexion eine komplizierte Kombination aus innerer und äußerer Reflexion, Transmission und Mehrfachstreuung darstellt, existiert keine strenge Theorie. Da der Effekt aber aus mehreren Gründen praktische Bedeutung hat, ist das durch KUBELKA und MUNK [18, 19] entwickelte phänomenologische Modell von Interesse. Es beschreibt den Zusammenhang zwischen diffuser Reflexion und Transmission streuender, absorbierende Schichten unter folgenden Voraussetzungen: Die streuenden Partikel sind regellos und gleichmäßig in einer Schicht verteilt, deren Dicke die Eindringtiefe des monochromatischen, diffus eingestrahlten Lichtes bei weitem übersteigt. Weiterhin gelte das LAMBERTsche Kosinusgesetz

$$\frac{I}{I_0} = \frac{\cos \vartheta_E \cos \vartheta_R}{\pi} \tag{11.1.2.}$$

I_0, I ≙ einfallende bzw. reflektierte Intensität
ϑ_E, ϑ_R ≙ Einfalls- und Reflexionswinkel

Das Resultat besteht in der sogenannten KUBELKA-MUNK-Funktion

$$F(R_\infty) = \frac{(1 - R_\infty)^2}{2R_\infty} = \frac{k}{s} \tag{11.1.3.}$$

$R_\infty = \frac{I_{\text{diffus}}}{I_0}$ ≙ Koeffizient der diffusen Reflexion
k ≙ Absorptionskoeffizient
s ≙ Streukoeffizient

Um die Anwendung der diffusen Reflexion in der Spektroskopie zunächst des sichtbaren bis ultravioletten und später auch des infraroten Lichtes haben sich besonders KORTÜM u. Mitarb. bemüht (beispielsweise [20···30]). Die Aufzeichnung der KUBELKA-MUNK-Funktion im Experiment liefert vermittels der Größe k ein Absorptionsspektrum, welches durch den im allgemeinen wellenlängenabhängigen Streufaktor beeinflußt wird, der eine von der Halbwertsbreite der Bande abhängige Rotverschiebung und ihre Abflachung hervorruft. Man muß im Experiment ferner die Elimination der spiegelnden Reflexion gewährleisten. In der Literatur fand die diffuse Reflexionsspektroskopie Anwendung bei der Untersuchung der Adsorption niedermolekularer Stoffe. Durch Vergleich mit den in Transmission gewonnenen Spektren lassen sich funktionelle Gruppen und deren Lage auf Festkörpern identifizieren.

Die beschriebenen vier Aufnahmetechniken wurden bisher hauptsächlich in Spektrometern praktiziert, die mit einem dispersiven Element ausgestattet waren. Der Benutzung von FOURIER-Transformations-Spektrometern steht jedoch prinzipiell nichts im Wege [31]. Sie könnte aber, wie bemerkt, der Nachweisempfindlichkeit zugute kommen.

Die Ellipsometrie untersucht die Veränderung der Polarisation eines polarisierten Lichtstrahles bei der Reflexion an der Probe, die als aus Substrat und einem System von Schichten bestehend gedacht wird. Zwei gemessene Winkel charakterisieren den Effekt. Sie sind mit den komplexen Reflexionskoeffizienten für parallel und senkrecht polarisiertes Licht verknüpft, die ihrerseits die Informationen über die optischen Parameter (z. B. Schichtdicken, Brechungsindices, Absorptionskoeffizienten u. ä.) enthalten. Diese Größen lassen sich mit Hilfe der elektronischen Datenverarbeitung gewinnen, indem man ein

Strukturmodell des betrachteten Systems vorgibt und die Parameter solange innerhalb sinnvoller Grenzen variiert, bis die damit berechnete Polarisationsänderung des Lichtes den experimentellen Werten entspricht. Die Ellipsometrie wurde ursprünglich mit sichtbarem Licht betrieben, sie wird neuerdings auch in den infraroten Bereich ausgedehnt. Ausführliche Beschreibungen der theoretischen Modelle, der experimentellen Technik und der Auswerteverfahren sind in [34] und [35] enthalten. Die Methode fand in der Literatur vielfältige Verwendung bei der Messung der Dicke dünner Schichten sowie der Berechnung ihres Brechungsindexes. Sie zeichnet sich durch hohe Empfindlichkeit aus und besitzt große, bei weitem nicht ausgeschöpfte Möglichkeiten in der Anwendung zur Strukturaufklärung von optisch durchlässigen Schichtsystemen auf undurchdringlichen Unterlagen, wobei die durchstrahlten Schichten sowohl isotrop als auch anisotrop sein können.

Im Zusammenhang mit den in Abschnitt 8.1.1. dargestellten Erkenntnissen über die Adsorption von Makromolekülen eröffnet die Ellipsometrie Möglichkeiten zur Untersuchung dieser auch für die Adhäsion bedeutsamen Erscheinung. Man darf ferner erwarten, daß sich chemische Bindungen zwischen adsorbiertem Polymermolekül und Substrat erkennen lassen.

Auf die Beschreibung der Methoden der Lichtmikroskopie wird im Rahmen dieser Betrachtungen verzichtet, da sie infolge ihrer großen Verbreitung als bekannt vorausgesetzt werden. Sie eignen sich natürlich unter gewissen Bedingungen gut zur qualitativen Betrachtung von Strukturen in Verbunden und werden dazu auch häufig herangezogen.

Bei höheren Photonenenergien schließt sich ein Gebiet an, in dem der photoelektrische Effekt auftritt, der in den Meßtechniken UPS und XPS ausgenutzt wird. Beide Verfahren unterscheiden sich in der Durchführung im wesentlichen nur durch die Photonenenergie im mono-chromatischen Primärstrahl, welche in der UPS zwischen einigen Elektronenvolt und ca. 100 eV liegt und in der XPS die Größenordnung 10^3 eV erreicht. Die eingestrahlten Photonen vermitteln Elektronen der Probe die zum Austritt notwendige Bindungsenergie und darüber hinaus eine gewisse kinetische Energie, die vermessen wird und unter Beachtung der Parameter der Meßanordnung Rückschlüsse auf die Bindungsenergie erlaubt. Man erreicht für UPS und XPS eine energetische Auflösung von 0,1···0,2 eV bzw. 0,3···1,2 eV. Die Dicke der im Experiment erfaßten Oberflächenschicht hängt wegen der relativ großen Eindringtiefe der Photonen von der mittleren freien Weglänge der erzeugten freien Elektronen ab. In Abb. 11.1.2. wurde der Einfluß der Energie auf diesen Parameter schon qualitativ angegeben. Als Richtwerte können für XPS Austrittstiefen der Elektronen von 0,5···2,5 nm bei Metallen, 1,5···4 nm bei Metalloxiden und 4···10 nm bei organischen Stoffen bzw. Polymeren gelten. Diese Zahlen dokumentieren eine ausgesprochene Oberflächensensitivität. Ein wesentliches Merkmal beider Meßverfahren besteht ferner darin, daß der Photonenstrahl die Probe in der überwiegenden Zahl der Fälle nicht schädigt. Dies ist bei den beschriebenen Methoden, die mit Teilchen arbeiten, deren Ruhemasse von Null abweicht, durchaus nicht der Fall. Experimentelle Vereinfachungen bringt weiterhin der Umstand mit sich, daß beide Verfahren ohne Ultrahochvakuum auskommen und lediglich ein mittleres Vakuum erfordern. Das Spektrum des Probenmaterials reicht von Metallen bis zu Isolatoren. Gemäß der eingesetzten Energien reagiert UPS auf Valenz- und Leitungselektronen des Festkörpers während der Röntgenstrahl der XPS Elektronen der inneren Energieniveaus anregt. Man erhält somit einerseits Informationen über die ursprüngliche Elektronendichte und damit über die Bindungsverhältnisse im Festkörper. Die inneren Elektronen ermöglichen andererseits die Analyse der im erfaßten Volumen anwesenden chemischen Elemente ab Helium auf unkomplizierte und eindeutige Weise. Die Nachweisgrenze liegt gewöhnlich bei ca. 0,1 at %. Sie kann aber unter günstigen Umständen auch in das ppm-Gebiet reichen.

Eine Auswertung der Intensitätsverhältnisse der Spektrallinien der XPS unter Berücksichtigung der entsprechenden, vom Wirkungsquerschnitt des Elektronensprungs für das Röntgenlicht abhängenden, atomaren Empfindlichkeit führt auf semiquantitative Angaben der chemischen Konstitution der Probe, falls diese aus einer Phase besteht. Will man Fehler von weniger als 20% erreichen, so muß man die durch die Festkörperstruktur bedingten, sogenannten Matrixeffekte und die Energieabhängigkeit der mittleren freien Weglänge der Elektronen in die Überlegungen einbeziehen, was den theoretischen Aufwand der Interpretation beträchtlich steigert. Eine weitere Aussagemöglichkeit bietet die XPS durch die Auswertung der chemischen Verschiebung. So bezeichnet man die Veränderung der energetischen Lage der Spektrallinie eines inneren Elektrons durch die Umverteilung der Valenzelektronen des Atoms gemäß seiner chemischen Umgebung. Aufgrund der oben erwähnten Werte für die Energieauflösung lassen sich auf diesem Wege chemische Bindungen und auch charge-transfer-Komplexe erfassen. Physikalische Wechselwirkungen erzeugen gewöhnlich nicht ausreichende Änderungen der Elektronendichteverteilung. Obwohl in der Literatur umfangreiche theoretische Versuche zur Erklärung der chemischen Verschiebung vorliegen, genügen für qualitative Resultate häufig schon der Vergleich mit der Probe ähnelnden Substanzen und die Intuition des Chemikers.

ARUPS stellt eine neuere Variante der UPS dar, die zwar großen, den LEED-Experimenten ähnlichen theoretischen Aufwand erfordert, aber dafür Informationen über die Bindungssymmetrie im Festkörper liefert. Als eine weitere Spielart der Versuchsdurchführung wollen wir die Arbeit mit streifendem Licht erwähnen, die unter der Voraussetzung sehr glatter Oberflächen die Untersuchung sehr kleiner effektiver Schichtdicken gestattet.

Energiereiche Photonen setzt man in der XDT ein. Durch Reflexionstechnik wird die Oberflächenzone von Kristallen untersucht, während das Transmissionsverfahren dünne Schichten erfaßt. XDT eignet sich zum Nachweis von Gitterdefekten bis zu maximalen Konzentrationen von 10^9 m^{-2} [36]. Die Auflösung erreicht einige μm. Man kann Probenflächen bis zu mehrern Quadratzentimetern Größe gleichzeitig erfassen. Der Nachteil relativ hoher Meßzeiten entfällt, falls man die Möglichkeit besitzt, Synchrotronstrahlung als Röntgenquelle zu benutzen. Hierdurch entstehen Auflösungen unter 1 μm. Da es sich ferner um praktisch weiße Strahlung handelt, liefert eine Beugungsuntersuchung gleichzeitig Informationen über die Defektkonzentration in verschiedenen Netzebenen.

Die LAMPA weicht in ihrem Wirkprinzip wesentlich von den bisher für Photonen erörterten ab. Sie nutzt nämlich die mit Lasern erreichbaren hohen Leistungsdichten aus. Ein Photonenstrahl mit einer Leistung von $10^9 - 10^{11}$ Wcm^{-2} fällt als Impuls von einigen Nanosekunden Dauer auf die Festkörperoberfläche und verwandelt das Material in einer Dicke zwischen 0,01 und 1 μm in Plasma, welches massenspektroskopisch untersucht wird. Dadurch lassen sich alle Elemente mit einer Empfindlichkeit von 0,1 at % bis zu 1 ppm semiquantitativ nachweisen. Die laterale Auflösung beträgt ca. einen Mikrometer. Durch die abtragende Wirkung des Laserstrahles sind auch Tiefenprofile der Elementarkonzentration möglich.

11.1.5. Einsatz thermischer Energie zur Anregung von Oberflächenschichten

Die Freisetzung von Partikeln aus Festkörperoberflächen mit Hilfe thermischer Energie erfordert im Vergleich zu anderen Untersuchungsmethoden recht geringen materiellen Aufwand, weil die Herstellung eines Primärstrahles und daher auch die Abtrennung des Meßsignals von anderen Partikelströmen entfallen. Ohne Vakuum kommt man allerdings nicht aus.

Da die Aussagekraft der in diesem Abschnitt behandelten Verfahren nicht allzu groß ist, genügen sie allein nicht den Ansprüchen an eine umfassende Analyse von Oberflächenschichten. Abb. 11.1.7. gibt eine Zusammenfassung der experimentellen Methoden, die hier Erwähnung finden sollen.

Die Ablösung neutraler Partikel oder auch Ionen interessiert vor allem im Zusammenhang mit der Aufklärung von Phänomenen der Adsorption. Man unterwirft das mit einer Adsorbatschicht belegte Substrat einem Heizregime und beobachtet im einfachsten Falle über ein Manometer die Desorption, die nicht stetig verläuft, sondern bei gewissen Temperaturen Maxima aufweist, die mit der Adsorptionsenergie der Spezies in Zusammenhang gebracht werden. Treten mehrere peaks auf, so weist das auf unterschiedliche Adsorptionszustände hin. Unter Umständen läßt das Verfahren auch Aussagen zum Bedeckungsgrad zu. Ersetzt man das Manometer durch ein Massenspektrometer, dann ist die chemische Identifizierung der desorbierten Teilchen möglich. Während Atome zur Desorption in unversehrter Form neigen, dissoziieren Moleküle häufig bei der Ablösung vom Festkörper. Man muß bemerken, daß die Interpretation der gemessenen Desorptionsenergien bei höheren Bedeckungsgraden kompliziert wird durch den noch wenig verstandenen Einfluß der Wechselwirkung zwischen adsorbierten Teilchen. Eine Variante der TDS besteht in dem SDMM, in dem gegenüber der beschriebenen Anordnung eine Blende die Betrachtung des Desorptionsverhaltens kleiner Oberflächengebiete erlaubt.

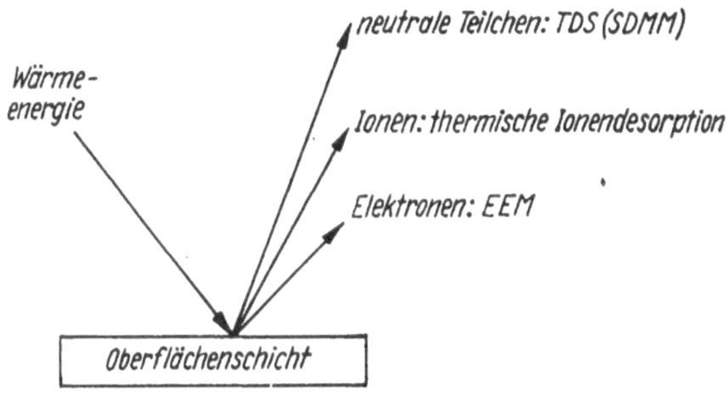

Abb. 11.1.7.: Die Erzeugung von Partikeln durch thermische Beanspruchung der Oberflächenschicht eines festen Körpers.

Die Abkürzungen symbolisieren folgende Methoden:
TDS = *t*hermal *d*esorption *s*pectroscopy
SDMM = *s*urface *d*esorption *m*olecule *m*icroscope
EEM = *e*mission *e*lectron *m*icroscopy

Eine interessante Anwendung des Meßprinzips auf Fragen der Wechselwirkung zwischen Polymeren und Metallen findet sich in den Arbeiten Regels et al. [37, 7], die für gewisse Materialkombinationen eine Veränderung des thermischen Abbauprozesses im Polymer in Abhängigkeit von seiner Schichtdicke zeigen, was als Einfluß des aktiven, metallischen Substrates auf die Bindungsverhältnisse im Makromolekül gedeutet wird.

Saubere Metalloberflächen emittieren unter Wärmeeinfluß Elektronen entsprechend dem bekannten glühelektrischen Effekt. Die EEM liefert über die Erfassung der Emissionsintensität Auskünfte über örtliche Änderungen der Austrittsarbeit und damit zusammenhängender Größen. An die Stelle der thermischen Anregung können natürlich auch ein elektrisches Feld, Photonen, Elektronen oder Ionen treten.

Leitet man Wärme in einen Verbund über die Komponente mit der größeren Wärmeleitfähigkeit ein, so kommt es an der Phasengrenze zu einem Stau wegen der schlechteren Ableitung der Wärme in der zweiten Phase und wegen der Reflexion der Photonen am Kontakt. Gerade diese Reflexion nimmt aber mit zunehmender Kopplung der Phasen, das heißt stärkerer Wechselwirkung zwischen ihnen, ab. Von Nitzsche [58], Böttcher [59] und Morgener [60] wurde der beschriebene Effekt ausgenutzt zur Untersuchung von adhäsiven Verbunden. Man findet erwartungsgemäß zunehmende Festigkeit bei abnehmendem Wärmstau. Eine quantitative Beschreibung dieser Erscheinung existiert noch nicht. Die experimentelle Erfassung des Wärmestaus ist ebenfalls nicht einfach.

11.1.6. Einwirkung elektrischer und magnetischer Felder auf die Oberflächenschicht von festen Körpern

In Abgrenzung zur elektromagnetischen Welle werden statische oder quasistatische Felder betrachtet. Die Auswahl einiger Methoden enthält Abb. 11.1.8.

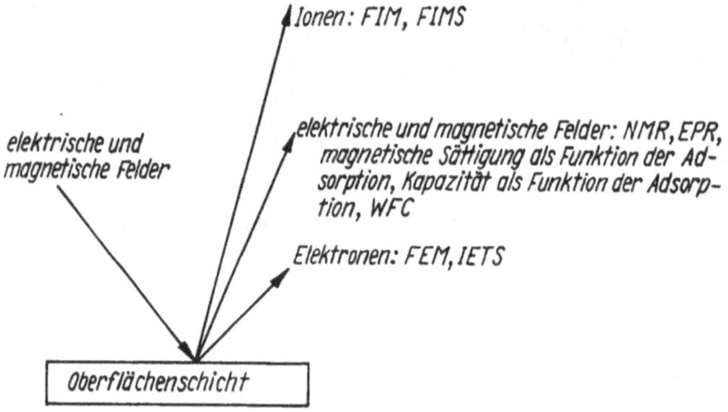

Abb. 11.1.8.: Meßmöglichkeiten bei der Anwendung elektrischer oder magnetischer Felder.

Die Abkürzungen haben folgende Bedeutung:

FEM = field electron microscopy
FIM = field ion microscopy
IETS = inelastic electron tunneling spectroscopy
FIMS = field ion mass spectrometry
NMR = nuclear magnetic resonance
EPR = electron paramagnetic resonance
WFC = work function change

NMR und EPR basieren auf der Einstrahlung eines magnetischen, homogenen Gleichfeldes und der Messung der Absorption eines zusätzlich eingestrahlten HF-Signals. Diese Absorption findet im Atomkern beziehungsweise in der Elektronenhülle statt: Die Verfahren wurden bisher vorwiegend zu Untersuchungen am Volumen eingesetzt. Bei Messungen an Oberflächenschichten ist wegen der geringen Zahl absorbierender Atome ein sehr kleines Signal-

Rausch-Verhältnis zu erwarten. Auf diesem Sektor gibt es daher erst einige Anwendungsversuche (vgl. [38···45]). Man erhält wertvolle Aussagen über die Elektronenkonfiguration von Adsorptiven. Nach unserer Auffassung kann die NMR gute Dienste bei der Aufklärung des Bewegungsverhaltens von Polymermolekülen an festen Oberflächen leisten [53, 54]. Von Vorteil ist dabei, daß man sich nicht auf die recht kleine Oberfläche eines Bleches oder ähnliches beschränken muß, sondern unter der Voraussetzung einer ausreichenden Charakterisierung des Oberflächenzustandes auf Pulver oder andere Substanzen mit großer Oberfläche zurückgreifen kann, da die NMR-Daten nicht vom Krümmungsradius der Oberfläche abhängen, falls dieser groß gegen die Dimensionen des Makromoleküls ist. Wie Literaturaussagen zeigen (z. B. [55]), lassen sich mit Hilfe von NMR-Messungen auch Aussagen über den Diffusionskoeffizienten adsorbierter Stoffe als Funktion von Temperatur und Konzentration gewinnen. In dem hohen finanziellen Aufwand und den Schwierigkeiten bei der Probenpräparation, die NMR und EPR verursachen, sind Gründe für ihren seltenen Einsatz für Oberflächenuntersuchungen zu sehen.

Ordnet man die zu betrachtende Metalloberfläche gemeinsam mit einer zweiten Elektrode als Kondensator an, so zeigen sich Adsorptionserscheinungen als Änderungen der Kapazität. Diese auf den ersten Blick einfache experimentelle Methode verlangt aber gleichfalls einige Anstrengungen bei der Messung der sehr kleinen Veränderungen der Kapazität. Hinzu kommt, daß im Experiment nur über die ganze Probe gemittelte Daten erhalten werden, deren Aussagefähigkeit begrenzt bleibt. Ähnlich liegen die Dinge für die Messung der Veränderung der magnetischen Sättigung infolge von Adsorption. Hinzu tritt noch die Einschränkung, daß sich nur magnetisierbare Materialien in extrem dünnen Schichten als Substrate eignen.

Etwas vorteilhafter erscheint die Abwandlung des Kondensatorprinzips auf die Bestimmung der WFC infolge von Einwirkungen auf die Metalloberfläche. Die WFC spiegelt vor allem Umverteilungen von Ladungen senkrecht zur Oberfläche wider. Zur Aussagefähigkeit ist zu bemerken, daß Absolutmessungen der Elektronenaustrittsarbeit experimentell schwierig sind, weil ein Normal benötigt wird, auf das man die gemessenen Kontaktpotentialdifferenzen bezieht, welches aber sehr empfindlich auf äußere Einwirkungen reagiert. Hinzu kommt, daß die Austrittsarbeit eine komplizierte, noch nicht völlig geklärte Abhängigkeit von Zusammensetzung und Geometrie der Oberflächenschicht aufweist. Sie hat aber nicht nur als mittelbare Meßgröße Bedeutung, sondern ist auch bei den elektrischen Erscheinungen an Phasengrenzen von Wichtigkeit.

Statische elektrische Felder hoher Stärke lösen an Festkörperoberflächen und in deren Nähe neuartige Ionisationsprozesse aus, wie die von FIM und FIMS genutzt werden. Nähert sich ein Atom einer Festkörperoberfläche, an der eine elektrische Feldstärke von 10^{10} Vm^{-1} herrscht, so wird sein Potential so deformiert, daß es Elektronen ohne thermische Anregung an den festen Körper abgeben kann. Das zurückbleibende Ion wird vom Feld stark beschleunigt und erfährt insbesondere bei niedrigen Temperaturen eine fast ausschließlich senkrecht zur Festkörperoberfläche orientierte Bewegung. Da die beschriebene Ionisation am Ort der Substratatome am wahrscheinlichsten ist, bilden die Ionen diese Atome unmittelbar auf dem Sichtschirm ab. Um die erforderliche Feldstärke zu erreichen, muß man den als Anode geschalteten Festkörper als dünne Spitze mit einem Radius von etwa 50···200 nm ausbilden. Diese Probenform gewährleistet gleichzeitig die durch andere Verfahren unerreichte laterale Auflösung von ca. 0,2 nm, die die Abbildung einzelner Atome und damit der Struktur der außen liegenden Gitterebene ermöglicht. Das auf E. W. Müller zurückgehende FIM arbeitet mit einer Edelgasatmosphäre von ungefähr 0,1 Pa, welche die für die Ionisation benötigten Atome bereitstellt. Nur wenige, hochfeste Metalle (W, Rh, Pt, Re u. ä.) widerstehen den angewendeten elektrischen Feldern, falls die Temperatur nicht zu sehr ansteigt. Dann nämlich tritt auch hier, wie bei den übrigen Metallen, die sogenannte Feldverdampfung auf, das heißt die Auflösung von Substratteilchen in Form von Ionen. Dieser Prozeß gestattet aber den Übergang von der alleinigen Abbildung der Oberflächenstruktur zur Analyse ihrer Zusammensetzung, falls Massenspektrometer zur Verfügung stehen, die den Nachweis einzelner Ionen gestatten. Die technische Lösung der Aufgabe verkörpert die FIMS, welche nun zusätzlich UHV verlangt. Hinzuzufügen wäre, daß auch Adsorbatschichten durch das elektrische Feld ionisiert werden. Man nennt das Felddesorption. Da die mit den beschriebenen Vorgängen verbundene Abtragung der Probe sich sehr gut kontrollieren läßt, ergibt sich die Anwendung zur chemischen Analyse von Gitterebene zu Gitterebene. Weil die Tiefenauflösung aber praktisch Null ist, können die räumliche Anordnung und die Koordinatenzahl der Gitterbausteine nicht ermittelt werden. Über die theoretische Beschreibung der Mechanismen der Feldionisation besteht noch keine völlige Klarheit. Neben den bereits erwähnten einzigartigen Aussagen der Methoden, eröffnet FIMS auch die Möglichkeit zur Untersuchung der Wirkung äußerer Felder auf molekulare und atomare Wechselwirkungen, da die elektrische Feldenergie die Größenordnung der chemischen Bindungsenergie erreicht. Hier ergeben sich völlig neue Aspekte für grundlegende Forschungen zum Verhalten der Materie.

Technisch sehr verwandt mit dem FIM ist das FEM, bei dem die nadelförmige Metallprobe als Kathode geschaltet wird. Die hohe elektrische Feldstärke regt die Emission von Elektronen an, die ein Leuchtschirm abbildet. Auf der Kathode befindliche, adsorbierte Partikeln verändern die Austrittsverhältnisse lokal und werfen gewissermaßen ein Schattenbild. Aufgrund der Polung des elektrischen Feldes wird die Probe nicht beschädigt. Die Untersuchungen können nur im UHV (ca. 10^{-9} Pa) ausgeführt werden.

Die IETS arbeitet ebenfalls mit starken elektrischen Feldern. Den Untersuchungsgegenstand bilden die Wechselwirkungen zwischen Metalloxid und darauf abgelagerten Molekülen. Die Meßanordnung besteht aus einem Metall, das an seiner Oberfläche einen nur wenige Nanometer starken Oxidfilm ausgebildet hat, auf den die zu untersuchende Substanz in Konzentrationen bis zu ca. einer Monoschicht aufgebracht wird. Das System wird komplettiert durch eine Gegenelektrode aus einem Metall, dessen Fermikante tiefer liegt als die der ersten Elektrode. Meistens entspricht die Arbeitstemperatur der des flüssigen Heliums, weil auf diese Weise der Einfluß der thermischen Schwingungen unterdrückt wird. Nach Anlegen einer äußeren elektrischen Gleichspannung im Millivoltbereich fließt ein wenige Milliampere starker Strom, den Elektronen bilden, die durch die hochisolierende Metalloxidschicht tunneln. Dabei kommen unelastische Stöße zwischen Elektronen und der zu untersuchenden Substanz vor, die sich als Veränderungen im Anstieg der Strom-Spannung-Kurve bemerkbar machen und bei recht scharf definierten Elektronenenergien auftreten. Die bei den Stößen dem Molekül übertragene Energie regt dieses zu den aus IR- und RAMAN-Spektroskopie bekannten Vibrationsschwingungen an. Ein spezifisches Merkmal der IETS besteht darin, daß die herkömmlichen Auswahlregeln für die Übergänge nicht gelten, sondern daß alle Moden angeregt werden. Die Aufzeichnung der zweiten Ableitung der Strom-Spannungscharakteristik liefert also das Spektrum der Banden, die für das auf dem Metalloxid befindliche Molekül charakteristisch sind. Durch Vergleich mit IR- bzw. RAMAN-Spektren kann man die Banden zuordnen. Es genügen bereits einige 10^{10} Moleküle ($^1/_{30}$ Monoschicht [57]) zur Durchführung der Messung. Die in der Literatur berichteten Daten zeigen, daß die Unterscheidung zwischen physikalisch adsorbierten und stärker deformierten Molekülen möglich ist. Durch Auswertung der Linienintensitäten gewinnt man Hinweise auf die Orientierung der Moleküle auf dem Oxid. Hinsichtlich der Adhäsion bietet die IETS also gute Ansatzpunkte, da man bei unedlen Metallen gewöhnlich immer mit Oxidschichten zu rechnen hat und die Aussagen der Methode direkt auf die Prozesse in der Phasengrenze zwischen diesem Oxid und organischen Substanzen zielen. Neben Anwendungen zur Identifizierung von Stoffen in geringer Konzentration, in der Katalyseforschung und auf biologische Moleküle existieren bereits eine Anzahl diese Fragestellungen berührende Veröffentlichungen (s. z. B. [46···48, 57]).

11.1.7. Ultraschall in der Oberflächenanalyse

Neben der recht bekannten Ultraschalldefektoskopie, die in der Werkstoffprüfung zur Auffindung von inneren Schadstellen (Risse, Löcher u. ä.) eingesetzt wird, existiert in der Literatur eine Reihe von Versuchen, die Oberflächenschallwellen als experimentelles Mittel zur Gewinnung von Strukturinformationen zu nutzen. Die Oberflächenempfindlichkeit folgt aus der Tatsache, daß sich der Oberflächenschall in einer Schicht ausbreitet, deren Dicke 0,5···1 Wellenlängen beträgt. Bei der Ausführung von Ultraschallmessungen sind eine große Zahl experimenteller Bedingungen zu beachten. Hinzu kommt ein nicht unwesentlicher Aufwand, wenn die bei dynamischen Methoden stets wünschenswerte große Variationsbreite der Frequenz erreicht werden soll. Die Auswertung der Daten stößt insbesondere bei Polymeren noch auf Schwierigkeiten wegen des unvollkommenen theoretischen Verständnisses der Ausbreitung einer mechanischen Welle in einem viskoelastischen Medium. Diese einschränkenden Bemerkungen schmälern jedoch nicht den Stellenwert, den Ultraschallmethoden künftig einnehmen können. Besonderen Wert besitzen sie wegen ihrer Eignung zur Unrersuchung von Isolatoren und anderen Materialien, bei denen die übrigen Verfahren große Probleme aufwerfen oder sogar gänzlich versagen. Von Bedeutung ist unter Umständen auch die Tatsache, daß die Probe weder durch thermische Energie noch durch Partikelströme belastet wird. Es werden noch einige Anwendungsbeispiele erwähnt, die sich auf Arbeiten zu für die Adhäsion relevanten Fragen beziehen. So haben Carev und Lipatov mit Hilfe der Übergangsfunktion der Schallwelle die Oberflächenentropie von der Volumenentropie in Polymeren unterschieden und darüber hinaus den Elastizitätsmodul, die Viskosität und die schwingenden Massen der Oberflächenschicht abgeschätzt [49, 50]. Oberflächenschallwellen führen ferner auch zur Desorption adsorbierter Spezies in ihrer neutralen Form. Rockwell, Parks et al. [51, 52] bestimmten aus der thermisch induzierten Phasenverschiebung der akustischen Oberflächenwelle den Absorptionskoeffizienten der Oberflächenschicht für elektromagnetische Strahlung in schwach absorbierenden Substanzen. Stoeff fand Ansatzpunkte für einen Zusammenhang zwischen Schalldurchlässigkeit und Verbundfestigkeit in adhäsiven Verbunden [61].

11.1.8. Überblick über die Aussagefähigkeit der Analysenmethoden

Es ist nicht leicht, eine vollständige Antwort auf die Frage nach dem Informationsumfang zu geben, den die beschriebenen Methoden erreichen. Häufig ergeben sich Überschneidungen, zudem mehrere Methoden dieselbe Information geben, oder aber durch die Möglichkeit, aus einem Verfahren verschiedenartige Aussagen abzuleiten. Dabei unterscheiden sich die mittels veschiedener experimenteller Anordnungen gewonnenen, scheinbar gleichwertigen Resultate häufig in ihrer Qualität. In Tab. 4 wird der Versuch unternommen, die wesentlichen, mit den erörterten Meßanordnungen errreichbaren Angaben über die Oberflächenschicht fester Körper aufzuführen und ihnen die entsprechenden Experimente zuzuordnen.

Tabelle 4: Zuordnung der Analysenmethoden zu Aussagekomplexen

Zu erwartende Aussagen bezüglich der Oberflächenschicht	Methode der Oberflächenanalyse
Geometrische Anordnung der Atome im Kristall	LEED, MEED, RHEED, FIM, FEM, LEIS, MEIS, HEIS, Atomstreuung und -brechung, ILEED, XDT
Geometrische Anordnung der Atome und Elektronenstruktur	UPS, ARUPS, XPS, INS, SPI
Elektronenverteilung	WFC, EEM
Elementaranalyse	AED, SIMS, ISS, IMXA, PIX, EMPA, XPS, UPS, LAMPA, FILMS
Molekulare Zusammensetzung	IR, SIMS, XPS
Molekülschwingungen	IR, HREELS, ILEED, IETS
Molekulare Überstrukturen	IR, Ellipsometrie, EM, Lichtmikroskopie
Informationen *nur* über Adsorbate	EIID, EID, TDS, NMR, EPR

Man muß weiterhin feststellen, daß Entwicklungsstand und Verbreitung der neueren besprochenen Methoden recht unterschiedlich sind. Relativ häufig finden die heute schon als Routineverfahren zu bezeichnenden Versuchsanordnungen von LEED, AES, EMPA, SIMS, XPS und Ellipsometrie Anwendung. Die moderne Entwicklung richtet sich nicht nur auf die Vervollkommnung der technischen Lösungen. In wachsendem Maße werden Wege zur sinnvollen Kombination von Verfahren mit Vorrichtungen zur direkten Bearbeitung der Probe beschritten.

Wie bereits in den vorangegangenen Abschnitten vermerkt wurde, konnte man mit AES, XPS, Massenspektrometrie, Mikroskopie, Ellipsometrie, NMR, IETS und den Ultraschallmethoden bereits Ergebnisse erzielen, die einen direkten Bezug zur Adhäsion aufweisen.

Literatur

[1] Somorjai, G. A., van Hove, M. A.: "*Adsorbed Monolayers on Solid Surfaces*", in der Serie "*Structure and Bonding*", vol. 38, Springer-Verlag, Berlin/Heidelberg/New York, 1979

[2] Kane, P. F., Larrabee, G. B.: Anal. Chem. **49** (1977), *5*, 221 *R*

[3] Kane, P. F., Larrabee, G. B.: Anal. Chem. **51** (1979), *5*, 308 *R*

[4] Paterson, P. J. K., Moon, A. R., Aubert, R., Brooker, K., Kottek, P., Starbuck, P., Nigliona, G., Willmott, M., Dean, M., Coates, R., Lubbock, F. J.: J. Polymer Sci. Symp. *No. 55* (1976), 167

[5] Dwight, D. W.: J. Colloid & Interface Sci. **59** (1977), 447
[6] Treibmann, D.: Wiss. Z. TU Dresden **26** (1977), 1043
[7] Pozdnjakov, O. F., Regel, V. R., Redkov, B. P., Salimov, V. V.: Vysokomol. Soed. **A 20** (1978), 2494
[8] Czanderna, A. W. (ed.): "*Methods of Surface Analysis*", Elsevier Scientific Publ. Co., Amsterdam/Oxford/New York, 1975
[9] Gjostein, N. A., Chavka, N. G.: J. T. E. V. A. **1** (1973), 183
[10] Pepper, S.: J. Appl. Phys. **45** (1979), 2947
[11] Werner, H. W.: Mat. Sci. Eng. **42** (1980), 1
[12] Robinson, J. W. (ed.): "*Handbook of Spectroscopy*", Vol. II, CRC Press, Cleveland, 1974
[13] Gidàly, G., Kellner, R.: Fresenius Z. Anal. Chem. **298** (1979), 32
[14] Gidàly, G., Kellner, R.: Fresenius Z. Anal. Chem. **302** (1980), 157
[15] Francis, S. A., Ellison, A. H.: J. opt. Soc. Amer. **49** (1958), 131
[16] Greenler, R. G.: J. Chem. Phys. **44** (1966), 310
[17] Greenler, R. G.: J. Chem. Phys. **50** (1969), 1963
[18] Kubelka, P., Munk, F.: Z. techn. Phys. **12** (1931), 593
[19] Kubelka, P.: J. opt. Soc. Amer. **38** (1948), 448
[20] Kortüm, G.: „*Reflexionsspektroskopie, Grundlagen, Methodik, Anwendungen*", Springer-Verlag, Berlin, 1969
[21] Kortüm, G., Vogel, J.: Z. phys. Chem. N. F. **18** (1958), 110
[22] Kortüm, G., Vogel, J.: Z. phys. Chem. N. F. **18** (1958), 230
[23] Kortüm, G., Oelkrug, D.: Naturwiss. **53** (1966), 600
[24] Kortüm, G., Braun, W., Herzog, G.: Angew. Chem. **75** (1963), 653
[25] Kortüm, G., Delfs, H.: Spectrochim. Acta **20** (1964), 405
[26] Kortüm, G., Grathwohl, M.: Ber. Bunsengesell. phys. Chem. **73** (1969), 413
[27] Kortüm, G., Quabeck, H.: Ber. Bunsengesell. phys. Chem. **73** (1969), 1020
[28] Kortüm, G., Quabeck, H.: Ber. Bunsengesell. phys. Chem. **74** (1970), 364
[29] Kortüm, G., Knehr, H.: Ber. Bunsengesell. phys. Chem. **77** (1973), 85
[30] Kortüm, G., Knehr, H.: Z. phys. Chem. N. F. **89** (1974), 194
[31] Ishida, H., Koenig, J. L.: Internat. Laboratory (1978) May/June, 49
[32] Day, R. J., Unger, S. E., Cooks, R. G.: Anal. Chem. **52** (1980), 557A
[33] Müller, B.: Tagungsband der 2. Tagung Festkörperphysik, Phys. Gesell. der DDR, Rostock 1980
[34] Ržanov, A. V., Svitašev, K. K., Semenenko, A. I. u. a.: „*Osnovy Ėllipsometrii*", Verl. Nauka, Novosibirsk, 1978
[35] Burgkin, I. G., Vòrob'eva, L. P., Gruševkij, V. V. u. a.: „*Algoritmy i programmy dlja čislennogo rešenija nekotorych zadač ellipsometrii*"; Verl. Nauka, Novosibirsk, 1980
[36] Auleytner, J.: Proc. 5th Internat. Symp. on High Purity Mat. in Sci. and Technol., Dresden, 1980
[37] Regel, V. R., Pozdnjakov, O. F., Amelin, A. V.: Mechanika Polimerov (1975), *1*, 16
[38] Clarkson, R. B., Cirillo, A.: J. Vac. Sci. Technol. **9** (1972), 1073
[39] Freude, D., Müller, D., Schmiedel, H.: Surface Sci. **25** (1971), 289

[40] Fripiat, J. J., van der Mersche, C., Touillaux, R., Jelli, A.: J. Phys. Chem. **74** (1970), 382
[41] Kokes, R. J.: J. Phys. Chem. **66** (1962), 99
[42] Kokes, R. J., Anderson, R. B. (ed.): "*Experimental Methods in Catalytic Research*", Acad. Press, New York, 1968
[43] Lunsford, J.: Catal. Rev. 8 (1973), 135
[44] Miller, D. J., Hanemann, D.: Phys. Rev. **B 3** (1971), 2918
[45] O'Reilly, D. E., Leftin, H. P., Hall, W. K.: J. Chem. Phys. **29** (1958), 970
[46] Brown, N. M. D., Walmsley, D. G., Floyd, R. B.: J. Catalysis **52** (1978), 347
[47] Hall, T. J., Hansma, P. K.: Surface Sci. **71** (1978), 1
[48] White, H. W., Godwin, L. M., Wolfram, T.: J. Adhesion **9** (1978), 237
[49] Carev, P. K., Lipatov, J. S.: Vysokomol. Soed. **A12** (1970), 282
[50] Carev, P. K., Lipatov, J. S.: Vysokomol. Soed. **A 17** (1975), 717
[51] Parks, J. H., Rockwell, D. A., Colbert, T. S. et al.: Appl. Phys. Lett **25** (1974), 537
[52] Rockwell, D. A., Parks, J. H.: J. Appl. Phys. **46** (1975), 5088
[53] Kumins, C. A.: J. Coatings Technol. **52** (1980), *644*, 39
[54] Iisaki, Shaboyama: J. Appl. Polymer Sci. **22** (1978), 1845
[55] Tabony, J., Cosgrove, T.: Chem. Phys. Letters **67** (1979), 103
[56] Little, L. H.: "*Infrared Spectra of Adsorbed Species*", Acad. Press, 1966
[57] Hansma, P. K.: Phys. Letters C: Phys. Rep. **30** (1977), *2*, 145
[58] Nitzsche, K.: „Zum Problem der zerstörungsfreien Prüfung in den Produktionsprozeß von Dünnschicht-Bauelementen eingehender Werkstoffe", Habilitationsschrift, TH Ilmenau, 1967
[59] Böttcher, B.: Materialprüfung, **11** (1969), 156
[60] Morgener, W.: Tagungsbericht der 5. Werkstoffprüfertagung, Sept. 1966, S. 46
[61] Stoeff, S.: Dissertation A, TH Ilmenau, 1970

11.2. Thermodynamische Methoden zur Bestimmung der Ober- bzw. Grenzflächenspannung

Im Kap. 5.2. wurde gezeigt, daß die Grenzflächenspannung und die kritische Oberflächenspannung wichtige Charakteristika für die Ausbildung einer Haftverbindung zwischen kondensierten Phasen sind. Im folgenden Kapitel soll die Messung dieser Größen insbesondere an Polymeren mit dafür ausgewählten Verfahren dargestellt werden.

Zunächst sei darauf hingewiesen, daß es keine prinzipiellen Unterschiede zwischen der Ober- und Grenzflächenspannungsmessung in niedermolekularen und in makromolekularen Stoffsystemen gibt. Die Bestimmung der Grenzflächenspannung geht in jedem Fall von der Erfassung der Eigenschaften von Menisken aus. Dabei versteht man unter einem Meniskus die gekrümmte Oberfläche einer Flüssigkeit zu einem anderen fluiden Medium. Der Tropfen Flüssigkeit ist also ein besonders geformter Meniskus. Die Form von Menisken, die sich infolge des hydrodynamischen Gleichgewichtes ausbildet, wird durch die LAPLACE-YOUNGsche Gleichung determiniert. Die Herleitung dieses Zusammenhanges zwischen der geometrischen Form einer Grenzfläche und der in ihr wirkenden Spannung ist aber, wie Kap. 5.1. gezeigt hat, frei von der Annahme besonderer Eigenschaften der Grenzflächenschicht und gilt somit universell in allen Stoffsystemen. Lediglich der Dichteunterschied beider Medien ist von Einfluß. Diese Tatsache ermöglicht eine sichere Eichung der benutzten Meßapparatur auf einfache und schnelle Weise: man mißt die Oberflächenspannung einer niedermolekularen Flüssigkeit deren Daten, wie Oberflächenspannung und Dichte, aus Tabellenwerken entnommen werden können, und hat damit durch Vergleich Aussagen über die Richtigkeit nicht nur der direkten Messung, sondern auch der Auswertung.

Neben dieser prinzipiellen Gemeinsamkeit gibt es jedoch wichtige Unterschiede zwischen niedermolekularen und makromolekularen Systemen. Sie sind insbesondere bei der Auswahl der experimentellen Methode zu beachten. Im allgemeinen besitzen makromolekulare Systeme wesentlich höhere Viskositäten und längere Relaxationszeiten bei der Einstellung des Gleichgewichtes. Dem muß bei der experimentellen Anordnung Rechnung getragen werden. Es eignen sich nicht alle bekannten und im niedermolekularen Fall erfolgreich verwendeten Methoden in gleicher Weise für makromolekulare Systeme. Günstig sind solche, die die Überprüfung der Gleichgewichtseinstellung sicher ermöglichen. Eine solche Methode, die auch als Normativ verwendet wird, ist die des „hängenden Tropfens".

11.2.1. Arten von Menisken

Das Studium der Menisken begann bereits vor etwa 180 Jahren. Einige Schwerpunkte lassen sich herausschälen. Einmal interessiert die Form des Meniskus. Sie ist vom mechanischen Gleichgewicht regiert, wird also mit der LAPLACE-YOUNGschen Gleichung beschrieben. Weitere Experimente gelten der Thermodynamik dieser Phasengrenze. Von besonderer Bedeutung ist hierbei die Untersuchung der Abreißbedingungen von der stützenden Fläche, einer kritischen Erscheinung also. Schließlich sind auch die dynamischen Eigenschaften dieser Grenzfläche Gegenstand von Untersuchungen. Es soll hier insoweit auf die verschiedenen Punkte eingegangen werden, als sie zur Oberflächen- und Grenzflächenspannungsmessung oder zur Bestimmung des Randwinkels von Bedeutung sind. Ein Problem stellt die Form der Menisken dar.

Im folgenden wird stets ein Koordinatensystem mit vertikaler z-Achse benutzt. Das für den Meniskus typische Profil befindet sich jeweils in der x,z-

Ebene. Hängender oder liegender Tropfen sind dann vollständig durch ihre Meridianlinie $z = z(x)$ beschrieben, s. auch Abb. 11.2.1.

Die allgemeinste Form der LAPLACE-YOUNGschen Differentialgleichung lautet:

$$\Delta P = \gamma \left(\frac{1}{R_h} + \frac{1}{R_v}\right) \tag{11.2.1.}$$

R_h ind R_v sind die beiden Hauptkrümmungsradien dieser Fläche und stellen in all unseren Fällen jeweils die Krümmungen der Horizontalen und Vertikalen dar.

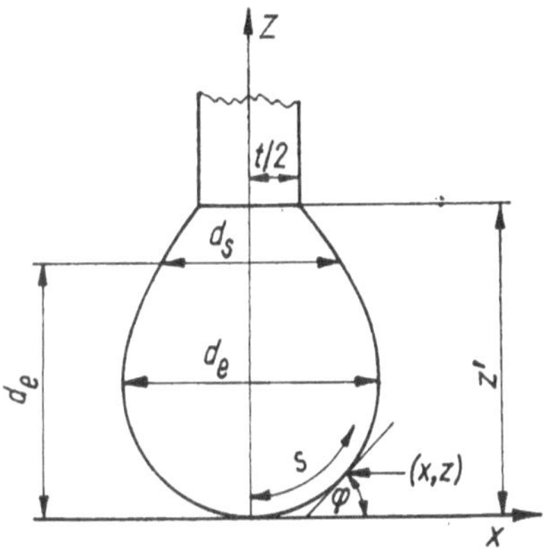

Abb. 11.2.1.: Der hängende Tropfen.

Soll nun diese, ein lokales Gleichgewicht beschreibende Gleichung für einen ganzen Meniskus gelöst werden, muß sowohl die Symmetrie als auch die Art der Stützung des Meniskus vorgegeben werden.

Die Stützung bezieht sich auf die Form und die Beschaffenheit der Dreiphasengrenzlinie fluid-flüssig-fest. Sie entsteht, da die Menisken stets an einer sie stützenden oder haltenden festen Oberfläche gebildet werden, um die Untersuchung zu ermöglichen.

Für Menisken unter der Wirkung der Schwerkraft hat PADDAY [7] die im allgemeinen gebräuchliche Einteilung gegeben. Dem folgend unterscheidet man drei geometrische Typen (s. Abb. 11.2.2.):

— Menisken mit zylindrischer Symmetrie,
— Menisken mit axialer Symmetrie,
— Menisken ohne besondere Symmetrie.

Menisken zylindrischer Symmetrie besitzen einen endlichen horizontalen Krümmungsradius bei einer vertikal geraden Form. Es sind also Oberflächen von Zylindern mit entsprechenden Grundflächen. Hängende oder liegende

Tropfen sind Menisken mit axialer Symmetrie. Zur dritten Gruppe gehört z. B. der Keil zwischen zwei ebenen Platten, die miteinander einen bestimmten Winkel einschließen [8], und der Film zwischen drei vertikalen Stäben [9].

Weiter klassifiziert man die Menisken nach der Zahl der sie stützenden Festkörperfläche (s. Abb. 11.2.2.):

— Menisken mit einer stützenden Fläche, „bounded menisci"
— Menisken zwischen zwei Flächen, „unbounded menisci".

Der hängende oder liegende Tropfen und auch der Meniskus an der Wilhelmy-Platte gehören zur ersten Kategorie. Bei ihnen existiert ein eindeutiger Zusammenhang zwischen der Form und der Größe. Sie sind also durch einen Parameter eindeutig festgelegt, darauf bezieht sich auch das Attribut „bounded". Flüssigkeitsbrücken, sie sind der zweiten Kategorie zuzuordnen, benötigen zur eindeutigen Beschreibung zwei Parameter. In gewissen Grenzen sind bei ihnen Form und Größe voneinander unabhängig. Sie werden einmal durch den Plattenabstand und weiter durch die Flüssigkeitsmenge bestimmt, die, ist es erst zur Ausbildung der Flüssigkeitsbrücke gekommen, unabhängig voneinander sind, angedeutet im Attribut „unbounded". Die zusammengesetzten Menisken besitzen Grenzflächen unterschiedlicher chemischer Zusammensetzung und somit auch unterschiedlicher Grenzflächenspannungen. Das einfachste Beispiel ist eine Öllinse, die auf dem Wasser schwimmt. Ihre Formeigenschaften ergeben sich aus der geeigneten Superposition der Lösungen für die einzelnen Grenzflächen [10].

Die den Meniskus stützende Festkörperfläche ist gleichzeitig die theoretische Randbedingung für die mathematische Lösung der Young-Laplace-Differentialgleichung. Dabei kann dieser Rand einmal durch einen fest vorgegebenen Radius gegeben sein, das ist beim hängenden Tropfen der Fall, oder durch einen bestimmten Winkel des Meniskus zur stützenden Fläche, einen festen Randwinkel also, wie beim liegenden Tropfen. Diese Systeme nennt man radiuskontrolliert oder winkelkontrolliert [11].

11.2.2. Grenzflächenspannungsbestimmung an axial-symmetrischen Menisken (hängender und liegender Tropfen)

Systeme mit axialer Symmetrie sind

— der hängende Tropfen bzw. sein Spiegelbild die entstehende Blase,
— der liegende Tropfen bzw. die an einer Festkörperoberfläche gefangene Blase.

Tropfen und Blase unterscheiden sich durch einen entgegengesetzten Dichteunterschied des Tropfens bzw. der Blase zum umgebenden Medium und infolge dessen in einer unterschiedlichen Reaktion auf die Schwerkraft. Ihre jeweilige Form ist bei geeigneter Wahl der stützenden Oberfläche aufgrund der dadurch für die Differentialgleichung gleichen Randbedingungen und der Eindeutigkeit der Lösung identisch. Für Messungen an Polymeren haben sich die Tropfenmethoden allgemein durchgesetzt. Sie werden im folgenden also stets im Vordergrund stehen. Wesentliche Voraussetzung der Oberflächen- und Grenzflächenspannungsbestimmung mit diesen Methoden ist die Lösung der YOUNG-LAPLACEschen Differentialgleichung. Ziel der Integration ist die Profillinie $z = z(x)$ für verschiedene Dichteunterschiede und Grenzflächenspannungen.

Als Symmetrieachse des Tropfens wählen wir die z-Achse. Eine Tangente an den Schnittpunkt dieser Symmetrieachse mit dem Meniskusprofil bildet die x-Achse, so daß das Profil des Tropfens in der z-x-Ebene durch Wertepaare (x, z) gegeben ist. Der hydrostatische Druck am Punkt (0, 0) in der Flüssigkeit sei $\Delta\varrho g(h - z)$. Die LAPLACE-YOUNGsche Gleichung konkretisiert sich dann zu

$$\Delta\varrho g(h - z) = \gamma \left(\frac{1}{R_h} + \frac{1}{R_v}\right) \tag{11.2.2.}$$

Bei Rotationskörpern der hier behandelten Art kann als ein Krümmungsradius der Krümmungsradius der Profillinie verwendet werden. Der zweite Krümmungsradius ist dann die Entfernung zwischen Rotationsachse und Oberfläche des Körpers entlang einer Flächennormalen. Führt man den Winkel φ als Winkel zwischen x-Achse und Tangente an die Profillinie im Punkt (x, z) ein,

$$\frac{dz}{dx} = \tan\varphi \tag{11.2.3.}$$

so findet man folgende Zusammenhänge zwischen Krümmungsradien und Profillinie:

$$R_v = \left\{1 + \left(\frac{dz}{dx}\right)^2\right\}^{3/2} \left(\frac{d^2z}{dx^2}\right)^{-1} = \frac{dx}{d(\sin\varphi)}\ . \tag{11.2.4.}$$

$$R_h = x\left\{1 + \left(\frac{dz}{dx}\right)^2\right\}^{1/2} \left(\frac{dz}{dx}\right)^{-1} = \frac{x}{\sin\varphi} \tag{11.2.5.}$$

Die weitere Verarbeitung von Gl. (11.2.2.) wird von den verschiedenen Autoren unterschiedlich vollzogen, die Gleichung wird auf verschiedene Weise dimensionslos gemacht. Mehrere Autoren verwenden dazu den Krümmungsradius b des Profils im Punkt (0, 0). b steht dann für die Größe des Tropfens.

Für den die Form beschreibenden Parameter ergibt sich folgender Ausdruck

$$\beta = -\,\Delta\varrho g b^2 \gamma^{-1}. \tag{11.2.6.}$$

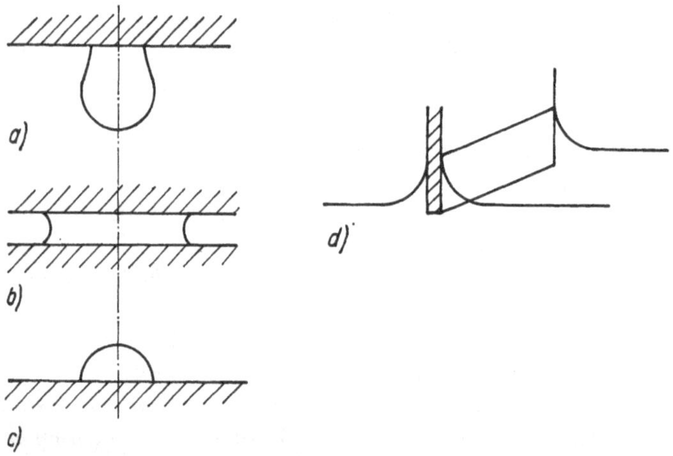

Abb. 11.2.2.: Arten von Menisken.

a) hängender Tropfen: axialsymmetrisch, bounded
b) Flüssigkeitsbrücke: axialsymmetrisch, unbounded
c) liegender Tropfen: axialsymmetrisch, bounded
d) WILHELMY-Platte: zylindersymmetrisch, bounded

Da keine geschlossene Integration der Differentialgleichung möglich ist, wurden verschiedene Näherungsverfahren verwendet. Erste Ergebnisse gehen auf BASHFORD und ADAMS [1] zurück. Sie wurden mit einer TAYLOR-Entwicklung von $z(x)$ erzielt. PADDAY [5] verwendet eine geometrische Konstruktionsmethode. Das modernste Verfahren ist das nach RUNGE-KUTTA. Es führt zu den genauesten Werten [21].

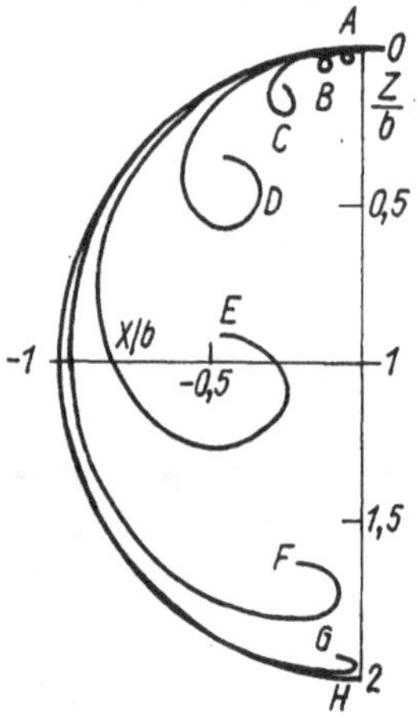

Abb. 11.2.3.: Profile des liegenden Tropfens [5] für verschiedene β-Werte.

A: 10^4; *B:* 10^3; *C:* 10^2; *D:* 10; *E:* 1; *F:* 10^{-1}; *G:* 10^{-2}; *H:* 0

Insgesamt kann man aber feststellen, daß die Genauigkeit bei allen Lösungsverfahren sicher über der experimentellen Unsicherheit liegt.

Die umfangreichsten Tabellen stammen von PADDAY [5]. Abb. 11.2.3. und 11.2.4. zeigen typische Profile für einige β-Werte dieses Autors. Um nun die Grenzflächenspannung zu messen, ist der Vergleich der gemessenen Profillinie mit den tabellierten Werten ein zwar mögliches aber zu zeitaufwendiges Verfahren. Ziel ist, am Tropfen einzelne charakteristische Größen, z. B. Abmessungen festzustellen und daraus die gesuchte Spannung zu ermitteln.

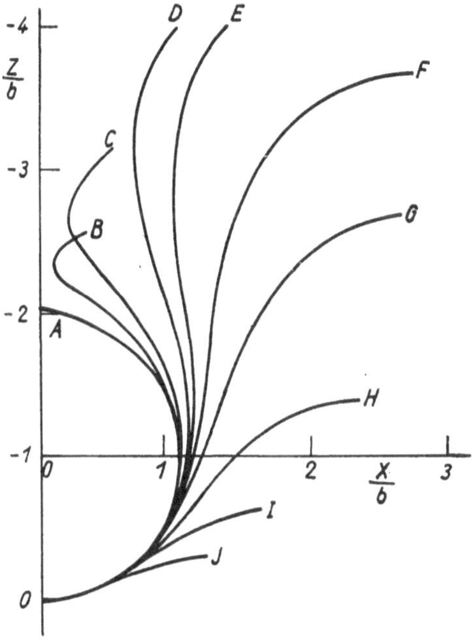

Abb. 11.2.4.: Profile des hängenden Tropfens [5] für verschiedene β-Werte.
A: 10^{-2}; *B*: 10^{-1}; *C*: $2 \cdot 10^{-1}$; *D*: $4 \cdot 10^{-1}$; *E*: $5 \cdot 10^{-1}$; *F*: $7 \cdot 10^{-1}$; *G*: 1; *H*: 2; *I*: 4; *J*: 10^1

11.2.3. *Der liegende Tropfen*

Der liegende Tropfen, einfach ein Tropfen auf einer Festkörperoberfläche, wird nicht zur Ober- bzw. Grenzflächenspannungsmessung genutzt. Mit ihm werden die Benetzungseigenschaften, ausgedrückt durch den Randwinkel θ, untersucht. Die Form des Meniskus spielt eine Rolle, da sie den Randwinkel genauer bestimmbar macht, als durch direkte Messung am Schattenbild möglich. Aus Abb. 11.2.3. geht hervor, daß die Tropfenform für genügend kleine Werte von β und Randwinkel größer als 90° als Kugelabschnitt approximiert werden kann. Dazu muß man sich die Festkörperfläche senkrecht zur Symmetrieachse des Tropfens und in der Höhe denken, so daß die Meridianlinie und die Festkörperoberfläche gerade den Winkel Θ bilden.

Hat man einen solchen Tropfen erzeugt, so ergibt sich aus seinem Basisdurchmesser d und seiner Höhe h der Randwinkel θ durch die Beziehung

$$\tan \frac{\theta}{2} = \frac{d}{2h} \tag{11.2.7.}$$

Durch das Vermessen der Tropfengeometrie im Schattenbild ist es jedoch recht subjektiv, welcher Randwinkel gemessen wird. Nicht a priori wird der Winkel zwischen Spannungsfläche und Festkörperoberfläche erfaßt werden, da die Spannungsfläche optisch nicht ausgezeichnet ist. Weiterhin ist zu beachten, daß die Dynamik der Benetzung und immer auf der Festkörperoberfläche vorhandene Adsorbatschichten einen großen Einfluß auf den Wert des Randwinkels haben, zumal beim liegenden Tropfen recht lokal gemessen wird. Das Tropfenvolumen bewegt sich in der Regel im Kubikmillimeterbereich.

Für Messungen an Polymersystemen wird deshalb besser die Wilhelmy-Plattenmethode verwendet, die die Bestimmung des Randwinkels ebenfalls erlaubt. Dabei wird der Randwinkel gemessen, der dann auch in die thermodynamischen Beziehungen eingeht.

11.2.4. Der hängende Tropfen

Am hängenden Tropfen gibt es mehrere Möglichkeiten der Grenzflächenspannungsmessung.

Für Polymere findet die Auswertung von Form und Größe des Tropfens Verwendung.

Das übliche Verfahren geht auf eine Arbeit von Andreas [12] zurück. Es wurde an Tropfen bekannter Oberflächenspannung getestet und später an berechneten Profilen bestätigt [2].

Man mißt dabei den größten Durchmesser d_e des Tropfens und den Durchmesser d_s, den der Tropfen im Abstand d_e von der Tropfenspitze hat, s. Abb. 11.2.1. Das Verhältnis beider Durchmesser mit wird S bezeichnet.

$$S = \frac{d_s}{d_e} \tag{11.2.8.}$$

Die Oberflächen- bzw. Grenzflächenspannung ergibt sich nun aus:

$$\gamma = \frac{\Delta \varrho g d_e^2}{H} \tag{11.2.9.}$$

mit

$$H = \beta \left(\frac{d_e}{b}\right)^2 \tag{11.2.10.}$$

Dabei ist der funktionale Zusammenhang $H = H(S)$ eindeutig und liegt in Tabellen vor [2, 6, 5]. Über diese kann dann aus S nun H und damit die Grenzflächenspannung ermittelt werden. Es braucht also nicht das ganze Tropfenprofil verglichen zu werden, sondern lediglich zwei charakteristische Längen an ihm. Der zur Auswertung nötige Aufwand ist so stark reduziert.

Um auf ähnlich einfache Weise die Kontrolle der Gleichgewichtseinstellung vornehmen zu können, haben Roe u. Mitarb. das Verfahren modifiziert [13]. Im Vorgehen nach Andreas benutzt man das Tropfenprofil lediglich an zwei Stellen. Um das Gleichgewicht feststellen zu können, wird es an mehreren Stellen vermessen. Nach der Bestimmung von d_e wird die Profilbreite in den Höhen Z_n über dem Boden des Tropfens gemessen

$$Z_n = \left(\frac{n}{10}\right) d_e \tag{11.2.11.}$$

$$n = 8, 9, 10, 11, 12$$

Mit den d_n bildet man die Verhältnisse $S_n = d_n/d_e$. Aus der Tabelle [14] kann dann zu jedem S_n ein H_n gefunden werden. Entsprechend (11.2.9.) werden die fünf Grenzflächenspannungen bestimmt. Im Gleichgewicht müssen diese übereinstimmen, nach Roe [13] innerhalb von 0,5%.

Das Verfahren findet bei Polymeren Anwendung [15, 3, 16]. Die hierfür benutzte Meßapparatur wird ausführlich in [17] beschrieben. Herzstück dieser Anordnung ist eine Glaskapillare, an deren unterem Ende der Tropfen gebildet wird. Man zieht sie dazu auf einen Durchmesser von 2 bis 2,5 mm aus und schleift sie plan. Dem Schliff ist Beachtung zu schenken, da er für eine exakte Messung vollständig vom Polymeren benetzt werden muß. Die Kapillare sitzt in einer temperierbaren Meßzelle. Diese wird während der Messung mit einem Inertgas gespült. Der Tropfen wird im Durchlicht vermessen. Die dazu nötige optische Einrichtung aus Lichtquelle, entsprechenden Linsen und fotografischer Aufzeicheneinrichtung kann durch Ausmessen einer festen Kugel bekannten Durchmessers geeicht werden.

Die obere Viskositätsgrenze des Meßbereiches der Apparatur liegt bei etwa 800 Pa · s. Es ergeben sich dann Gleichgewichtseinstellzeiten von ca. 45 min [17].

Eine wichtige Größe neben der Grenzflächenspannung ist die Tropfenoberfläche. Sie wird insbesondere für die Thermodynamik des Tropfens und bei Untersuchungen von Adsorptionserscheinungen an der Grenzfläche benötigt.

Arundel und Bagnall geben eine Methode zu ihrer Bestimmung aus den Profildaten an [18], die auf der Lösung von Fordham [2] basiert.

Ausgangspunkt ist die erste Guldinsche Regel: Der Flächeninhalt der Rotationsfläche, die durch die Drehung einer Kurve um eine die Kurve nicht schneidende Achse entsteht, ist gleich dem Produkt aus der Länge der Kurve und dem Umfang des Kreises, den der Schwerpunkt der Kurve bei der Drehung beschreibt.

Zur Berechnung wird der Tropfen in der Höhe d_e, 1,05 d_e oder 1,10 d_e je nach Form geteilt. Das oberhalb dieser Linie liegende Stück bis zur stützenden Festkörperoberfläche wird durch einen Kegelstumpf angenähert.

Der andere Teil der Meridianlinie wird in hinreichend kleine Intervalle eingeteilt, auf die jeweils die erste Guldinsche Regel anzuwenden ist. Dabei wird die Bogenlänge durch die Sekantenlänge und der Schwerpunkt durch einen zwischen Sekantenmittelpunkt und Bogenstückmittelpunkt liegenden Punkt angenähert. Zum Beweis wurden auch analytisch auswertbare Kurven vermessen. Der Fehler ist kleiner als 0,001%. In [18] ist das Ergebnis der Rechnungen in Tabellenform, wie auch graphisch als Abhängigkeit der Tropfenoberfläche vom Parameter S gegeben.

Die Bestimmung erfolgt also in mehreren Schritten: Am Tropfen werden d_e, d_s, die Höhe und Durchmesser des Kegelstumpfes gemessen. Mit S wird die Oberfläche aus der Tabelle entnommen und die Kegelstumpfoberfläche dazu addiert.

Nachstehend soll noch ein möglicher, alternativer Zugang zur Grenzflächenspannung an hängenden Tropfen erläutert werden. Er ist noch relativ neu und bisher nicht im Experiment benutzt worden, jedoch zukunftsweisend und soll Erwähnung finden.

Bagnall und Arundel haben die Profilfläche des Tropfens als wesentlichen Parameter benutzt [19, 20]. Sie besitzt bei ihnen den gleichen Stellenwert wie die Parameter S bzw. H in dem Auswerteverfahren nach Andreas.

Die Profilfläche ist über die Tropfenform mit der Oberflächenspannung verbunden. Aus ihr lassen sich die Tropfenoberfläche und das Tropfenvolumen bestimmen. Im Prinzip ist sie mit einer einfachen Photozelle kontinuierlich meßbar, was eine Automatisierung der Meßprozedur ermöglichen würde und die bessere Aufzeichnung zeitlicher Veränderungen am Tropfen bedeutet. Das ist von Nutzen bei der Untersuchung von Adsorptionsvorgängen. Dabei wird, ausgehend von den Fordhamschen Resultaten [2], die Profilfläche mittels einer der Bestimmung der Tropfenoberfläche ähnlichen Approximation berechnet. Es zeigt sich, daß die Profilfläche tatsächlich ein möglicher Tropfenparameter ist, und daß sie ein eindeutiges Verhältnis zum Tropfenvolumen hat. Um die Auswertung zu vereinfachen, legen Bagnall und Arundel als zu messenden Parameter A_x/t^2 fest. Der schlecht meßbare Parameter b wird umgangen. A_x bezeichnet die Profilfläche und t ist der Durchmesser der stützenden Festkörperoberfläche, also der Kapillarspitze.

Der Zusammenhang zwischen A_x/t^2 und $-\Delta\varrho g A_x/\gamma$ ist in tabellarischer und graphischer Form gegeben [18]. Damit läßt sich die Oberflächenspannung bestimmen, wenn gleichzeitig noch die Gesamtlänge z des Tropfens und d_e bekannt sind. Einschränkend muß bemerkt werden, daß für große Wertebereiche eine kleine Änderung von A_x/t^2 eine recht große Veränderung in dem anderen Parameter und damit in der Grenzflächenspannung hervorruft.

Die Zusammenhänge zwischen A_x/t^2 und $-\Delta\varrho g A_x/\gamma$ und anderen Tropfenparametern sind ebenfalls in tabellarischer und graphischer Form gegeben [19].

Am Ende dieses Abschnittes noch einige Bemerkungen zu kritischen Zuständen. Wir wollen in diesem Zusammenhang alle jene so bezeichnen, bei denen der Tropfen von der stützenden Festkörperoberfläche abreißt, bzw. ein Parameter, wie Volumen oder Druck, ein Maximum besitzt [22, 11].

Das erste Verfahren zur Oberflächenspannung basiert auf einer solchen Erscheinung. Das Gesetz von Tate verbindet das Gewicht W des abfallenden Tropfens mit der Oberflächenspannung γ. Es stellt einen empirischen Zusammenhang dar:

$$W = 2\pi t\gamma \tag{11.2.12.}$$

t = Durchmesser der stützenden Oberfläche

Um es zu berichtigen, wird im allgemeinen ein Korrekturfaktor f eingeführt. Insgesamt kann man zu dieser Methode sagen, daß noch ungelöste Probleme der Dynamik des direkten Abreißens anstehen [21], die sich natürlich für hochviskose Polymersysteme nur noch schärfer bemerkbar machen. In dieser Form wurde die Oberflächenspannung von Polymeren unseres Wissens nicht bestimmt.

11.2.5. Die Wilhelmy-Plattenmethode

Entsprechend der Bedeutung der Fragen der Benetzung der Festkörperoberfläche durch das geschmolzene oder gelöste Adhäsiv wurde diese Frage anfangs mit dem liegenden Tropfen intensiv untersucht [23].

Dabei ergaben sich Probleme mit der Dynamik der Gleichgewichtseinstellung. Es treten mindestens zwei Kontaktwinkel auf, der bei fortschreitendem Tropfenrand und der bei zurückweichendem Tropfenrand [24, 27]. Zur Erklärung dieser Erscheinung hat wesentlich die Wilhelmy-Plattenmethode beigetragen. Eine Platte wird mit ihrer Schmalseite in eine Flüssigkeit getaucht und wieder herausgezogen. Dabei werden die Eintauchtiefe, die angreifenden

Kräfte und die kapillare Steighöhe gemessen. Daraus lassen sich der Randwinkel, die Oberflächenspannung der Flüssigkeit und die Grenzflächenspannung der Flüssigkeit zur Platte ermitteln [25]. Die Profillinie des Meniskus an der WILHELMY-Platte wird durch Gl. (11.2.13.) beschrieben. Sie folgt aus der Präzisierung der YOUNG-LAPLACE-Gleichung:

$$a^2 \frac{d(\cos\varphi)}{dz} + 2z = 0 \qquad a^2 = \frac{2\gamma}{\Delta\varrho g} \tag{11.2.13.}$$

a = Kapillaritätskonstante [26]

Als Lösung ergibt sich

$$z = a\sqrt{2}\sin\frac{\varphi}{2} \tag{11.2.14.}$$

$$x = \pm a\sqrt{2}\left(\frac{1}{2}\cot\frac{\varphi}{2} + \frac{\varphi}{2}\right) \tag{11.2.15.}$$

Sie kann noch entsprechend parallel in den x und z verschoben werden, wobei die Plattenoberfläche an der Stelle x_0 zu denken ist, für die gilt

$$\varphi = 90^\circ - \theta,$$

die Platte also mit dem richtigen Randwinkel berührt wird. Damit folgt aus (11.2.14.) sofort die kapillare Steighöhe H in Abhängigkeit vom Randwinkel:

$$H^2 = a^2(1 - \sin\theta) \tag{11.2.16.}$$

Um die an der Platte angreifende Kraft bestimmen zu können, muß eine Energiebilanz des Systems aufgestellt werden. Es wird im folgenden die Abhandlung von RICHTER und VOLKE [25] benutzt. Hier bezeichnen b die doppelte Plattenlänge und d die Dickte der Platte, A die maximale x-Ausdehnung des Meniskus. Mit der Meniskusbildung wächst die Flüssigkeitsoberfläche. Das führt zur Änderung. ΔG_1 der freien Enthalpie:

$$\Delta G_1 = \gamma b \left\{ \int_0^A dx \left(\sqrt{1 + \left(\frac{dz}{dx}\right)^2} \right) - A \right\} \tag{11.2.17.}$$

Gleichzeitig nimmt die potentielle Energie im Schwerefeld zu

$$\Delta G_2 = \Delta\varrho g \left(\frac{b}{2}\right) \int_0^A dx z^2. \tag{11.2.18.}$$

Taucht die Platte die Strecke z_e ein, wird die vorher mit Luft in Verbindung stehende Oberfläche von der Größe $b(z_e + H)$ benetzt:

$$\Delta G_3 = -b(z_e + H)\,\gamma_{sf}, \tag{11.2.19.}$$

wobei γ_{sf} die entsprechende Grenzflächenspannung bezeichnet. Dazu kommen die Beiträge der äußeren Kräfte, des Auftriebs und der Kraft P, mit der die Platte über das Gewicht hinausgehend, gehalten wird:

$$\Delta G_4 = z_e P + \Delta\varrho g d \cdot \frac{b}{4} \cdot z_e^2 \tag{11.2.20.}$$

Die Gesamtänderung der freien Enthalpie ergibt sich aus der Summe der vier Beiträge ΔG_1 bis ΔG_4. Sie wird durch Variation der $z(x)$ und z_e zu einem Minimum gemacht. Man erhält folgende Gleichgewichtsbedingungen:

$$P = b \cdot \gamma_{sf} - \Delta\varrho g d \frac{b}{2} z_e \tag{11.2.21.}$$

$$b\gamma \cos\theta = \Delta\varrho \cdot g \cdot V \tag{11.2.22.}$$

$$\gamma \cos\theta = \gamma_{sf} \tag{11.2.23.}$$

Weiterhin kommt auch das Meniskusprofil richtig heraus, insbesondere (11.2.16.). Große Aufmerksamkeit muß bei dieser Methode den Benetzungsverhältnissen gewidmet werden. Es reicht nicht aus, wie beim hängenden Tropfen lediglich Vorhandensein oder Fehlen festzustellen. Außerdem ist es wichtig, an welcher Stelle des Prozesses welche Flächen wie benetzt sind. Daraus ergeben sich Modifikationen der Grundgleichungen, insbesondere (11.2.21.). Das Gewicht des benetzenden Filmes muß ebenso berücksichtigt werden wie die Änderung des Randwinkels. Gl. (11.2.21.) erhält die Form

$$P = b\gamma - \Delta\varrho g d \frac{b}{2} z_e + \Delta\varrho g \cdot \hbar_{fe} \cdot b(a - z_e) \tag{11.2.24.}$$

d_{fe} ist die Dicke des Flüssigkeitsfilmes und a die maximale Eintauchtiefe; d_{fe} ist aus dem Gewicht der benetzten Platte bestimmbar.

Zur Kraftmessung kann im einfachsten Fall eine Spiralfederwaage verwendet werden. Für Präszisionsmessungen wurde ein leicht modifizierter Instron Universal Tester eingesetzt [28]. Bei der optischen Bestimmung der kapillaren Steighöhe kann die Position des Flüssigkeitsspiegels durch den Abstand einer Spitze und ihres Spiegelbildes festgestellt werden.

In der Regel basieren die Meßverfahren auf dem linearen Zusammenhang zwischen der Kraft P und der Eintauchtiefe z_e [25, 28], die sich bei Benutzung eines Instron recht gut gleichzeitig messen und registrieren lassen.

Literatur

[1] Bashford, F., Adams, J. C.: "*An Attempt to Test the Theory of Capillary Action*", Cambridge University Press (1883)
[2] Fordham, S.: Proc. Roy. Soc. **194** *A* (1948), 1
[3] Wu, S.: J. Colloid Interfacial Science **31** (1969), 153
[4] Huh, C., Scriven, L. E.: Ibid, **30** (1969), 323
[5] Padday, J. F.: Phil. Trans. Roy. Soc. London A **269** (1971), 265
[6] White, D. W. G.: A suppl. to the tables of Bashford and Adams Internal report P. M. 1-67-4 Dept. of Energy, Mines, and Resources, Ottawa Canada (1967)
[7] Padday, J. F.: Pure & Appl. Chem. **48** (1976), 485
[8] Concus, P., Finn, R.: Proc. Nat. Acad. Sci. (Washington) **63** (9169), 292
[9] Princen, H. M.: J. Colloid Interface Sci. **30** (1969), 359
[10] Zettlemoyer, A. C., Aronson, M. P., Wilbinson, M. C.: J. Colloid Interface Sci. **37** (1971), 498
[11] Padday, J. F., Pitt, A.: Phil. Trans. Roy. Soc. London **275 A** (1973), 489
[12] Andreas, J. M., Hauser, E. A., Tucker, W. B.: J. Phys. Chem. **42** (1938), 1001
[13] Roe, R. J., Bacchetta, V. L., Wong, P. M. G.: J. Phys. Chem. **71** (1967), 4190
[14] Document No. 5668 ADI Auxiliary Publ. Project Photoduplication Service, Library of Congress, Washington D. C.
[15] Bender, G. W., Guines, jr., G. L.: Macromolecules **3** (1970), 128
[16] Wu, S.: J. Phys. Chem. **74** (1970), 632
[17] Berger, W., Olbricht, K., Kammer, H.-W.: Faserf. u. Textiltechnik **27** (1976), 9
[18] Arundel, P. A., Bagnall, R. D.: J. Phys. Chem. **81** (1977), 2079
[19] Bagnall, R. D., Arundel, P. A.: Ibid. **82** (1978), 898
[20] Bagnall, R. D., Arundel, P. A.: J. Colloid Interface Sci. **67** (1978), 78
[21] Boucher, E. A., Evans, M. J. B.: Proc. R. Soc. Lond. *A* **346** (1975), 349
[22] Boucher, E. A., Evans, M. J. B., Kent, H. J.: Ibid. **349** (1976), 81
[23] Zisman, W. A.: "*Adhesion Science and Technology*", ed. Lee, L. H., New York, 1975, S. 55ff.
[24] Jiang, T.-S., Oh, S. G., Slattery, J. C.: J. Colloid Interface Sci. **69** (1979), 74
[25] Richter, L., Volke, Ch.: Z. f. wiss. Photographie **54** (1960), 57
[26] Buff, F. P.: „*Handbuch der Physik*“ (ed. Flügge S.) Bd X, S. 281–304
[27] Johnson, R. E., Dettre, R. H., Brandreth, D. A.: J. Colloid Interface. Sci. **62** (1977), 205
[28] Dettre, R. H., Johnson, R. E.: J. Colloid Interface Sci. **21** (1966), 367

11.3. Methoden zur Charakterisierung der geometrischen Gestalt von Festkörperoberflächen

11.3.1. Allgemeines zur Oberflächengeometrie eines Festkörpers

Aus der Praxis ist die Tatsache bekannt, daß beim Verkleben bzw. Beschichten von Werkstoffen in vielen Fällen die Rauhigkeit der Festkörperoberflächen einen nicht unerheblichen Einfluß auf die Festigkeit des Haftverbundes ausübt. Auf diesen Tatbestand wurde an anderen Stellen hingewiesen (vgl. Kap. 4. und 11.4.). Häufig wird durch eine mechanische Vorbehandlung der Festkörperoberfläche, wie z. B. Schleifen, Reiben und Strahlen, mit unterschiedlichen körnigen Materialien, eine bestimmte Rauhigkeit bewußt erzeugt.

Unter Rauhigkeit wird die geometrische Gestalt und der morphologische Zustand der Festkörperoberfläche verstanden. Durch sie wird auch die Ausdehnung der Oberfläche, das heißt die sogenannte wahre Oberfläche, bestimmt, die für mögliche adhäsive Wechselwirkungen in der Grenzflächenschicht eines Verbundes zur Verfügung steht. Es liegt deshalb nahe, diese makroskopischen Strukturen einer Oberfläche möglichst quantitativ zu charakterisieren, um auf diesem Wege die ursächlichen Zusammenhänge zwischen Oberflächengeometrie und Verbundfestigkeit besser aufklären zu können. Das ist zweifellos eine komplizierte Aufgabe, zumal bisher außer der Bestimmung der Ausdehnung und der Rauhtiefe, die beide stark methodenabhängig sind, kaum weitere Kennwerte zur quantitativen Beschreibung der Oberflächengeometrie bekannt sind.

Experimentelle Untersuchungen über den Einfluß der Rauhigkeit auf die Verbundfestigkeit wurden von einer Reihe von Autoren durchgeführt. So weisen z. B. Menges u. Mitarb. [1] eine anfänglich schnelle Zunahme der Verbundfestigkeit mit größer werdender Rauhtiefe nach. Sie führen diese Beobachtung zwar primär auf eine mechanische Aktivierung der Oberfläche und erst sekundär auf eine Vergrößerung der wahren Oberfläche zurück, lassen aber offen, wie sich eine mechanisch bearbeitete Oberfläche mit einer bestimmten Rauhtiefe nach längerer Lagerung vor der Beschichtung verhält. Gleichzeitig konnte festgestellt werden, daß beim Überschreiten einer Rauhtiefe von ca. 30 µm ein Verbundfestigkeitsabfall auftritt. Diese Tatsache wird mit einem sogenannten „Kerbeffekt“ interpretiert.

Vorstellbar ist außerdem, daß bei einer Beschichtung mit einem flüssigen Adhäsiv nicht alle Vertiefungen gleichmäßig ausgefüllt werden und in der Folge Hohlräume bestehen bleiben. Mit anderen Worten: nicht die gesamte zur Verfügung stehende Oberfläche wird für Wechselwirkungen wirksam. Matting und Ulmer [2] sowie Zorll [3] und Kaliske [4] kamen zu ähnlichen Ergebnissen. In der Interpretation gibt es jedoch unterschiedliche Meinungen, was den Stand der Kenntnisse zu diesem wichtigen Problem der Adhäsionsforschung kennzeichnet. In Kap. 4. wurde darauf bereits eingegangen.

Die Notwendigkeit der genaueren Kenntnis der geometrischen Struktur der Oberfläche ergibt sich auch aus den theoretischen und experimentellen Betrachtungen der Bruchmechanik bei der Zerstörung eines Verbundes. Danach bestimmt die Form, man kann auch sagen das Relief, in erheblichem Maße die Art des während einer Beanspruchung der Grenzschicht entstehenden Spannungsfeldes. Verantwortlich dafür ist der Einfluß von Hohlräumen, deren Entstehung bei der Verbundbildung durch ein ausgeprägtes Oberflächenrelief begünstigt wird (vgl. dazu auch Abb. 3.4. in Kap. 3.). Es können sich in der Folge Spannungsspitzen herausbilden, die wesentlich größer als die von außen angreifende Spannung sind, und folglich die zum Bruch notwendige Nennspannung wesentlich herabsetzen.

Die Berechnung des Spannungsfeldes, daß sich infolge von Oberflächenrauhigkeiten ausbildet, erscheint mit herkömmlichen Methoden bisher nicht möglich. Es bleibt deshalb als wesentliches Vorhaben, die Ausdehnung realer Festkörperoberflächen experimentell zu bestimmen, um sie dann in eine analytische Beziehung zu Adhäsionsparametern bringen zu können.

Da eine Oberfläche nur innerhalb eines kontinuierlichen Modellkörpers erklärbar ist, reduziert sich die experimentelle Aufgabe auf die phänomenologische Bestimmung von Festigkeiten bezogen auf eine gegebene Fläche.

Wenn davon ausgegangen wird, daß reale Festkörperoberflächen immer rauhe Oberflächen darstellen, bedarf die experimentelle Charakterisierung der Oberflächengeometrie in Zukunft weiterer Aufmerksamkeit. Abweichungen des Profils von einer ideal glatten Gestalt der Oberfläche werden mit verschiedenartigen Methoden untersucht. Im folgenden sollen ausgewählte experimentelle Methoden zur Charakterisierung der Oberflächengeometrie behandelt werden.

11.3.2. Optische Methoden

Eine der einfachsten, aber häufig benutzten Methoden ist die durch Lichtmikroskopie vorgenommene optische Abbildung einer Festkörperoberfläche. Sie vermittelt lediglich einen qualitativen Eindruck über das Oberflächenprofil und bietet kaum Ansatzpunkte für die Ableitung von Korrelationen zur Verbundfestigkeit.

Erst durch die Anwendung hochentwickelter elektromikroskopischer Methoden und die Entwicklung von leistungsstarken automatisierten Bildauswerteverfahren wird es zunehmend möglich, quantifizierbare Aussagen über das Profil einer Festkörperoberfläche zu erhalten. So eignet sich z. B. die Rasterelektromikroskopie aufgrund ihrer Tiefenschärfe zur Anfertigung von Stereoaufnahmen. Sie vermitteln ein plastisches Bild von der Oberfläche. In

Abb. 11.3.1. ist ein solches Bild einer realen Stahloberfläche wiedergegeben. Eine andere Aufnahmetechnik zeigt Abb. 11.3.2. Daß beim Schleifen dieser Stahloberfläche nicht nur die Erhebungen abgetragen werden, sondern auch Vertiefungen entstehen oder freigelegt werden, zeigt Abb. 11.3.3. Aus diesen Beispielen, s. [5], wird die Leistungsfähigkeit der Methode deutlich.

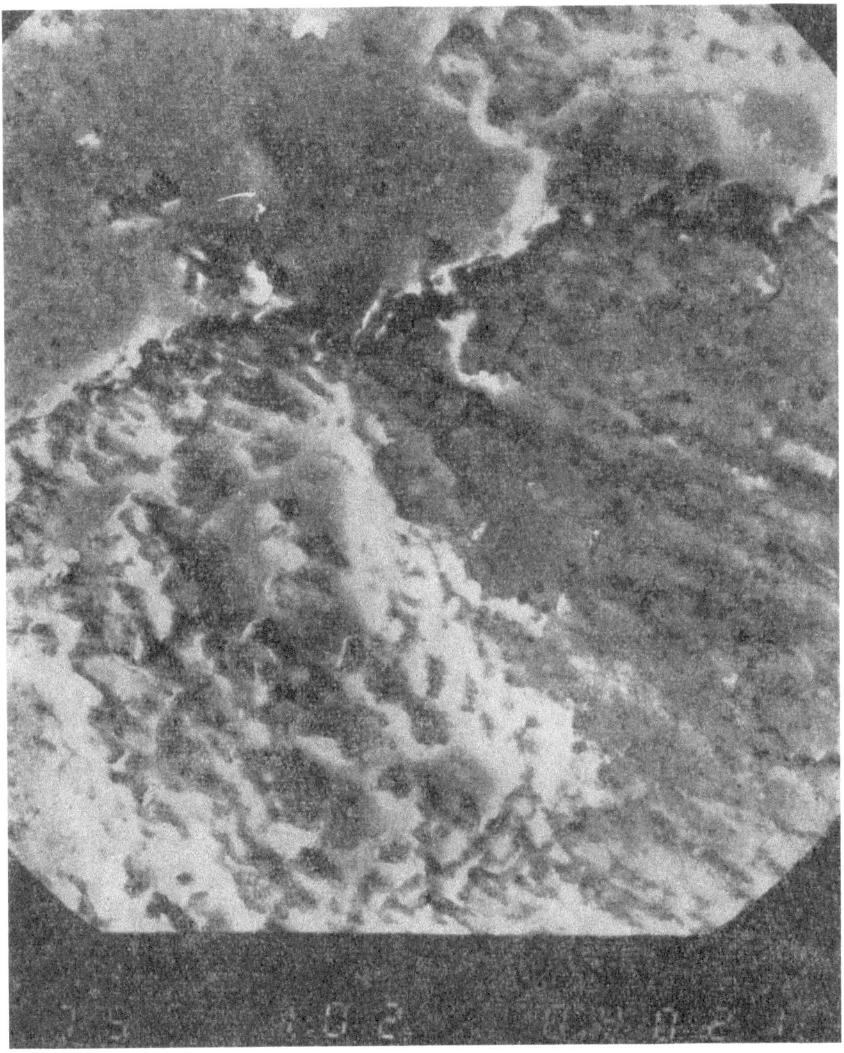

Abb. 11.3.1.: Oberflächenausschnitt von feuerverzinktem Stahlblech.

REM-Aufnahme, Vergrößerung: 1000fach

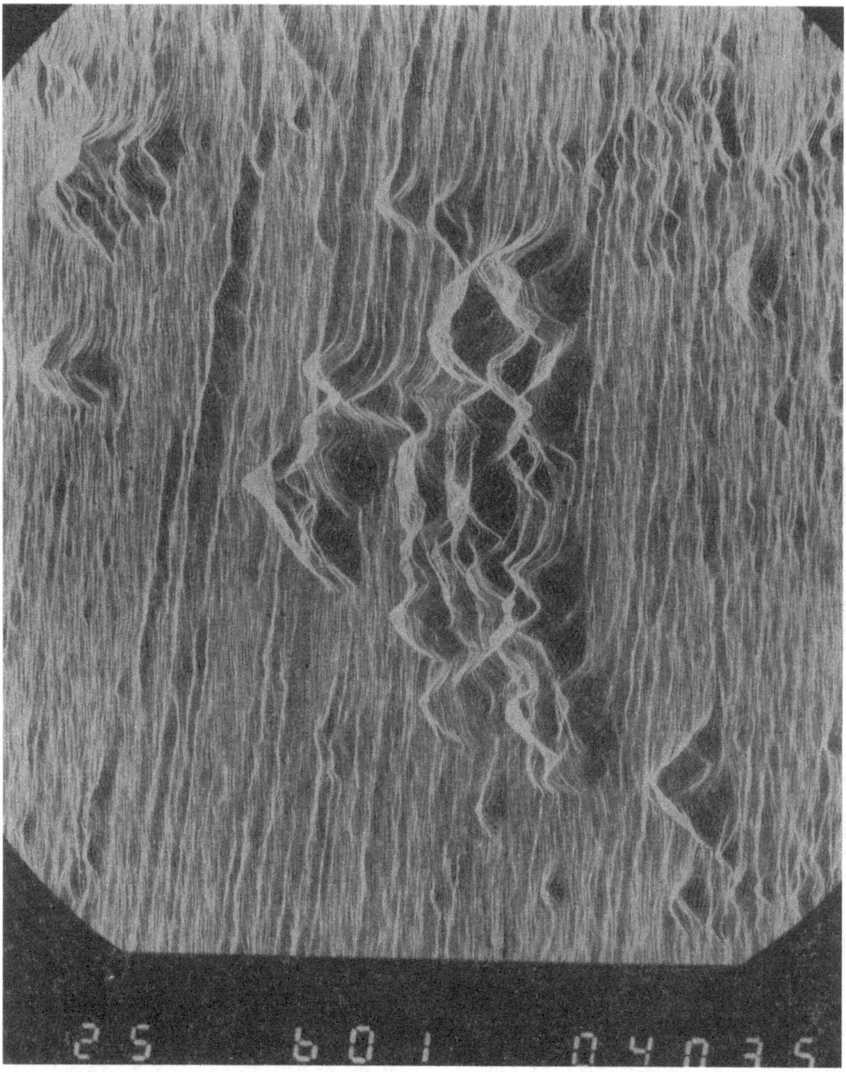

Abb. 11.3.2.: Oberflächenausschnitt von kaltgewalztem Stahlblech.
REM-Aufnahme Vergrößerung: 600fach

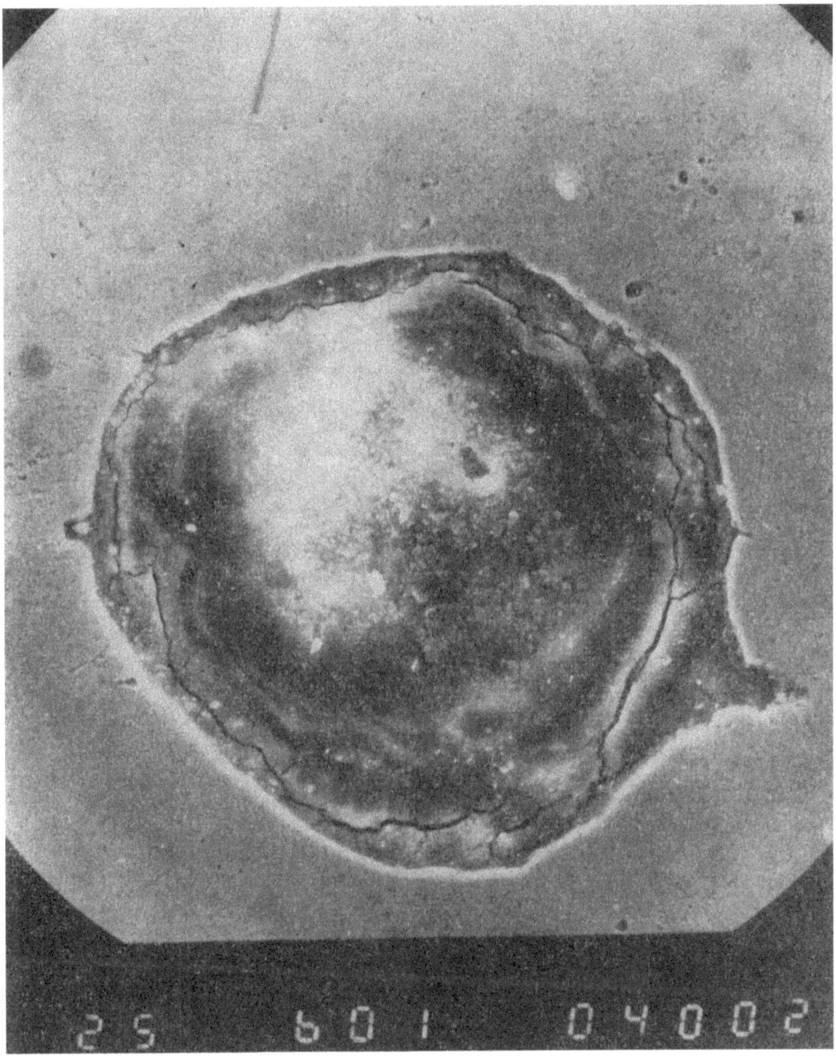

Abb. 11.3.3.: Oberflächenausschnitt von kaltgewalztem Stahlblech, das mit einer Al_2O_3/H_2O-Dispersion im Metapolan geschliffen wurde.
REM-Aufnahme, Vergrößerung: 600fach

11.3.3. *Rauhtiefemessung — Stylusmethode*

Die Rauhtiefemessung an einer Festkörperoberfläche gehört zu den Standardmethoden der Oberflächencharakterisierung. Sie wird als Stylusmethode bezeichnet und erlaubt im Rahmen ihrer Grenzen die Untersuchung von Form und Ausdehnung einer Oberfläche. Das Prinzip der Methode besteht darin, daß mit Hilfe eines feinen Stiftes das Oberflächenprofil abgetastet wird. Die Aufzeichnung der Bewegung des Stiftes vermittelt einen Kurvenverlauf, der das Profil entlang der abgetasteten Strecke charakterisiert. Eine genügend hohe Anzahl von Wiederholungen sichert ein statistisches Ergebnis. Die Grenze der Methode liegt in seinem Auflösungsvermögen, welches im wesentlichen durch den Durchmesser des Stiftes vorgegeben ist. Ein typisches Diagramm einer Rauhtiefemessung ist in Abb. 11.3.4. wiedergegeben.

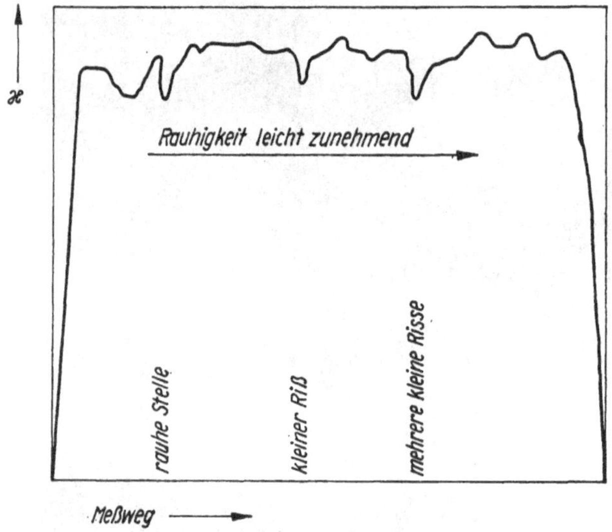

Abb. 11.3.4.: Typisches Diagramm einer Rauhtiefemessung.

11.3.4. *Porosimetrie*

In manchen Fällen hat man es mit Festkörpern zu tun, deren Oberfläche eine gewisse Porosität besitzt. Es ist verständlich, daß derartige Oberflächen gegenüber einem flüssigen Adhäsiv ein anderes Verhalten zeigen als dichte Oberflächen. Aus diesem Grunde sind Aussagen über den Grad und den Umfang der Porosität besonders wichtig. In Abhängigkeit von der Größe der Poren erfolgt das Eindringen des flüssigen Adhäsivs als Funktion der Zeit, des Druckes und der Viskosität. Letztlich vergrößert sich praktisch in Korrelation zur Porosität die für adhäsive Wechselwirkungen zur Verfügung stehende wahre Oberfläche und hat damit Einfluß auf die Verbundfestigkeit. Zur Bestimmung der Porosität werden die bekannten klassischen Methoden, wie die Quecksilberporosimetrie [6], die auf der Messung der das Porenvolumen ausfüllenden Quecksilbermenge beruht, oder Methoden, die eine verdrängte Gasmenge bestimmen, angewendet.

11.3.5. Rauhigkeit und Benetzungsverhalten

Um Zusammenhänge zwischen Rauheit der Oberfläche und Benetzungsverhalten zu ermitteln, haben Huh und Mason [8] ein vereinfachtes Modell entwickelt. Sie gehen dabei von einem kreisförmig-konzentrischen Oberflächenprofil aus, von dessen Zentrum sich ein als Kugelkalotte angenommener Tropfen des benetzenden flüssigen Materials ausbreitet.

Diese Modellvorstellung ist einfach, ihre Anwendung auf reale Systeme jedoch noch nicht ausreichend entwickelt. Die der Realität mehr entsprechenden Profilformen sind nur nach näherungsweisen Beziehungen oder auf statistischem Wege zu erfassen. Sie führen im Prinzip auf die bereits von Wenzel [7] gegebene Relation zurück (vgl. auch Kap. 5.2.), allerdings mit einem zusätzlichen Faktor, der Oberflächen-Texturen Rechnung trägt.

Die bisher in der Literatur dargestellten Ergebnisse zu diesem Komplex lassen weitere gezielte Untersuchungen zur möglichen Charakterisierung der Rauhigkeit einer Festkörperoberfläche durch Benetzungsmessungen erwarten.

11.3.6. Zusammenfassende Wertung der Methoden

Zunächst sei grundsätzlich festgestellt, daß die Angabe eines Kennwertes, der die Geometrie einer Festkörperoberfläche betrifft, nur bei gleichzeitiger Nennung des angewandten Prüfverfahrens erfolgen sollte. Das ist deshalb notwendig, weil jede Charakterisierungsmethode nur ein ihr eigenes Auflösungsvermögen besitzt und folglich nur Strukturen in den Grenzen dieser Auflösung abbildbar sind. Die Angabe von Flächenkennwerten hat deshalb in gewissem Maße willkürlichen Charakter, solange keine Beziehung zwischen der durch das Problem vorgegebenen Strukturebene und dem Auflösungsvermögen der Methode besteht.

Die Unsicherheit der mit den genannten Methoden erzielten Ergebnissen wird deutlich, wenn z. B. im Falle der Rauhigkeitsbestimmungen durch verschiedene Methoden an ein und demselben Objekt stark differierende Werte erhalten werden. Da mit zunehmender Rauhigkeit die Oberfläche größer wird, können sich die Ergebnisse manchmal um ein Vielfaches unterscheiden.

Mit dem Ziel der Bestimmung von Verbundfestigkeiten wäre eine Messung mit einem Auflösungsvermögen wünschenswert, das die Größenordnung der beim adhäsiven Kontakt wechselwirkenden Flächen abbilden könnte. Alle bisherigen Methoden erfüllen noch nicht die hohen Anforderungen an eine quantitative Charakterisierung der Geometrie der Festkörperoberfläche. Es wird eine Aufgabe der Zukunft sein, hier weitere bemerkenswerte Fortschritte zu erzielen.

Literatur

[1] Menges, G., Stoll, F.: Farbe und Lack **81** (1975), 204
[2] Matting, R., Ulmer, K.: Kautschuk und Gummi, Kunststoffe **16** (1963), 213, 280
[3] Zorll, U.: Adhäsion **18** (1974), 68; **22** (1978), 320
[4] Kaliske, G.: Plaste und Kautschuk **18** (1971), 446
[5] Bischof, C., Possart, W., Kapelle, R.: Neue Hütte, im Druck
[6] Jüntgen, H., Schwuger, M.: Chem. Ing. Technik **38** (1966), 1271
[7] Wenzel, R. N.: Ind. Eng. Chem. 28 (1936), 963
[8] Huh, C., Mason, S. G.: J. Coll. Interf. Sc. **60** (1977), 11

11.4. Methoden zur Bestimmung der Verbundfestigkeit

11.4.1. Verbundfestigkeit — Begriff und Interpretation

Die Begriffe Haftung und Haftfestigkeit gehören heute zum selbstverständlichen Sprachschatz jener, die sich in irgendeiner Form mit der Herstellung und Applikation von Verbunden gleicher oder unterschiedlicher Werkstoffe bzw. Stoffsysteme durch Kleben, Beschichten, Anstreichen und Lackieren oder Füllen und Verstärken von Polymeren befassen. In all diesen Fällen denkt man bei dem Gebrauch dieser Begriffe immer an eine bestimmte Festigkeit der Verbunde.

Im Kap. 2. wurde das Wesen dieser Begriffe definiert. Danach muß aus exakter physikalischer Betrachtung zwischen Haftfestigkeit σ_H als einem qualitativen Begriff und Verbundfestigkeit σ_V als einem quantifizierbaren Begriff unterschieden werden. Während bei ersterem die experimentell nicht zugängliche innere Kraft F_i pro Flächeneinheit in den Quotienten eingeht, ist es bei letzterem die meßbare äußere Kraft F_a. Man mißt also eine Festigkeit des Verbundes, die als summarischer Ausdruck für eine mechanische Festigkeit steht. Sie ist nur bedingt mit der Haftfestigkeit vergleichbar.

Für die experimentelle Ermittlung der Verbundfestigkeit wurden etliche qualitative und mechanisch begründete quantitative Prüfmethoden entwickelt. Im Abschn. 11.4.3. werden die wichtigsten erfaßt und hinsichtlich ihrer Aussagefähigkeit kritisch gewertet.

11.4.2. Wichtige Einflußfaktoren auf die Verbundfestigkeit

Die bei jeder Festigkeitsuntersuchung an Verbundkörpern ermittelte Größe wird u. a. durch die chemischen und physikalischen Wechselwirkungskräfte in der Grenzschicht bestimmt. Wie bereits erwähnt, ist die Ausbildung und Struktur der Grenzschicht abhängig vom physikalischen und chemischen Zustand der Oberflächenschicht der adhärierenden Phasen. Daraus ergeben sich

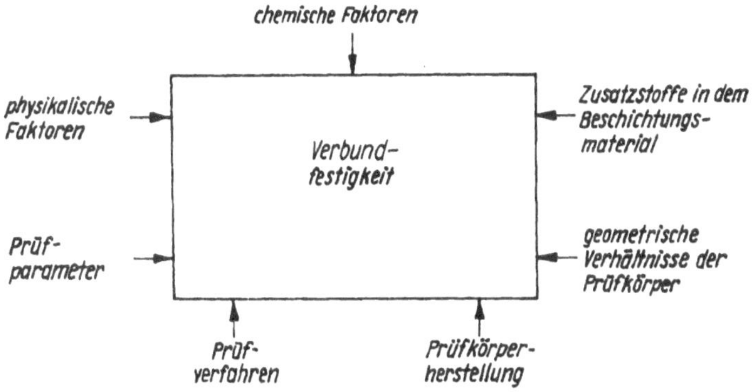

Abb. 11.4.1.: Schematische Erfassung der Haupteinflußgrößen auf die Haftfestigkeit [1].

die einzelnen Einflußfaktoren physikalischen oder chemischen Ursprungs. In diese Kategorie sind sowohl sorptiv gebundene Fremdstoffe an der Adhärensoberfläche als auch Zusatzstoffe wie Pigmente, Füllstoffe, Stabilisatoren und andere im Adhäsiv eingeschlossen. Nicht zu unterschätzen ist die Beeinflussung des gemessenen Festigkeitswertes durch die Spannungszustände im Polymerfestkörper und das Prüfverfahren, die Prüfbedingungen und die reproduzierbare Herstellung des Prüfkörpers. In Abb. 11.4.1. sind die Haupteinflußgrößen auf die Haftfestigkeit schematisch zusammengefaßt.

An einem konkreten System, einem Metall-Polymer-Verbund, soll die Vielfalt der zu berücksichtigenden Einflußfaktoren deutlich gemacht werden. Wir haben deshalb als Beispiel den Verbund Bandstahl/Haftvermittler/PVC ausgewählt.

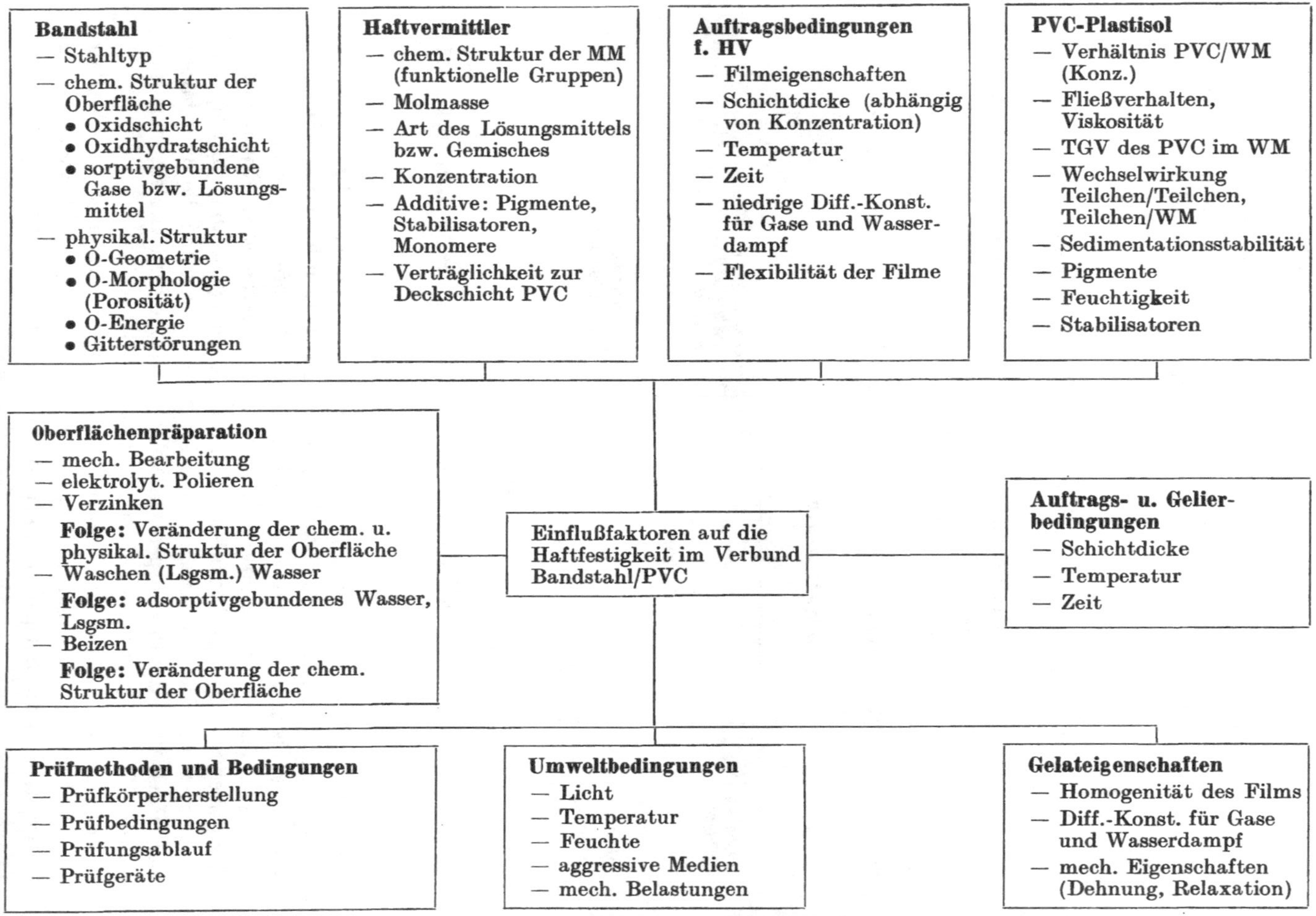

Abb. 11.4.2.: Einflußfaktoren auf die Haftfestigkeit im Verbund Bandstahl/PVC [4].

Aus den in Abb. 11.4.2. ersichtlichen Einflußfaktoren auf die Haftfestigkeit in dem genannten Dreischichtverbund (vgl. Abb. 11.4.3.) (drei homogene Phasen und zwei Grenzschichtbereiche) ist die komplexe Wirkung und die komplizierte experimentelle Untersuchung ablesbar [1—4].

Über die Widersprüchlichkeit der Aussagen in der Literatur hinsichtlich des Einflusses einzelner Parameter auf die Haftfestigkeit gibt Tab. 5 einen Überblick. Auch daraus geht hervor, wie notwendig es ist, durch grundlegende systematische Untersuchungen an definierten Modellen verallgemeinerungswürdige Ableitungen zu erzielen.

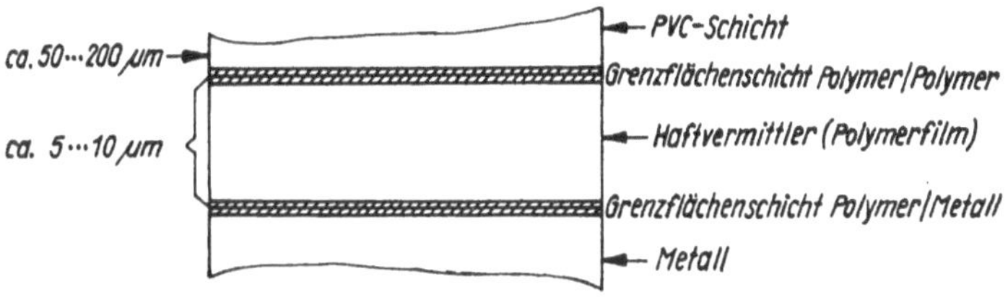

Abb. 11.4.3.: Schematische Darstellung des Schichtenaufbaues im Verbundsystem Bandstahl/Haftvermittler/PVC [5].

11.4.3. *Prüfverfahren zur Beurteilung der Verbundfestigkeit*

Da bei den in der Praxis zur Anwendung kommenden Verbundsystemen die Verbundfestigkeit oftmals die Kohäsionsfestigkeit einer der Verbundkomponenten übersteigt, ist zu beachten, daß die Verbundfestigkeit gemäß der Definition in Kap. 2. durch die mechanischen Verfahren nur dann gemessen werden kann, wenn Adhäsionsbruch eintritt.

Durch die Tatsache, daß bei den Verbundfestigkeitsuntersuchungen sowohl Adhäsions- als auch Kohäsionsbruch auftreten kann, sind nicht nur die Einflußfaktoren auf die Adhäsion von Interesse, sondern auch jene, die die Festigkeit der Grenzschicht zwischen Beschichtung und Substrat beeinflussen.

Im folgenden werden die Prinzipien der wichtigsten Prüfverfahren erläutert und aus Gründen einer besseren Anschaulichkeit Beispiele aus der Gruppe der Metall-Polymer-Verbunde benutzt.

Aufgrund der diesen Verbunden eigenen physikalischen und chemischen Strukturen zeigen beide Werkstoffe ein unterschiedliches Verhalten bei mechanischer Beanspruchung zwischen Spannung und Verformung. Deshalb wird die bei den verschiedenen zur Anwendung kommenden Prüfverfahren, die auf unterschiedlichen mechanischen Beanspruchungen beruhen (zerstörende Prüfverfahren), ermittelte Verbundfestigkeit sehr stark differieren und nicht un-

Tabelle 5: Auswahl von Einflußparametern auf die Haftfestigkeit

Eigenschaften des Beschichtungsmaterials	Eigenschaften des Substrates	Proben-Präparation
Molmasse ↑		
Pigment-Zusätze ↑		
Weichmacher-Zusätze ↑		
Stabilisator-Zusätze ↑		
Diffusionskonstante ↑		
E-Modul ↓		
Verdunstungsgeschwindigkeit des Lösungsmittels ↑		
Abkühlung der Beschichtungsschmelze ↑		
Schichtdicke ↑		
Oberflächenspannung	Oberflächenspannung	Differenz der Oberflächenspannungen ↑
	Oxidation ↑	
	Sorptionsverhalten ↑	
	Rauhtiefe der Oberfläche (Geometrie der Oberfläche) ↑	
	Substratdicke ↓	
		Aus der Lösung: Polymerkonzentration ↓
		Aus der Lösung: Polarität des Lösungsmittels ↑
		Differenz der Wärmeausdehnungskoeffizienten ↑
		Anpreßdruck ↑
		Beschichtungstemperatur ↑
		Klebschichtdicke ↑

Prüfeinflüsse	Eintretender Effekt	Einfluß auf Haftfestigkeit		
		steigend	kein Einfluß	fallend
	Diffusion der freien Kettenenden ↓		[4, 35]	[36, 56]
	Zahl der freien Kettenenden ↑	[9]	[17]	
	Beweglichkeit der Moleküle ↓			[53]
	Viskosität ↑	[34]		[2]
	Schwachstellen ↑			[47, 49]
	Diffusion ↓	[7, 19]	[17, 44]	
	Eindringen in Poren ↑	[6, 23]	[17]	[17]
				[10, 13, 26]
	Unterrostung ↑			[4, 14, 27, 28]
	Blasenbildung ↑			[32, 39, 41]
	Innere Spannungen ↑	[4]		[53]
	Innere Spannungen ↑	[12]		[32, 53]
	Mikrohohlraumbildung			
	Innere Spannungen ↑			
	Volumenkontraktion	[3]	[4, 31, 37]	[18]
	Fehlstellenzahl ↑	[44]	[4, 12, 17]	[3, 5, 23, 49]
	Innere Spannungen ↑			[50]
	Ungleiche Spannungsverteilung ↑			
	Innere Spannungen ↑		[16, 40, 45]	[4, 15, 22, 42]
	Benetzbarkeit ↓			[46, 58]
	Dipolkräfte ↑	[51]		
	Wirksame Oberfläche ↑	[11, 51, 55]		
	Wirksame Oberfläche ↑	[30, 44]	[38]	
	Kerbwirkung ↑			
Durchbiegung des Substrates ↑	Spannungsverfälschung ↑			[23, 24, 54]
	Viskosität ↓	[2]		
			[4]	[14]
	Innere Spannungen ↑			[21, 22, 43, 50]
	Kontaktfläche ↑	[8, 24, 52]	[12, 24]	
	Ausfüllen der Unebenheiten ↑			
	Beweglichkeit der	[22, 36, 48]		
	Makromoleküle ↑	[20]	[12]	[24, 29, 37]
Zerreiß-geschwindigkeit ↑		[8, 20, 23 24, 44, 54]	[56]	
Temperatur ↑	Beweglichkeit der Makromoleküle (Herausziehen aus Oxidschicht) ↑		[1, 57]	[24, 25, 29, 33, 59]
Feuchte ↑				[7]

Literaturzusammenstellung

[1] AHARONI, S. M.: Int. J. Pol. Mol. **6** (1977), *1/2*, 39
[2] ALTER, H.: Ind. Eng. Chem. **50** (1958) *6*, 921
[3] AUERBACH, D.: Plaste u. Kautschuk **23** (1976), 374
[4] BAGDA, E.: Farbe u. Lacke **84** (1978) *6*, 403
[5] BASSL, A.: Forsch.-Ber. Nr. 06.06.2.02.04; TU Dresden
[6] BERGER, W.: Farbe u. Lacke **27** (1966), 758
[7] BERGER, W.: Farbe u. Lacke **78** (1972) *12*, 1200
[8] BISTER, E.: Kautschuk u. Gummi, Kunststoffe **29** (1976) *9*, 527
[9] BISTER, E.: Diplomarbeit Clausthal, 1973
[10] BRIGGS, D.: European Polym. J. Bd. **14** (1978), 1
[11] BROCKMANN, W.: Adhäsion (1969) *9*, 335; *11*, 448
[12] BROCKMANN, W.: DFBO-Mitt. 8/71
[13] BROCKMANN, W.: Adhäsion (1975) *1*, 4
[14] CADA, O.: Adhäsion (1974) *2*, 41
[15] DYCKERHOFF: Die angew. Makrom. Chem. **21** (1972), 169
[16] EHRENTRAUT: Metalloberflächen **22** (1968), 289
[17] ENGEL, J. H., FITZWATER, R. N.: Adhesion and Cohesion (1962), 89–100
[18] FRIEDRICH, J.: Acta Polym. **31** (1980) *1*, 59
[19] FUNKE, W.: defazet **23** (1969) *11*, 517
[20] GARDON, J. L.: J. Appl. Polym. Sci. **7** (1963), *2*, 625; 643
[21] GERBET, A.: IFL-Mitt. **10** (1971), *2*, 71
[22] GEISSLER, CH.: Plaste u. Kautschuk **26** (1979) *9*, 532
[23] GÖLLNER, J. u. GARZ, I.: Plaste und Kautschuk **22** (1975), *10*, 827
[24] GÖLLNER, J. u. GARZ, I. u. STUTTERHEIM, M.: Wiss. Z. TH Magdeburg **19** (1975) *4*, 311
[25] HUNTSBERGER, J. R.: J. Paint Techn. **39** (1967), 199
[26] JEGORENKOW, N. T.: Adhäsion **7** (1976), 269
[27] KESTELMAN, W. N.: Plaste u. Kautschuk **22** (1975) *11*, 907
[28] KRESSE, P.: defazet **32** (1978) *11*, 419
[29] LASOSKI, S. W. u. KRAUS, G.: J. Polym. Sci. **18** (1955) *89*, 359
[30] LEE, L. H.: J. Pol. Sci. *A-2* **5** (1967), 751
[31] LOSSEW, W. P.: Plst. Mas. (1975) *3*, 44
[32] MALLOY, A. M.: Paint Oil Chem. Rev. **11** (1953), 14, 26
[33] MARKIN, J. I.: Vys. Mol. Soed. **22** (1962), 299
[34] MAY, W. D., SMITH, N. D. P. u. SNOW, C. I.: Trans. Inst. Metal Finishing **34** (1957), 369
[35] MAYRHOFER, R. C.: Die angew. Makr. Chem. **20** (1971), 153
[36] MC LAREN: J. Pol. Sci. **3** (1948) *9*, 527
[37] MEISSNER, H. P. u. MERRILL, E. W.: ASTM Bull. **151** (1948), 80
[38] MENGES, G.: Farbe u. Lacke **81** (1975), 204
[39] MENGES, G.: Kunststoffe **66** (1976) *8*, 487
[40] MEUTHEN, B.: Metalloberflächen **21** (1967), 33
[41] PETERS, H.: Plaste u. Kautschuk **24** (1977), 209
[42] POTENTE, H.: Farbe u. Lack **84** (1978), 72
[43] PRIEST, J. R.: Rev. Sci. Instr. **32** (1961), 1349
[44] REEGEN, S. L. u. ILKKA, G. A.: „*Adhesion and Cohesion*", Elsevier Publ. Co. 1962
[45] REINIGER, H.: Metalloberflächen **18** (1964), 45
[46] SCHLEGEL, H.: Plaste u. Kautschuk **20** (1973) *6*, 420
[47] SCHONHORN, H.: J. appl. Pol. Sci. **23** (1979), 687
[48] SCHWEIZER, G.: Kunststoffe **70** (1980) *1*, 36
[49] STANGE, H.: Plaste u. Kautschuk **26** (1979) *8*, 464
[50] STERNECK, D.: Exp. Techn. Physik XVIII (1970) *2*, 105
[51] TYLOR, D.: Ind. Eng. Chem. **50** (1958) *6*, 928
[52] TENTSCHEV, CHR.: Plaste u. Kautschuk **18** (1971) *12*, 924
[53] WALTER, A.: Plaste u. Kautschuk **17** (1970) *8*, 600
[54] WAPLER, D.: Farbe u. Lacke **82** (1976) *7*, 589
[55] WEIGEL, K.: Werkst. u. Korros. **29** (1978), 34
[56] VOYUCKIJ, S. S.: J. app. Pol. Sci. **7** (1963), 475
[57] VOYUCKIJ, S. S.: Adhäsion **10** (1965) *4* 157
[58] ZISMAN, W. A.: Ind. Eng. Chem. **55** (1963) *10*, 19
[59] ZORLL, U.: Fette, Seifen, Anstrichmittel **70** (1968) 12, 961

mittelbar vergleichbar sein. Die für die Verbundfestigkeitsermittlung bevorzugte Prüfmethode muß sich deshalb nach dem Einsatz des Metall-Polymer-Verbundes richten. So ist die Festigkeit zwischen Metall und Polymeren davon abhängig, ob dieser Verbund im praktischen Einsatz, z. B. auf Zug, Biegung, Torsion oder Wechselbeanspruchung beansprucht wird [5].

Alle Prüfmethoden zur Bestimmung der Verbundfestigkeit sind zerstörende Prüfverfahren. Sie lassen sich nach einem Vorschlag von F. WINKLER [6] in Verfahren mit und ohne Messung der Haftkraft einteilen. Eine ähnliche Klassifizierung in „zerstörende relative Verfahren“ und „zerstörende absolute Verfahren“ erfolgte durch NITZSCHE [7]. Die erstgenannten Prüfverfahren werden zu den sogenannten technologischen Methoden gezählt und die Verfahren, bei denen eine Festigkeit ermittelt wird, erfaßt man unter mechanischen Prüfmethoden, da durch sie die Messung von physikalischen Größen erfolgt.

11.4.3.1. Technologische Prüfverfahren

Zu dieser Gruppe der Verbundfestigkeitsprüfverfahren zählen:

1. Parallelschnittverfahren
2. Gitterschnittverfahren
3. LX-Schnittverfahren
4. Fingernagelprüfung
5. Spanprüfung nach PETERS
6. Steinschlagverfahren
7. Biegeverfahren mit konstantem Biegeradius ohne Einschnitte
8. Biegeverfahren mit variablem Biegeradius ohne Einschnitte
9. Biegeverfahren mit konstantem Biegeradius und Gitterschnitt
10. Tiefungsverfahren nach ERICHSEN
11. Tiefungsverfahren mit Kreuz- und Gitterschnitt
12. Verfahren mit fallendem Massestück und Gitterschnitt
13. Schlag-Keil-Biegeverfahren
14. Schlagkugelkalottenverfahren mit konstanter Dehnung
15. Bleistifthärte
16. Klebstreifentest

Die mit diesen Verfahren ermittelten Verbundfestigkeiten, bei denen zum Teil nur nach gut und schlecht unterschieden werden kann, tragen sehr starken subjektiven Charakter, worauf ihre schlechte Vergleich- und Reproduzierbarkeit zurückzuführen ist. Die technologischen Prüfverfahren haben ihre Bedeutung in der Produktionskontrolle, da es hier auf eine schnelle und einfache Abschätzung der Qualität des Verbundes ankommt.

Zur Entwicklung von neuen Beschichtungssystemen bzw. zur wissenschaftlichen Aufklärung der Adhäsionsphänomene sind die aufgeführten Verfahren vollkommen ungeeignet, da es sich hier um Beanspruchungskollektive handelt, die wohl Rückschlüsse auf die Festigkeit zulassen, aber keine objektive, zahlenmäßige Zuordnung und Einteilung ermöglichen. Da bei den technologischen Prüfverfahren mehrere Beanspruchungen gleichzeitig auftreten, ist es schwierig, die Eigenschaftsänderung des Verbundes den einzelnen Beanspruchungselementen zuzuordnen, wodurch eine Interpretation der Prüfergebnisse erschwert wird [8]. Sie stellen eine qualitative Ergänzung zu den mechanischen Verfahren dar, weil die dort auftretenden Beanspruchungen in ihrer Komplexität denen in der Praxis sehr nahe kommen.

11.4.3.2. Mechanische Prüfverfahren

Zu den bekannten mechanischen Verbundfestigkeitsprüfverfahren gehören:

1. Stirnabreißversuch
2. Ollard-Test
3. Zugscherversuch
4. Ringscherversuch
5. Faserausreißversuch
6. Schälversuch
7. Torsionsversuch
8. Aufblasverfahren
9. Impulsverfahren

Wegen der Bedeutung der aufgeführten Prüfverfahren für die Ermittlung der Verbundfestigkeit sollen sie näher beschrieben und ihr Einfluß auf die Größe der Verbundfestigkeit diskutiert werden.

Mit diesen Prüfverfahren werden Kennwerte für die Verbundfestigkeit ermittelt, die physikalisch begründbar sind.

Bei der Verformung der Beschichtung tritt vor dem Ablösen meistens nicht nur ein elastischer, sondern auch ein plastischer Verformungsanteil auf. Der Übergang vom elastischen zum plastischen Verhalten erfolgt nach Berger [9] bei Zugbeanspruchung in allen Bereichen der Beschichtung gleichmäßig, während dies z. B. bei Torsionsbeanspruchung nicht der Fall ist, da dort die vom Torsionszentrum weiter entfernt liegenden äußeren Bereiche stärker beansprucht werden. Die sich ausbildenden Spannungsfelder nehmen im allgemeinen vom Zugversuch über den Scherversuch zum Torsionsversuch an Kompliziertheit zu.

Eine der wichtigsten Prüfmethoden ist der Stirnabreißversuch.

11.4.3.2.1. Stirnabreißversuch

Das Wesen des Stirnabreißverfahrens besteht in dem Prinzip der Trennung des Verbundes durch eine senkrecht zur Haftverbindung einwirkende Kraft.

Die Durchführung des Experimentes kann nach den in Abb. 11.4.4. dargestellten drei möglichen Anordnungen des Prüflings erfolgen. Im Fall *a*), der sogenannten Sandwich-Anordnung, wird ein zylindrisches Prüfstempelpaar mit Hilfe eines geeigneten Klebstoffes auf der Ober- und Unterseite des Verbundes senkrecht zueinander verklebt und nach Aushärtung des Klebers in einer beliebigen Zerreißmaschine die Festigkeit bestimmt.

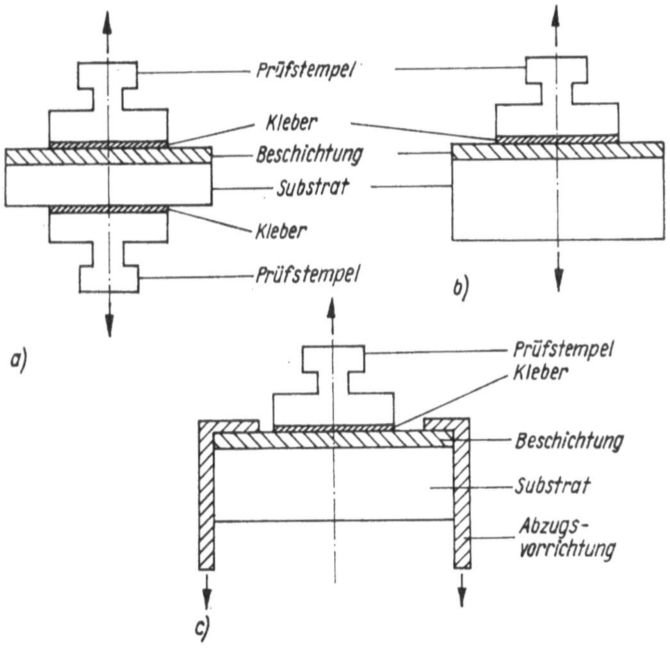

Abb. 11.4.4.: Schematische Darstellung der Prüfanordnungen beim Stirnabreißversuch.

Im Fall *b*) ist die Verklebung nur eines Prüfstempels, nämlich auf der beschichteten Oberfläche, erforderlich. Voraussetzung ist, daß die Substratabmessung, d. h. deren Schichtdicke, eine direkte Krafteinleitung zuläßt.

Die Anordnung *c*) demonstriert die Möglichkeit des Abreißversuches bei indirekter Krafteinleitung.

Für alle drei Fälle gilt die Grundvoraussetzung, daß die Festigkeit der Kleb-Verbindung immer größer sein muß als die Festigkeit zwischen Substrat und Beschichtung.

Da im Stirnabreißversuch die äußere Kraft senkrecht zur Kontaktfläche der Verbundpartner einwirkt, stellt die Verbundfestigkeit eine Normalspannung dar.

Die Besonderheit dieser Prüfmethode liegt in der Möglichkeit der Durchführung der Prüfung am Originalverbund.

Nach diesem Prüfprinzip sollten bei exakter Ausführung die sichersten Informationen über die Verbundfestigkeit erwartet werden. Die praktische Durchführung der Experimente ließ jedoch erkennen, daß eine Reihe von Einflußfaktoren die Meßwerte erheblich verfälschen kann.

Die mit den oben genannten Prüfanordnungen ermittelten Verbundfestigkeiten können durch folgende Faktoren verfälscht werden:

1. Aufgrund der Kohäsionsfestigkeit der Beschichtung werden beim einfachen Verkleben des Stempels mit der Beschichtung auf die Umgebung des Prüfstempels Kräfte übertragen, wodurch die beanspruchte Fläche in undefinierbarer Weise vergrößert wird. Dadurch ergeben sich zu hohe Festigkeitswerte. Diese Fehlerquelle kann z. T. vermieden werden, wenn die Prüfstempeloberfläche vergrößert oder die Beschichtung um den Stempel herum durchgetrennt wird. Untersuchungen von Göllner [10] zeigten, daß sich ein Durchtrennen der Beschichtung ab einer Beschichtungsdicke von 0,1% des Prüfstempeldurchmessers erforderlich macht.

2. Infolge einer möglichen Biegung des Substrates während der Beanspruchung treten in der Grenzschicht zwischen Substrat und Beschichtung, Biegespannungen auf, die bewirken, daß zu kleine Festigkeitswerte ermittelt werden. Der Einfluß der Biegespannungen wird um so größer, je geringer die Substratdicke ist.

   Sickfeld stellte bei seinen Untersuchungen fest [11], daß die Biegemomente bis zu einer Substratdicke von 15 mm abnehmen. Weiterhin bewirkt eine Erhöhung der Biegemomente eine Verschiebung des Bruches in Richtung der Grenzschicht. Ein Einfluß des E-Moduls des Substrates auf die Verbundfestigkeit konnte bisher nicht nachgewiesen werden, obwohl das Auftreten von Biegespannungen (deren Größe) und der daraus resultierenden Deformation vom E-Modul des Substrates abhängen sollten.

3. Ungleichmäßige Spannungsverteilungen und damit eine Verfälschung der Meßergebnisse werden auch durch eine ungleichmäßige Dicke der Beschichtung hervorgerufen. Deshalb werden hohe Anforderungen an die Beschichtungstechnologie gestellt.

4. Eine weitere Forderung an die Versuchsanordnung besteht in der konzentrischen Verklebung der Prüfstempel, da sonst beim Abziehen ein zusätzliches Moment in der Grenzfläche zwischen Beschichtung und Substrat wirkt.

Eine Vorrichtung zum koaxialzentrischen Verkleben der Stempel zeigt Abb. 11.4.5.

5. Für eine gute Reproduzierbarkeit der Meßwerte ist ein biegemoment- und torsionsmomentfreies Einleiten der Zugkraft auf den Prüfkörper erforderlich. Man erreicht das durch ein doppeltes KARDAN-Gelenk in der Zugprüfmaschine.
6. Der angewandte Kleber darf die chemische und physikalische Struktur der Grenzflächenschicht in keiner Weise beeinflussen. Darüber hinaus spielt die Aushärtungszeit für den Kleber eine wichtige Rolle.

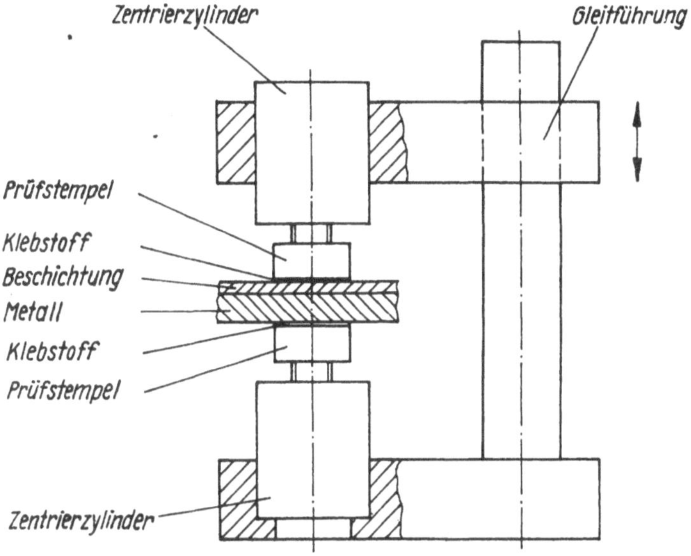

Abb. 11.4.5.: Vorrichtung zum koaxialen zentrischen Verkleben der Prüfstempel.

BERGER [9] konnte aussagen, daß nach weitgehender Ausschaltung der oben aufgeführten Fehlerquellen die Streubreite der Meßwerte bei seinen Untersuchungen unter $\pm 10\%$ lagen. BISCHOF u. Mitarb. [4] konnten die Genauigkeit bestätigen und teilweise verbessern.

Da bei der Stirnabreißmethode die Abtrennung der Beschichtung vom Substrat oftmals nicht vollkommen erfolgt, muß im Prüfprotokoll der vorliegende Trennfall angegeben werden. Man unterscheidet in Trennfall *A*, *B* und *C*. Bei *A* handelt es sich um den reinen Adhäsionsbruch (10% bis 50% der Beschichtung, bezogen auf die Prüfstempeloberfläche, muß zusammenhängend abgezogen sein.) Trennfall *B*, der Bruch erfolgt in der Beschichtung und Trennfall *C*, der

Bruch erfolgt im Klebstoff oder in der Grenzfläche zwischen Beschichtung und Klebstoff.

11.4.3.2.2. Ollard-Test

Der Ollard-Test beruht auf dem in Abb. 11.4.6. dargestellten Prüfverfahren. Er ist nur anwendbar für Prüfkörper mit großen und harten Beschichtungsdicken. Das beschichtete Substrat *a* wird in eine feststehende Halterung *c* eingelegt, bis die Beschichtung auf der Aufnahmevorrichtung aufliegt. Dann erfolgt die Beanspruchung durch Krafteinwirkung am Substrat, bis ein Ablösen der Beschichtung auftritt.

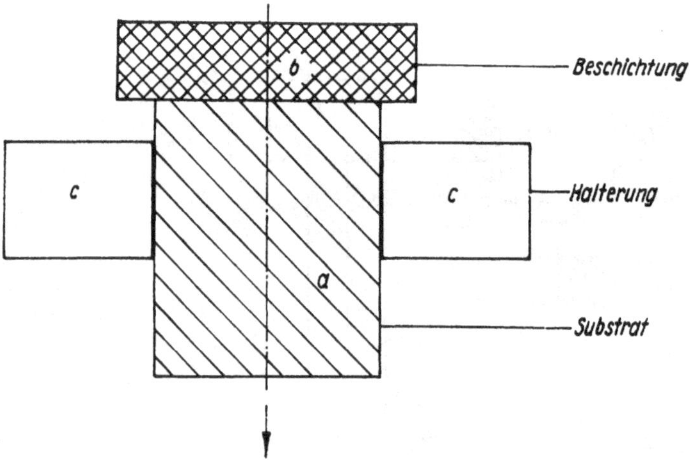

Abb. 11.4.6.: Schematische Darstellung des Prinzips des Ollard-Testes.

Wie beim Stirnabreißversuch treten auch hier Biegespannungen in der Grenzschicht auf, die eine Verminderung der Festigkeit hervorrufen. Durch die spezifische Beanspruchung bilden sich in der Grenzschicht zusätzlich erhebliche Kerbspannungen, wodurch ein vorzeitiges Ablösen der Beschichtung vom Substrat bewirkt wird.

Dieses Prüfverfahren ist als eine Abart des Stirnabreißversuches zu betrachten und nur begrenzt für spezifische Stoffsysteme anwendbar.

11.4.3.2.3. Zugscherversuch

Im Zugscherversuch erfolgt die Krafteinwirkung tangential zum Haftverbund. Bei der Prüfkörperherstellung werden zwei Substrate mit dem Beschichtungsmaterial nach Abb. 11.4.7. verbunden.

Bei der Beanspruchung treten Scherkräfte in den Grenzschichten *a/b* und *b/c* auf, wobei von besonderer Bedeutung die Kohäsionsfestigkeit der polymeren Klebschicht ist. Um die Verbundfestigkeit zu messen, muß die Kohäsionsfestigkeit der beteiligten Komponenten größer als die Verbundfestigkeit sein.

Als Maß für die Verbundfestigkeit gilt der Quotient aus Zugkraft F_a und Klebfläche A_g.

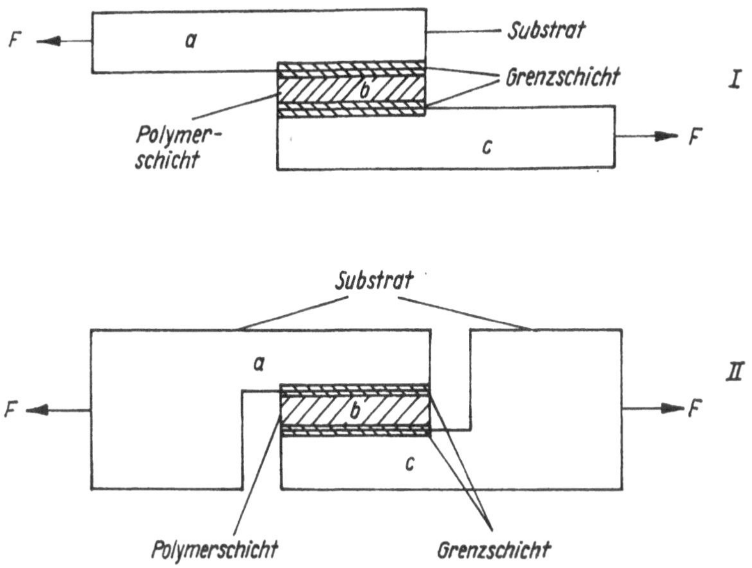

Abb. 11.4.7.: Schematische Darstellung der Prüfkörper für den Zugscherversuch.

Diese Prüfmethode ist nur geeignet, wenn das Substrat eine hohe Biegefestigkeit besitzt. Nach Brockmann [12] lassen sich in der Regel für derartige Verbindungen keine allgemeingültigen Festigkeitswerte angeben, da die übertragbare Maximalkraft nicht nur von den Eigenschaften der Verbundpartner und der zwischen ihnen wirkenden Haftung abhängt, sondern darüber hinaus von der Geometrie der Klebefuge, die den Spannungsverlauf unter Last entschieden beeinflußt.

Da bei dem Prüfkörper I in Abb. 11.4.7. Biegemomente auftreten können, wird häufig ein modifizierter Prüfkörper II verwendet, der eine bessere Krafteinleitung gewährleistet.

Ein weiteres Beispiel stellt der in Abb. 11.4.8. dargestellte Prüfkörper dar.

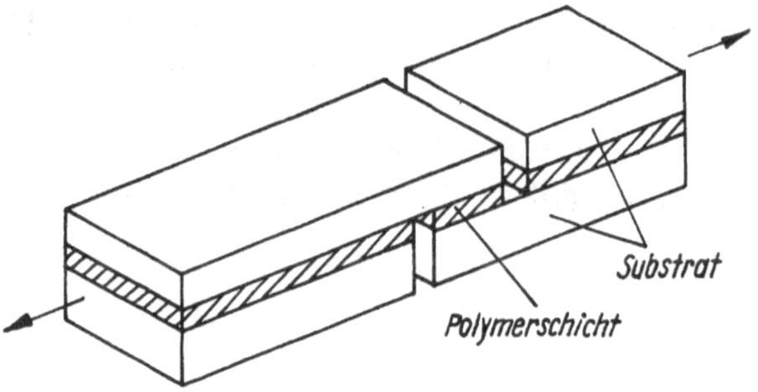

Abb. 11.4.8.: Schematische Darstellung des Prüfkörpers für den Thick Adherent Sheartest.

Er wird durch Verkleben von zwei gleichgroßen Substratteilen und anschließendem Durchtrennen immer eines Teils auf den entgegengesetzten Seiten hergestellt.

11.4.3.2.4. Ringscherversuch

Der Ringscherversuch ist ein Spezialprüfverfahren, das im Gegensatz zum Ollard-Test bei sehr dünnen Beschichtungen angewendet wird. Das Prinzip (s. Abb. 11.4.9.) ist vergleichbar mit dem des Ollard-Testes und besteht darin, daß zunächst auf einen Zylinder als Substrat ein Beschichtungsring aufgebracht wird. Dann bringt man den Prüfkörper in eine Bohrung, die den Durchmesser des Zylinders besitzt. Auf den Prüfkörper wirkt dann eine Zug- oder Druck-

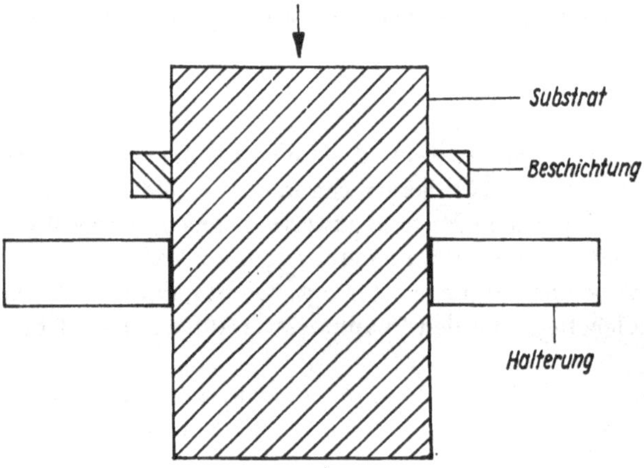

Abb. 11.4.9.: Schematische Darstellung des Ringscherversuches.

kraft, so daß zwischen Substrat und Beschichtung eine Scherspannung erzeugt wird, die zum Ablösen der Beschichtung führt. Auch hier treten neben Scherkräften Biegespannungen auf, die Zug- und Druckspannungen senkrecht zur Beschichtungsebene hervorrufen und damit das Ablösen beschleunigen.

11.4.3.2.5. Faserausreißversuch

Als eine abgewandelte Form des Ringscherversuches ist die Faserausreißmethode zu betrachten. Das Prinzip besteht darin, daß eine in die Polymermatrix eingebettete Faser, z. B. Glasfaser, Kohlenstoffaser oder irgendeine synthetische Polymerfaser, unter definierten Bedingungen aus der Polymermatrix herausgezogen wird [22—23]. Ein entscheidendes Problem bei dieser Methode stellt die exakte Erfassung kontaktierender Grenzflächen dar. Da sie nicht genau genug bestimmt werden kann, sind die erhaltenen Meßergebnisse mit sehr großen Fehlern behaftet. Für Vergleiche mit anderen Prüfmethoden sind sie nur bedingt verwendbar. Aus diesem Grund ist die Anwendung dieser Prüfmethode sehr begrenzt. Ihre Leistungsfähigkeit haben Shortall [18] und Mix [19] ausführlich beschrieben.

11.4.3.2.6. Schälversuch

Der Schälversuch ist die weitverbreitetste Prüfmethode zur Ermittlung der Verbundfestigkeit, da sie keine umfangreichen Anforderungen an die Prüfkörperherstellung stellt und in jeder Festigkeitsprüfanlage durchführbar ist. Für die Anwendung des Schälversuches muß entweder eine biegsame Beschichtung oder ein flexibles Substrat vorausgesetzt werden.

Je nach dem angewendeten Abzugswinkel (s. Abb. 11.4.10.) unterscheidet man zwischen

a) T — Schälverfahren mit 90° Abzugswinkel
b) T — Schälverfahren mit 180° Abzugswinkel
c) L — Schälverfahren mit 90° Abzugswinkel
d) L — Schälverfahren mit beliebigem Abzugswinkel

Im Schälversuch berechnet sich die Verbundfestigkeit nach der Gleichung

$$V = \frac{F_s}{b \cdot l}, \qquad (11.4.1.)$$

wobei F_s die Schälkraft, b die Schälbreite und l die Schällänge bezeichnen.

Der bei geeigneter Versuchsführung ermittelte Festigkeitswert läßt nur bedingt Korrelationen zur Haftfestigkeit zu, da die ermittelte Größe von verschiedenen Faktoren abhängt, die den Spannungszustand in der Kontaktfläche beeinflussen. So tritt z. B. der Bruch zwischen Klebstoff und Substrat beim Schälversuch um so eher ein, je kleiner der Radius des abgezogenen Substrates oder Beschichtungsmaterials ist und je größer der Winkel der Schälkraft zur Klebfläche wird. Dies hängt damit zusammen, daß durch die Beanspruchung eine irreversible Formänderung an den abzuziehenden Werkstoffen stattfindet,

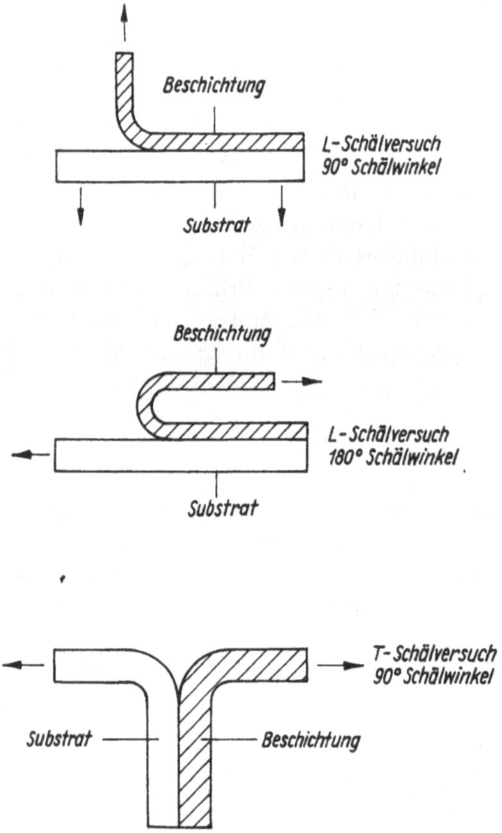

Abb. 11.4.10.: Schematische Darstellung der Formen der Schälversuche.

wodurch die geleistete Arbeit größer ist als jene, die zum Trennen des Verbundes erforderlich ist. Ferner spielen solche Faktoren wie z. B. die Abschälgeschwindigkeit, die Prüftemperatur u. a. eine nicht zu unterschätzende Rolle.

Bei Aussagen über Festigkeitswerte, die durch den Schälversuch erhalten wurden, sollten deshalb immer konkrete Angaben zum Stoffsystem und den Prüfbedingungen gemacht werden.

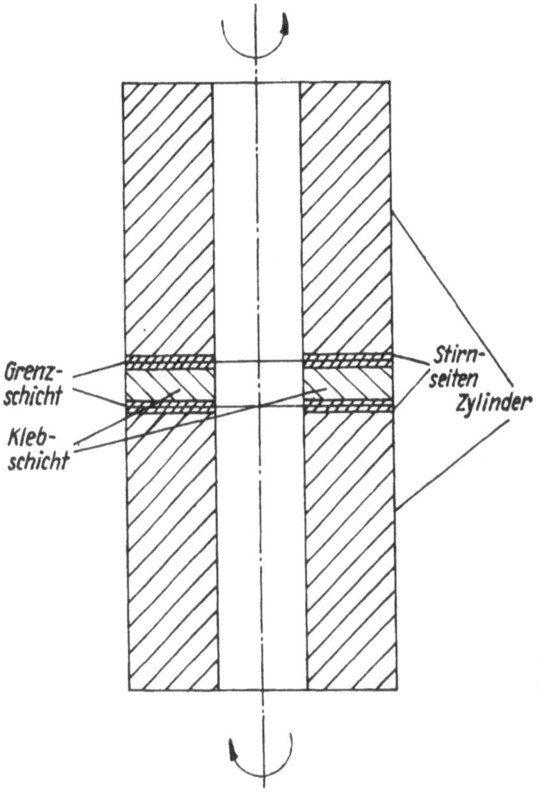

Abb. 11.4.11. Schematische Darstellung des Torsionsversuches.

11.4.3.2.7. Torsionsversuch

Im Torsionsversuch werden zwei kreisförmige koaxiale dünnwandige Zylinder mit einer Wanddicke d_w und dem mittleren Radius r_m mit den Stirnflächen entsprechend Abb. 11.4.11. gegeneinander geklebt und mit einem Torsionsmoment M_t bis zum Bruch beansprucht. Ähnlich wie beim Zugscherversuch erfolgt auch hier die Beanspruchung tangential zur Haftverbindung durch Scherkräfte. In der Grenzflächenschicht treten vergleichbare Spannungen auf.

Als Verbundfestigkeit gilt die Torsionsspannung σ_t, bei der sich die Verbindung zwischen den Substraten löst. σ_t ergibt sich dabei zu

$$\sigma_t = \frac{M_t}{2\pi r_m{}^2 d_W} \qquad (11.4.2.)$$

M_t = Torsionsmoment
r_m = mittlerer Radius
d_W = Wanddicke des Zylinders

In den meisten Fällen ist die Verbundfestigkeit größer als die Scherfestigkeit des Substrates. Darum ist die Prüfmethode weniger für die Untersuchung von Adhäsionsproblemen geeignet.

11.4.3.2.8. Aufblasverfahren

Das Aufblasverfahren wurde von Malyshev und Salganik [14] entwickelt und beruht auf dem Prinzip, daß in der Grenzschicht zwischen Beschichtung und Substrat ein künstlicher Hohlraum erzeugt und dieser durch eine Bohrung im Substrat aufgeblasen wird (s. Abb. 11.4.12.).

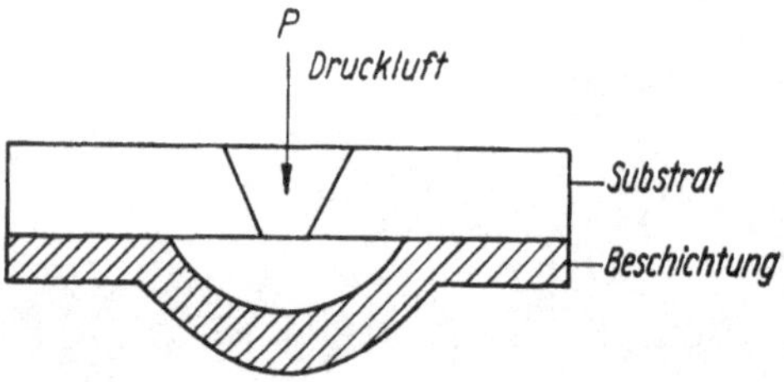

Abb. 11.4.12.: Schematische Darstellung des Prinzips beim Aufblasverfahren zur Bestimmung der Verbundfestigkeit.

Die Verbundfestigkeit wird bei diesem Verfahren durch den Druck und das Volumen in der Blase bestimmt. Williams hat dafür ausführliche Berechnungsgleichungen angegeben. [15]

Obwohl bei diesem Verfahren definierte Spannungszustände erzeugt werden, bereitet es große Schwierigkeiten, solche Prüfkörper herzustellen. Außerdem muß vorausgesetzt werden, daß die Beschichtung vollkommen porenfrei ist, da sonst kein konstanter Druck in der Blase aufgebaut werden kann. Dies ist aber in der Praxis schwer zu realisieren. Deshalb spielt diese Prüfmethode gegenüber den anderen eine geringe Rolle. Zur Untersuchung bruchmechanischer Vorgänge beim Ablösen der Beschichtung vom Substrat kann dieses Verfahren seine Anwendung finden.

11.4.3.2.9. Impulsverfahren

Diese Verfahren beruhen auf der Ausnutzung des Impulserhaltungssatzes. Das Prinzip besteht darin, daß eine beschichtete Probe innerhalb einer sehr kurzen Zeit eine große Beanspruchung erfährt. Ist der dabei auftretende Stoß so groß, daß die Haftfestigkeit aufgrund der Trägheit der Schicht überwunden wird, so löst sie sich vom Substrat ab. Aus den Geschwindigkeiten läßt sich die wirkende Kraft und daraus die Verbundfestigkeit errechnen.

Der prinzipielle Vorteil dieser Verfahren besteht darin, daß keinerlei Hilfsmittel, die Störungen hervorrufen könnten, zum Abreißen der Beschichtung vom Substrat erforderlich sind. Der apparative Aufwand für die Durchführung der Verfahren ist sehr hoch.

Eine Zusammenstellung verschiedener Verfahren hat ZORLL [26] gegeben, die prinzipiellen Möglichkeiten sind in Abb. 11.4.13. dargestellt.

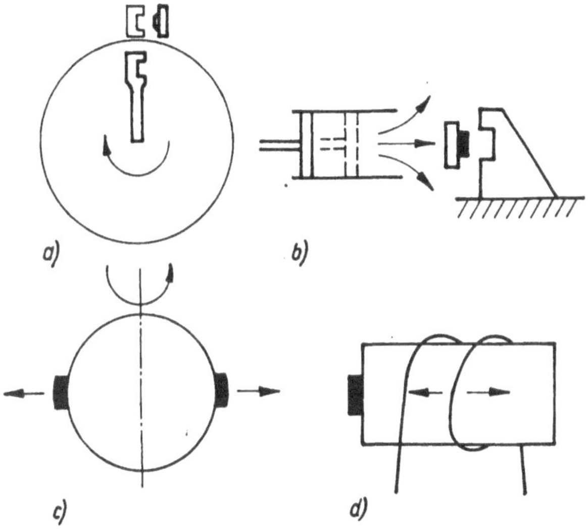

Abb. 11.4.13.: Schematische Darstellung der Prinzipien der Impulsverfahren.

Beim Verfahren a) befindet sich eine Probe nahe des Umfangs einer schnell rotierenden Scheibe. Bei ausreichend hoher Umdrehungsgeschwindigkeit wird ein Hammer in radialer Richtung ausgerückt und schlägt gegen die Probe. Bei genügend hoher Umdrehungszahl erfolgt durch den auftreffenden Schlag auf die Probe die Ablösung der Beschichtung vom Substrat.

Beim System b) wird mit einer Vorrichtung, die wie ein Luftgewehr arbeitet, eine teilweise beschichtete Blechplatte auf einen feststehenden Block mit einer Aussparung für die Beschichtung geschleudert. Bei genügend großer Geschwindigkeit erfolgt die Abtrennung der Beschichtung.

Zu den Impulsverfahren gehört auch das Ultrazentrifugenverfahren. Das Wesen besteht darin, daß die Beschichtung in Form eines Tropfens bzw. definierten Filmausschnittes auf einen Rotor aufgebracht und dieser in Bewegung gesetzt wird [16], vgl. Beispiel c) in Abb. 11.4.13. Die Rotation muß im Hochvakuum erfolgen, da sonst die Luftreibung zu stark wird. Die Drehzahl des Rotors wird so weit gesteigert, bis sich der Beschichtungstropfen löst. Während der Rotation wirkt auf den Tropfen die Normalkraft

$$dF = \omega^2 r dm, \tag{11.4.3.}$$

m = Masse des Tropfens
$\omega^2 r$ = die Zentrifugalbeschleunigung

Das Massenelement kann durch die Fläche A und die Dichte ϱ des Beschichtungsmaterials sowie das Dickenelement dr ersetzt werden und man erhält

$$dF = A\varrho\omega^2 r dr \tag{11.4.4.}$$

Durch Integration ergibt sich die auf den Tropfen wirkende Kraft

$$F = \frac{A\varrho\omega^2}{2} (r_s^2 - r_r^2) \tag{11.4.5.}$$

r_s = Radius bis zur Oberfläche des Beschichtungstropfens
r_r = Radius des Rotors

Ist die Kohäsionsfestigkeit des Tropfens höher als die Adhäsionsfestigkeit zum Rotor, so erfolgt der Bruch in der Grenzschicht, und man erhält eine Aussage über die Verbundfestigkeit.

Treten in dem Beschichtungstropfen jedoch Inhomogenitäten auf, sinkt verständlicherweise die Kohäsionsfestigkeit. Nach MALLOY [16] sollen die in der Grenzschicht auftretenden Scherkräfte infolge der Tangentialkraft so klein sein, daß sie auf die Verbundfestigkeit keinen Einfluß haben. Die Ablösung der Beschichtung vom Substrat geht immer von der dicksten Stelle des Beschichtungstropfens aus, da hier die Normalkraft am größten ist.

Der Nachteil dieses Prüfverfahrens liegt darin, daß keine gleichmäßige Normalspannung auf die Grundfläche des Beschichtungstropfens auf Grund seiner Geometrie wirkt. Bei der Berechnung der Verbundfestigkeit wird jedoch aus Vereinfachungsgründen eine gleichmäßige Spannungsverteilung über die Tropfenfläche vorausgesetzt. Prinzipiell ist das kein Mangel der Methode. Um exaktere Informationen zu erhalten, sind die Auswerteverfahren zu verbessern. Weiterhin können mit dieser Prüfmethode nur Beschichtungsmaterialien untersucht werden, die eine relativ hohe Dichte besitzen und der apparative Aufwand ist gegenüber den anderen Verbundfestigkeitsprüfverfahren sehr hoch.

Auch die Ultraschallhaftfestigkeitsprüfverfahren zählen zu den Impulsverfahren, weil der Verbund bestimmten Schallimpulsen ausgesetzt wird. Wie aus Abb. 11.4.13., Beispiel d) ersichtlich, wird die Schicht auf die Stirnfläche eines Stahlzylinders gebracht und dieser dann auf elektromagnetischem Wege in axiale Schwingungen versetzt. Bei genügend hoher Amplitude und Frequenz dieser Schwingungen wird die Schicht vom Substrat abgeschleudert.

In den letzten Jahren ist wiederholt über Untersuchungen von Haftvorgängen durch Ultraschall berichtet worden [17]. Die Autoren vertreten darin die Auffassung, daß mit dieser Methode wesentliche Beiträge zur Aufklärung der molekularen Mechanismen bzw. physikalischen Grundlagen der Haftung erbracht werden können.

Das Wesen dieser Prüfmethode besteht darin, daß ein adhäsiver Verbund einem Ultraschallfeld bestimmter Energie ausgesetzt und der Zerstörungsvorgang in Abhängigkeit von der Schallfrequenz beobachtet wird. Die Ursache für die Zerstörung der Grenzschicht wird in Kavitationseffekten gesehen. Die eingestrahlte Ultraschallenergie verursacht entsprechend ihrer Intensität und Frequenz und in Abhängigkeit von der Schichtdicke eine adäquate Kraft, die der Haftfestigkeit entgegenwirkt und bei einer bestimmten Größe zum Ablösen der Beschichtung vom Substrat führt. Dieser so erreichte Wert wird in der Literatur als Ultraschall-Haftfestigkeit bezeichnet, entspricht jedoch nach unserer Definition der Verbundfestigkeit.

Bei der Anwendung dieser Methode mußte festgestellt werden, daß außer der Frequenz und Intensität des Ultraschalls noch eine Reihe weiterer Faktoren Einfluß auf die Interpretation der durch Ultraschallbehandlung ermittelten Haftfestigkeit ausübt.

Nach bisherigen Ergebnissen hängt die im Ultraschallfeld ermittelte Festigkeit von der Anzahl der Kavitationshohlräume je Volumeneinheit, von der Schließgeschwindigkeit der Kavitationsbläschen, vom Vorhandensein von Dampf und/oder Gas in den Rissen und Spalten, von der Beschallungszeit der Probe, von der Kontaktflüssigkeit, vom Außendruck und der Temperatur ab.

Daraus ist ersichtlich, wie komplex und kompliziert diese Prüfmethode ist und somit ihre Aussagefähigkeit stark begrenzt ist. Es werden allerdings mit anderen Methoden vergleichbare Werte erzielt. Aufgrund bestimmter Besonderheiten dieser Methode ist der Entwicklung von Prüfverfahren unter Ausnutzung von Ultraschallwellen weitere Aufmerksamkeit zu schenken.

11.4.3.3. Zusammenfassende Einschätzung der Prüfmethoden und Schlußfolgerungen

Die gedrängte Darstellung der wichtigsten zerstörenden mechanischen Prüfmethoden im Kap. 11.4.3. läßt erkennen, daß zur Zeit keine Prüfmethode existiert, mit der gewissermaßen eine für alle Verbundsysteme gültige absolute

Haftfestigkeit ermittelt werden kann. Jede beschriebene Prüfmethode liefert nur einen der Methode zuordenbaren Kennwert, der zwar unter Berücksichtigung der vielfältigen Einflußfaktoren eine Aussage zur Verbundfestigkeit liefert, aber keine Verallgemeinerungen zuläßt.

Betrachtet man darüber hinaus den unterschiedlichen Aufwand für die Prüfkörperherstellung bei den einzelnen Methoden, die technischen und medialen Prüfbedingungen sowie die verschiedene Interpretationsmöglichkeiten wird die noch bestehende Lücke auf dem experimentellen und theoretischen Gebiet der Prüftechnik für Haftfestigkeitsbestimmungen offensichtlich.

Zusammenfassend kann folgendes festgestellt werden:

1. Die sogenannten technologischen Prüfverfahren führen nur zu qualitativen Informationen und sind für die Adhäsionsforschung ungeeignet.
2. Die zerstörenden Prüfverfahren vermitteln Kennwerte für konkrete Systeme, die unter definierten Bedingungen erhalten werden und nur für das untersuchte System im Rahmen der Fehlergrenzen Gültigkeit haben. Für alle hier dargestellten Methoden gilt nur eine begrenzte Aussagefähigkeit. Von besonderer Bedeutung ist die Kenntnis und Berücksichtigung der vielfältigen Einflußparameter auf die Haftfestigkeit.

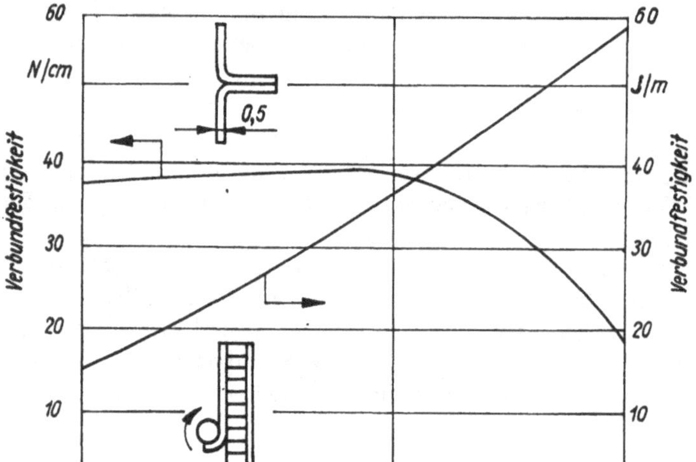

Abb. 11.4.14.: Einfluß des Phenolharzanteils eines Klebers auf die Verbundfestigkeit und deren Bestimmung [20].

1. Schälversuch, 2. Steigradmethode

Da zum größten Teil die Werkstoffe nur mit einer Prüfmethode untersucht wurden, ist ein direkter Vergleich schwer möglich. In einigen Fällen erfolgte eine Gegenüberstellung der mit verschiedenen Prüfmethoden ermittelten Festigkeitswerte. So zeigte GERBET [20] an einem Beispiel, daß die Verbundfestigkeit in Abhängigkeit vom Phenolharzanteil des Klebstoffes nach der Steigradmethode ansteigt und nach dem T-Schälversuch die Verbundfestigkeit einen Abfall aufweist (Abb. **11.4.14.**).

BROCKMANN [21] stellte den Zugscherversuch und den Schälversuch gegenüber. Er fand eine gegenläufige Tendenz der Abhängigkeit der Festigkeiten z. B. von der Beiztemperatur (Abb. **11.4.15.**). Eine Interpretation wurde für die gefundenen Abhängigkeiten nicht gegeben.

GÖLLNER u. GARZ [22] fanden einen Abfall der Verbundfestigkeit mit steigender Filmdicke im Stirnabreißversuch und RIEDEL [28] einen Anstieg der Festigkeit im Schälversuch. Bei GÖLLNER handelt es sich allerdings um PVC-Wirbelsinterschichten und bei RIEDEL um eine Kupferbeschichtung auf ABS, so daß hier der Einfluß des Stoffsystems deutlich wird. Die Abhängigkeit der Verbund-

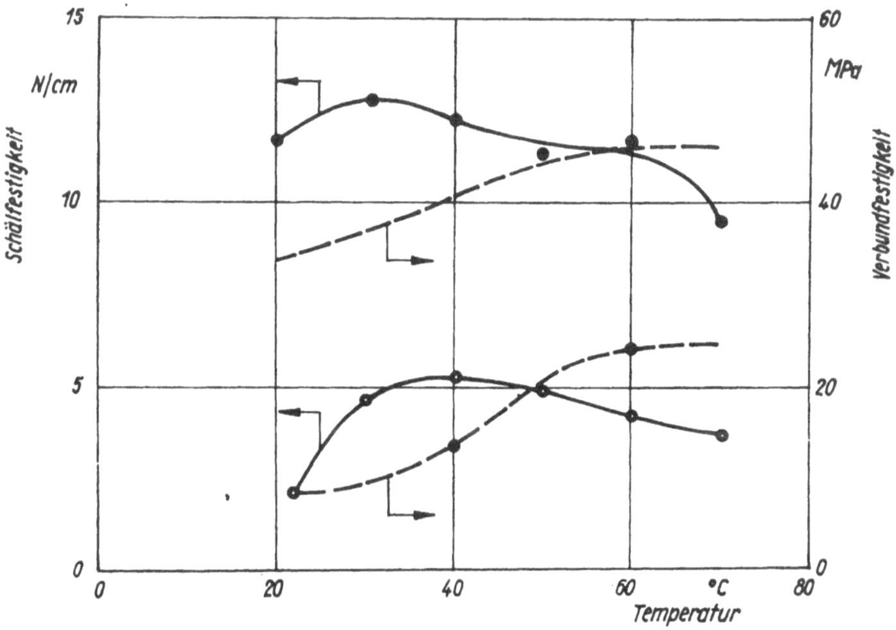

Abb. 11.4.15.: Verbundfestigkeit nach Schältest und Zugscherversuch in Abhängigkeit von der Beiztemperatur [21].

• Araldit 106
▲ Tegofilm m 12

festigkeit von der Prüftemperatur beim Stirnabreißversuch geht aus Untersuchungen von ZORLL [24] hervor. VOJUCKIJ [25] fand beim Schälversuch einen völlig anderen Kurvenverlauf.

Die z. T. gegenläufigen Tendenzen der Abhängigkeit der Festigkeiten von den verschiedenen Parametern ist wahrscheinlich auf die während der Prüfung unterschiedlich verlaufenden Deformationen des Beschichtungsmaterials in den einzelnen Prüfverfahren zurückzuführen. Auf andere Einflußgrößen aus dem Prüfverfahren wurde bereits hingewiesen. Da für die Untersuchungen der Adhäsionsphänomene aber Prüfmethoden erforderlich sind, die die Verbundfestigkeit eindeutig und exakt feststellen lassen, sind die verschiedenen Prüfverfahren hinsichtlich ihrer Aussagefähigkeit weiterzuentwickeln.

Die Untersuchungen sollten sich zunächst auf jene Prüfverfahren konzentrieren, die relativ einfach zu realisieren sind und die von vornherein eine wertmäßige Bestimmung der Verbundfestigkeit zulassen. Solche Verfahren sind der Schälversuch und der Stirnabreißversuch. Eine kritische Wertung dieser Prüfmethoden zeigt aber auch ihre Schwächen. Die Anwendung des Stirnabreißversuches ist entscheidend von der Verbundfestigkeit zwischen Prüfstempel/Substrat und Prüfstempel/Beschichtung, die größer als die zwischen Substrat und Beschichtung sein muß, abhängig. Ist diese Voraussetzung nicht erfüllt, kann eine Trennung des Beschichtungssystems nicht erfolgen, weil der Bruch dann in der Grenzschicht Prüfstempel/Beschichtung oder Prüfstempel/Substrat eintritt.

Mit den Prüfverfahren, die auf der Messung der Scherkraft beruhen, lassen sich in der Regel keine allgemeingültigen Festigkeitswerte angeben, da die übertragbare Maximalkraft wesentlich von der Geometrie der Klebefuge abhängt. Der Schälversuch setzt eine bestimmte Flexibilität des Substrates oder des Beschichtungsmaterials voraus und die Verformungsarbeit, die an dem Substrat der oder Beschichtung während der Prüfung geleistet wird, verfälscht das Meßergebnis.

Bei dem Ultrazentrifugenverfahren wirkt, aufgrund der Tropfengeometrie, keine gleichmäßige Normalspannung auf die Grundfläche der Beschichtung, wodurch ebenfalls keine genaue Verbundfestigkeitsbestimmung möglich ist.

Wie schon erwähnt, unterscheiden sich die aufgeführten Prüfverfahren wesentlich in ihrem apparativen Aufwand. Im Gegensatz zu dem Stirnabreißversuch, Schälversuch und den Prüfverfahren zur Messung der Scherkraft, die in einer gewöhnlichen Universalfestigkeits-Prüfanlage durchführbar sind, ist der apparative Aufwand für die anderen Prüfverfahren bereits erheblich. Für den Ringscherversuch, das Aufblasverfahren und den OLLARD-Test sind spezielle Prüfkörper erforderlich, die mit den praktischen Gegebenheiten nicht übereinzustimmen brauchen.

Die dargelegten Gründe ergeben, daß der Schälversuch und der Stirnabreißversuch aufgrund ihrer Einfachheit in bezug auf die Prüfkörperherstellung und die erforderliche Prüftechnik, für die Ermittlung der Verbundfestigkeit am geeignetsten erscheinen.

Literatur

[1] Bauer, A., Bischof, C., Beelitz, H., Leonhardt, H.-W.: Potsdamer Forschungen der PH Potsdam, Reihe B, Heft 25, 1981, 98

[2] Bischof, C., Kapelle, R., Possart, W.: Korrosion (1979), Heft 5, 260

[3] Bischof, C., Possart, W., Kapelle, R.: „Potsdamer Forschungen". Wiss. Schriftenreihe der Pädagogischen Hochschule Potsdam. Reihe *B*, Heft 17, 1979, S. 11–36;

[4] Bischof, C., Possart, W., Kapelle, R., Bauer, A.: Sandner, B., Landrock, V. Plaste und Kautschuk **29** (1982), 144

[5] Hill, L. W.: Prog. Org. Coat. **5** (1977), 277

[6] Winkler, F.: Literaturstudie über die Erfassung und Bewertung von Prüfmethoden zur Bestimmung der Haftfestigkeit. AdW der DDR: Institut für Polymerenchemie. Teltow-Seehof 1978

[7] Nitzsche, K.: „*Schichtmeßtechnik*", VEB Deutscher Verlag für Grundstoffindustrie, Leipzig, 1974

[8] Baumann, K.: IfL-Mitt. **11** (1972) *6*, 215

[9] Berger, W.: Farbe und Lack **78** (1972), 1200

[10] Göllner, J.: Garz, J.: Plaste und Kautschuk **22** (1975), 827

[11] Sickfeld, J.: Farbe und Lack **85** (1979), 537

[12] Brockmann, W.. Adhäsion **13** (1969), 335 u. 448

[13] Seago, R. A.: J. Appl. Polym. Sci. **32** (1977), 341

[14] Malyschew, B. M.: J. Fracture Mechan. (1965), 114

[15] Williams, M. L.: J. Appl. Polym. Sci. **13** (1969), 29

[16] Malloy, A. M.: Paint Oil Chem. Rev. **11** (1953), 14

[17] Achrijew, A. S., Issajew, K. S., Tregub, K. S., Tregub, A. J., Koslow, J. W., Selenew, J. W.: Plaste und Kautschuk **27** (1980), 280

[18] Shortall, J. B., Yib, H. W. C.: J. Adhesion **7** (1976), 311

[19] Mix, R., Gähde, J., Weiss, H. J., Gorbathina, J. A., Andrejewskaja, G. D.: Plaste und Kautschuk **27** (1980), 607

[20] Gerbet, D.: IfL-Mitt. 106 (1971), 411

[21] Brockmann, W.: DFBO-Mitt. Band **20** (1969), 85

[22] Göllner, J.: Plaste und Kautschuk **22** (1975), 827

[23] Riedel, W.: Galvanotechnik **57** (1966), 579

[24] Zorll, U.: Fette, Seifen, Anstrichmittel **70** (1968), 12

[25] Vojuckij, S. S.: Adhäsion **10** (1965), 157

[26] Zorll, U.: Adhäsion **13** (1969), 58

12. Sachwortverzeichnis

FSC
www.fsc.org
MIX
Papier | Fördert
gute Waldnutzung
FSC® C083411

Kolibri 360 GmbH
Ferdinand-Jühlke-Straße 7
99095 Erfurt, Deutschland
produktsicherheit@kolibri360.de